纺织检测知识丛书

棉纺质量控制

（第2版）

徐少范　张尚勇　主编

中国纺织出版社

内 容 提 要

本书以纺纱原理为基础，按照最新棉纱线质量标准要求提出纱线质量控制的原理和措施。根据棉纱的条干均匀度、重量不匀率、强力、棉结杂质和白星、毛羽、纱疵、煤灰纱与色差、混合均匀等，对纱线生产各工序提出了具体的质量控制措施，包括原棉选配、异纤控制、半制品质量参考指标等。本书对稳定纺纱生产、提高成纱质量和企业管理水平均有指导意义和参考价值。

本书可作为高等纺织院校纺织类专业教材，也可供相关纺织企业工程技术人员和管理人员参考。

图书在版编目(CIP)数据

棉纺质量控制/徐少范，张尚勇主编. —2版. —北京：中国纺织出版社，2011. 11 (2023. 8重印)

(纺织检测知识丛书)

ISBN 978-7-5064-7987-5

Ⅰ. ①棉… Ⅱ. ①徐…②张… Ⅲ. ①棉纺织—质量控制

Ⅳ. ①TS111. 9

中国版本图书馆CIP数据核字(2011)第213866号

策划编辑：崔俊芳　责任编辑：张冬霞　责任校对：王花妮

责任设计：李　然　责任印制：何　艳

中国纺织出版社出版发行

地址：北京东直门南大街6号　邮政编码：100027

邮购电话：010—64168110　传真：010—64168231

http://www.c-textilep.com

E-mail:faxing@c-textilep.com

北京虎彩文化传播有限公司印刷　各地新华书店经销

2002年2月第1版　2011年11月第2版

2023年8月第10次印刷

开本：710×1000　1/16　印张：17. 25

字数：282千字　定价：36. 00元

第2版前言

产品质量是企业永恒的主题。由徐少范编写的《棉纺质量控制》一书于2002年由中国纺织出版社出版，并于2004年后多次重印，深受高校纺织类专业学生和企业技术管理人员的欢迎。但是随着企业技术准备水平的不断提高和新的纱线质量标准的制订，需要更新书中的部分内容，以满足高校师生教学和企业技术管理人员工作的需要。

本书在徐少范《棉纺质量控制》的基础上进行修订，仍以成纱质量标准为总纲，着重从原料、工艺、设备、操作、半制品质量等方面分析影响成纱质量的关键因素，并介绍稳定和提高成纱质量的有效措施。全书共分十一章，参考"2008棉纱标准"和"USTER—2007统计公报"等标准的数据及相关的文献资料，新增加了原棉特点、含糖棉、异性纤维控制和棉纺各工序质量管理内容，补充了有关纱线毛羽、纱庇、煤灰纱等章节的内容。全书既含有纺纱的基础理论，也有企业生产实践经验总结，力求使有一定专业基础的读者能够掌握纱线质量控制的基本知识。

参加本书修订的人员主要由武汉纺织大学的教师组成，他们具有长期的理论教学和实践经验。其中，绪论、第一章、第二章由张尚勇主笔，第三章、第四章、第五章、第八章和第十一章由张尚勇、瞿银球主笔，第六章由张尚勇、叶汶祥主笔，第七章由陈军主笔，第九章由张尚勇、杨涛、李玲主笔，第十章由张尚勇、赵慧主笔。杨涛还负责全书例图的制作，李玲负责表格的制作与校对。全书由张尚勇负责统稿校对。

湖北利美纺织集团、际华三五零九纺织有限公司、际华三五四二纺织有限公司对本书的修订提供了必要的支持，在此表示感谢。书中也参考了近期国内外出版的一些文献资料，不能一一列全，在此一并致谢。由于时间有限和编者经验不足，书中难免有一些疏漏和不妥之处，敬请读者批评指正。

编者

2011年8月

第1版前言

随着国内外市场对纺织产品需求的回升，主要产品产量保持了较高的增长速度。纺织行业要实现从纺织大国到纺织强国的转变，产品的品种和质量是关键。社会主义市场经济形成的小批量、多品种的生产和销售模式，广大消费者对产品质量要求日益提高，高档织物印染加工也对成纱质量提出更高的要求。随着现代高速整经机、无梭高速织机等新机型被更多地采用，纱线的质量已是棉纺厂的核心问题。“以质量求生存，以产品求发展”已是纺织界的共识。以质量取胜，是企业在市场上占有优势位置和共同繁荣纺织品市场的需要。

本书编写的目的是为了适应上述形势的需要，提供一本纺织专业有关棉纺质量控制的教材，介绍棉纺厂有关棉纺质量控制的理论和实践，便于学生系统地学习和掌握棉纺质量控制的知识，同时也希望为棉纺厂技术人员和管理人员提供参考和帮助，为稳定和提高成纱质量起到促进作用。

本书以成纱质量指标为总纲，着重从原料、工艺、设备、操作、半制品质量等方面分析影响成纱质量的原因并介绍稳定和提高成纱质量的有效措施。

在编写本书的过程中，得到了武汉科技学院纺织服装学院陈明珍副院长的支持。成稿后，纺织服装学院张一鸣老师、湖北省纺织设计院刘松余高级工程师和武汉国棉七厂朱吉芳高级工程师，都对书稿提出了宝贵的意见；另外，还参阅了许多宝贵资料。在此，一并表示诚挚的谢意。

笔者虽然曾有纺织厂生产的长期经历和从事纺织专业教学的多年实践，但由于经验不足，水平有限，书中定会有一些缺点和错误，热忱欢迎读者批评指正。

编者

2001年8月

目 录

绪 论

根据纤维年报2011(Oerlikon 2011.5第11期)统计,2010年世界纺织行业实现了近25年来的最快增长,天然纤维与化学纤维的产量上升了8.6%,即提高了640万吨,总产量达到了创纪录的8080万吨,这相当于全球人均纤维消耗量增长到11.8kg。全球纱线的产量也在不断增长,近五年年均增长2.9%左右,2010年达到6590.7万吨,其中棉纱产量为2124.8万吨。

纺织工业是永远创造美好生活的产业。为实现我国从纺织大国到纺织强国的转变,产品的品种和质量是关键,而纱线的品种和质量又是纺织产品品质的基础。目前,市场和广大消费者对纺织产品品质提出了更高的要求,它包括技术功能,即产品质地、技术加工精度和服用性能;艺术功能,即产品文化艺术水平和对消费者心理感性的吸引力;时效功能,即产品应符合社会时尚,以致新潮;炫耀功能,即产品能为消费者提供满足感、优越感和自信程度。以最低的成本生产出品种多、质量好的纱线,以满足和提高纺织产品的品质,使企业在市场上占有优势位置,是企业生存、发展和繁荣纺织品市场的根本保证。

棉纱线在整个生产过程中的质量控制,包括质量指标、检验方法以及影响质量的主要因素和应该采取的相应措施。纱线的质量,首先应尽量满足各类纱线的标准,包括乌斯特(Uster)统计公报、国家标准和行业标准,其次是满足企业标准和用户的某些特殊要求。棉纺厂对纱线的质量控制系统一般有两种:一是成品质量控制系统,主要是通过对成纱的质量检验,对成纱加以分类和剔除不合格产品,以此来保证出厂的产品质量;二是每道工序的质量控制系统,运用全面质量管理的思想对产品实现全过程的控制。全面提高半制品和成品的质量水平,它要求每道工序采用先进的工艺技术装备、自动化控制手段和监测系统,使人为的操作因素逐步降到次要地位,以稳定和提高成纱质量。

质量控制的基本手段:一是子样的针对性检验,二是生产设备的日夜监测,三是关键机械器材的自动校正、控制。认真、正确地落实这三项内容,应借助于精确高速的测试仪器和现代计算机技术的监测系统,以便获得足够的精确数据,迅速而及时地收集和处理数据,分析评估,找出问题,采取措施。只有这样才能生产出优质纱线,使企业富有竞争力。因此质量控制过程也就是“检验”、“了解”、“行动”,就是“成功”的过程。

要生产出优质纱线，首先要考虑原料，根据纱线质量要求和纤维性能合理配棉；其次应考虑纺纱各工序合理的加工工艺和先进完好的设备条件，还应考虑具备适宜纺纱生产的良好环境。在纺纱厂内，对半制品和成纱的各项质量指标的测试，无论在试验室或车间，都是主要的和必要的测试项目，为此有许多高度专业化的仪器为工厂所采用。质量控制还有一些其他直接或间接的有关技术，如数理统计方法、试验报告、图表、疵点追踪、操作质量的检验、监测系统、设备的预防性检修和设备故障管理等。还有许多现代化的管理方法可应用于质量控制。

总之，在棉纺厂的生产中，既要把握产品质量标准，同时又要从原料开始，注重每个生产环节的质量控制，特别是要加强企业的基础管理水平，尽可能地节约原料与生产成本，提高企业综合经济效益。

第一章　标准代号和棉纱线质量标准

第一节　标准代号分级

我国现行的标准体制，根据国务院颁发的标准化管理条例规定有国家标准、行业标准、企业标准三级。标准的实施是为了加强标准化工作管理，特别是规范使用国家标准和行业标准，有利于提高标准化工作的有效性，使标准更好地为经济建设服务。

USTER®统计公报是全世界纺织工业中纤维、条子、粗纱和纱线质量分级的参考指标。USTER®—2007 统计公报再次提供了有关棉纤维、粗纱和纱线的质量指标。采用乌斯特统计公报作为比较的标准时，纱线质量中的特殊疵点和缺陷能很明显地表现出来，从而能迅速制订出生产过程中的改进措施。

一、中华人民共和国国家标准代号

国家标准是指对全国经济、技术发展有重大意义而必须在全国范围内统一的标准。强制性国家标准代号为 GB；推荐性国家标准代号为 GB/T。

例："GB 398—1978 棉本色纱线"为强制性国家标准；"GB/T 398—2008 棉本色纱线"为推荐性国家标准。

二、中华人民共和国行业标准代号

行业标准是指全国性的各行业范围内统一的标准，共有 57 个行业标准代号。强制性行业标准代号为 × ×；推荐行业标准代号为 × ×/T。

例：纺织行业标准代号为 FZ，轻工行业为 QB，机械行业为 JB，邮政行业为 YZ 等。"FZ/T 1007—1993 棉及化纤纯纺、混纺本色纱线检验规则"为推荐性纺织行业标准。

三、企业标准代号

企业标准代号一律在行业标准代号 × × 前加 Q，并在 Q 前加省、市、自治区简称汉字，以区别各地方的企业标准。如山东、江苏、上海的纺织企业标准代号应分别为鲁 Q/FZ，苏 Q/FZ，沪 Q/FZ。

下列情况必须制定企业标准：

（1）凡是没有国家标准、行业标准的，都必须制定企业标准，作为衡量本行业、本地区或本企业产品质量的技术依据。

（2）已有国家标准、行业标准的，为了保证国家标准、行业标准的贯彻实施，赶超先进水平和满足使用需要，可制定比国家标准、行业标准水平更高的企业标准，作为本行业、本地区或本企业衡量产品质量好坏的技术依据。

（3）新产品经过试验研究和投产鉴定转为正式生产的产品时，如还不宜制定国家标准、行业标准的，必须制定相应的企业标准。

四、USTER统计公报

从1957年开始，瑞士乌斯特（USTER）公司推出乌斯特统计值，它是用乌斯特仪器将世界各地取样的纱线（包括棉、毛两大款纱线产品）进行测试，得出成纱质量统计值，每隔3～5年在《乌斯特新闻公报》（USTER NEWS BULLETIN）上发布一次，共分五档水平，用统计图的方式表示，横坐标为纱的线密度（特数），纵坐标为质量指标的数值，采用的是双对数坐标。

统计值一般分5%、25%、50%、75%、95%五档。通常认为达到统计值的5%和25%属先进水平；50%属一般水平；75%和95%属较差水平。

第二节　棉纱线质量标准

一、标准项目

国标GB/T 398—2008棉本色纱线标准中，机织棉纱线质量指标按纱线用途分：梳棉纱、精梳棉纱、梳棉股线、精梳棉股线、梳棉织布起绒用纱、精梳棉织布起绒用纱六类，主要测试纱线线密度及偏差、纱线强度及变异系数、条干均匀度、结杂含量及粗细节纱疵等。其他的如针织用纱、混纺纱、转杯纺纱等特殊用途的纱线也有相应的标准。

二、国家标准

国标GB/T 398—2008棉本色纱线标准中，不同线密度的梳棉纱、精梳棉纱的主要质量指标有以下几项：单纱断裂强力变异系数、百米重量变异系数、单纱断裂强度、百米重量偏差、条干均匀度（黑板条干均匀度、条干均匀度变异系数）、1g内棉结粒数、1g内棉结杂质总粒数、实际捻系数（参考值）、十万米纱疵。

棉本色纱线分等规定如下：

(1)棉纱线规定以同品种一昼夜的生产量为一批，按规定的试验周期和各项试验方法进行试验，并按其结果评定棉纱线的品等。

(2)棉纱线的品等分为优等、一等、二等，低于二等指标者作三等。

(3)棉纱的品等由单纱断裂强力变异系数(*CV* 值)、百米重量变异系数(*CV* 值)、单纱断裂强度、百米重量偏差、条干均匀度、一克内棉结粒数、一克内棉结杂质总粒数、十万米纱疵八项中最低的一项评定。

(4)棉线的品等由单线断裂强力变异系数(*CV* 值)、百米重量变异系数(*CV* 值)、单线断裂强度、百米重量偏差、一克内棉结粒数、一克内棉结杂质总粒数六项中最低的一项品等评定。

(5)检验单纱条干均匀度可以选用黑板条干均匀度或条干均匀度变异系数(*CV* 值)两者中的任何一种。但一经确定，不得任意变更。发生质量争议时，以条干均匀度变异系数为准。

(6)棉纱线重量偏差月度累计，应按产量进行加权平均，全月生产在 15 批以上的品种，应控制在 ±0.5% 及以内。

三、USTER—2007 统计公报

关于纱线质量，USTER 公司在西欧、北美、南美、亚太、东欧、中东、非洲等地的用户和在瑞士的工厂中，用它生产的仪器进行细纱(管纱和筒纱)的测试，测试项目有不同线密度环锭纯棉普梳纱，精梳针织、机织用管纱和筒纱，65/35、67/33 涤棉混纺纱(精梳)，50/50 涤棉混纺纱(普梳)、紧密纺精梳纯棉纱、纯涤纶纱、纯粘胶纤维纱(粘纤)，65/35、67/33 涤粘混纺纱以及转杯纺普梳纯棉纱，50/50 棉涤混纺纱、转杯纺 50/50 棉涤普梳混纺纱的条干变异系数 *CV*m(%)、毛羽指数 *H*、频发性纱疵(细节、粗节、棉结)、断裂强度(cN/tex)、强度变异系数 *CV*(%)、断裂伸长率、断裂功等。

第二章　前纺各工序管理和检验控制方法

工序是人员、设备、原料、操作方法和生产环境等生产因素对产品质量综合起作用的过程，而纺纱厂的生产流程传统上包括从清棉到筒摇捻线纺纱过程中的各道工序，其特点是流程长，每道工序都有其特点和要求。如何让各工序的生产因素处于受控状态，就是工序质量管理的内容。前纺半制品的检验是前纺各工序质量控制的关键。

第一节　开清棉工序的质量检测、工艺与质量管理

一、开清棉工序质量管理内容

棉纺梳理前的准备工序俗称开清棉工程。其主要任务是按配棉规定来混合各原料成分，并将压紧的纤维进行初步开松、除杂，制成较为清洁、均匀、合乎规格的棉卷或者筵棉输送给梳棉机。

开清棉是棉纺工程的首道工序，是决定棉纺加工质量的关键工序之一。其工艺设计必须根据各单机的作用特点，结合所纺品种的质量要求及所使用原料的特性综合考虑，一般原则是"精细抓取、渐进开松、均匀混合、早落少碎"。开清棉质量主要控制指标有棉卷的重量差异、不匀率、伸长率、含杂率，棉卷的结构（杂疵数量、短纤率、棉结开松度及纵横向不匀率），总除杂效率和总落棉率等。有些原棉含糖率较高也要引起关注。若是采用清钢联生产，则质量的控制指标还有生条重量不匀率和生长短绒率。

二、开清棉工序的质量控制

（一）棉卷回潮率

清棉工序的主要目的是对原棉进行开松、除杂、排短绒，为此要求棉纤维具有良好的弹性，即回潮率低。原棉回潮率一般在10%以上，不符合清棉工艺要求，因此在清棉工序，可利用空调促使棉纤维放湿，使清棉车间保持较小的相对湿度，以利于提高开棉效率，同时提高棉卷的均匀度。但原棉回潮率不能太低，太低会使棉卷蓬松，

棉纤维变脆易断，影响成纱强力，且车间飞花增多。

检测棉卷回潮率的目的是为了了解回潮率是否符合要求；计算半制品的干燥重量，从而加以控制，使之符合工艺设计的要求；可用作调整本工序温湿度的参考。

1. 检测方法

试验周期：每天各品种至少 1 次，可结合棉卷重量不匀率试验进行。

试验取样：多只（3 只以上）棉卷外层均匀取样，不少于 60g，取样后放在隔湿筒内。每个品种取 1 份试样，每份 50g。

试验仪器及工具：烘箱法，Y802 型恒温烘箱；电测法，72—A 型、Y412A 型棉花水分测定仪。

2. 计算公式

$$\text{回潮率} = \frac{\text{试样湿重} - \text{试样干重}}{\text{试样干重}} \times 100\% \qquad (2-1)$$

一般控制参考指标：清棉工序棉卷回潮率应控制在 8% ±0.5%。纺中细特纱回潮率控制在 7% ~8%，中粗特纱回潮率控制在 7.5% ~8.5%。

3. 控制方法

(1)含水率过高的原棉需经干燥后再混用。干燥可采用曝晒、烘棉和松解后自然散发的方法。对含水率过低的原棉如低于 7%，加湿可采用喷雾给湿和蒸汽给湿后再闷置 24h 吸湿，不论散湿还是给湿，棉花包一般铁丝松至二根铁丝，放在储棉间都不能低于 24h。

(2)控制清棉工序温湿度范围见表 2－1。

表 2－1　清棉工序温湿度范围

类　别	温度/℃	相对湿度/%
纯棉	冬季 18 ~23，夏季 30 ~32	冬季 50 ~60，夏季 50 ~65
涤/棉	冬季 20 ~22，夏季 30 ~32	冬季 60 ~65，夏季 60 ~70

(二)棉卷重量差异

控制实际棉卷重量与设计棉卷重量的偏差，去除退卷。棉卷重量控制范围：标准卷重 ±(1% ~1.5%)。棉卷重量在此范围内的称为正卷，超出此范围的称为废卷，棉卷正卷率应达到 99% 以上。

(三)棉卷重量不匀率与伸长率

了解棉卷纵向 lm 片段重量的均匀情况，同时测定棉卷的实际长度，计算棉卷伸长率，供改进生产参考；及时调整和降低同品种各机台棉卷的伸长率差异，减少棉卷的外不匀率，以稳定纱线重量偏差和重量不匀率。

1. 参考指标

棉卷重量不匀率参考指标：棉及棉型粘纤为0.8%～1.2%；棉型合纤及中长化纤为0.9%～1.3%；涤/棉为1.4%。有自调匀整的棉及棉型粘纤为0.6%～1.0%；棉型合纤及中长化纤为0.7%～1.1%；涤/棉为1.2%。

棉卷伸长率参考指标：棉为2.5%～3.5%；化纤为-0.5%～1.5%；涤纶<1%；台差<1%。

2. 计算公式

$$\text{每米平均重量} = \frac{\sum \text{试验总重量}}{\sum \text{试验总米数}}$$

$$\text{重量不匀率} = \frac{2 \times (\text{重量平均数} - \text{平均数以下的重量平均数}) \times \text{平均数以下项数}}{\text{重量平均数} \times \text{总项数}} \times 100\% \tag{2-2}$$

$$\text{伸长率} = \frac{\text{实际长度} - \text{计算长度}}{\text{计算长度}} \times 100\% \tag{2-3}$$

注意：棉层头末段不足1m者，只量长度，不计重量；每米平均重量取小数点后一位，重量不匀率取小数两位。

3. 控制方法

棉卷重量不匀率高与棉卷伸长率不一致的主要原因是：机台之间棉卷罗拉沟槽深浅不同、加压重量不一；制动皮件表面磨损或沾有油污，皮块和制动盘接触不良，制动杆重锤位置不当等；满卷自停装置安装不良或部件磨灭；棉卷辊弯曲；机台间配棉或工艺差异过大；车间温湿度波动太大；满卷后落卷不及时；定长系统齿轮用错等。

主要控制措施有：

(1)控制棉卷回潮率差异。

(2)控制棉卷重量差异，提高正卷率。

(3)对原料回潮率差异大的或化纤含油率差异大的，要提高棉箱机械运转率(抓棉机80%～85%，棉箱机械85%～90%)，充分发挥开松、混合作用，防止混合不匀，以利于棉卷均匀。

(4)控制棉箱内储棉高度和密度，并调整棉箱内各机件的速度和隔距，使前后台机器之间，在单位时间内的喂入量和输出量保持一定的关系，一般喂入略大于输出，如豪猪产量大于清棉总产量的20%左右。

(5)清棉机要选择适当的打手形式，风机速度比打手转速高10%～25%，上下尘笼表面的集棉比例为7∶3。

(6)保持清棉机天平调节装置状态正常、动作灵敏。

(7)按棉包排列图上包,回花、再用棉应按一定混合比例混用。

(8)保证自调匀整装置灵敏正常。

(9)人工混料严格落实削高填平的原则。

(10)加装振动棉箱,提高均匀水平。

(四)棉卷含杂率

测定棉卷含杂率可宏观了解棉卷的含杂量;对照混棉成分中的原棉平均含杂率,可计算开清棉机的除杂效率,作为调整清棉、梳棉工序工艺设计的参考。

1. 检测方法

各品种、各机台每周至少试验1次。取样时每次取外层棉卷,略多于100g放入样筒,试验时称取试样100g(可结合棉卷重量不匀率和开清棉机落棉试验进行)。试验仪器及工具为Y101型原棉杂质分析机、天平。

2. 计算公式

$$棉卷含杂率=\frac{试样所含杂质重量}{试样重量}\times 100\% \tag{2-4}$$

$$棉卷含纤维率=\frac{试样所含纤维重量}{试样重量}\times 100\% \tag{2-5}$$

$$风耗率=1-含杂率-含纤维率 \tag{2-6}$$

3. 参考指标

棉卷含杂率按原棉含杂率制订指标,一般在0.9%~1.6%,见表2-2。

表2-2　棉卷含杂率参考指标

原棉含杂率/%	1.5以下	1.5~2.0	2.0~2.5	2.5~3.0	3.0~3.5	3.5~4.0	4以上
棉卷含杂率/%	0.9以下	1~1.1	1.2~1.3	1.3~1.4	1.4~1.5	1.5~1.6	1.6以上

4. 控制方法

(1)对不同的原棉含杂,合理选择工艺流程,原棉含杂多,选择强力除尘机,细杂多选择微尘除杂机。如果原棉杂质少,可跳过部分除杂机械,以减少纤维损伤。

(2)合理调节清棉工艺隔距大小、除尘棒角度、开棉机箱补风量大小。

(3)棉箱机械采用多扯多松工艺,减弱杂质与纤维间的附着力,第一台棉箱剥棉打手下配置较大尘棒隔距,创造棉籽、籽棉、大破籽等大杂早落和未碎先落、多落的条件。

(4)对含不孕籽较多的原棉应充分发挥各类打手机械的作用,减少其在棉卷中的残留量(否则经梳棉后会使生条杂质和短纤维增多)。

(5)含软籽表皮和带纤维籽屑较多的原棉,应充分发挥梳针打手作用,并对主要打手如豪猪、六滚筒打手，采用较小的尘棒隔距和少补风、全死箱等清除细杂工艺。

（6）高含杂原棉、皮辊棉含杂率超过5%且含大杂较多时，应单独先预处理后再混用。但对含细杂多的锯齿棉不能预处理，因锯齿棉棉结较多，预处理后更易产生棉结，对提高质量和节约用棉不利。

（7）对含水率过高的原棉应采用曝晒、烘棉和松解后自然散发的方法，干燥后再混用；对含水率过低（低于7%）的原棉一般先给湿，放置24h后再混用。

（8）对长绒棉应采用“多松、轻打、减少翻滚”的工艺原则，如仍采用细绒棉工艺，易造成纤维损伤和棉卷中束丝增多，影响棉卷质量。

（9）低级棉一般采用单独成条、并条混合；开清棉工艺采用“多松解、少打击、慢速度、少回收”工艺；豪猪打手选用400～450r/min，梳针打手选用700～900r/min，以减少纤维损伤。

（五）棉卷结构

其试验目的是为了定量地了解棉卷中束丝、不孕籽、破籽、棉结等疵点的多少，供改进工艺作参考。

1. 试验方法

一般在原棉、开清棉工艺变化前后进行对比试验。每次任取棉卷1只，将棉卷约1m铺于试验台上，在6～8处取样用天平称取棉样10g。采用手拣与灯光检验方法相结合，第一次从10g棉样中的棉束（紧棉束、紧棉团、钩形棉束、畸形棉束）中，手拣出不孕籽、僵棉、破籽、带纤维破籽，并计算疵点粒数的百分率及疵点总重量；第二次将手拣后的净棉称1g作试样，用棉网检验器按生条棉结、杂质规定的方法检验，并按紧棉结、带纤维破籽及籽屑、杂质三项计数。

2. 数据计算

（1）将第一次手拣疵点的粒数乘以10，折合成100g棉样的疵点粒数及各类疵点的重量。

（2）将第二次灯光检验的疵点数乘以100，折合成100g棉样的疵点粒数。

3. 参考指标

棉卷的结构（或质量）一般包括下列几项内容：棉卷中杂质和疵点的内容和数量（这是本试验的内容），短纤维率，棉卷纵向、横向不匀率及整片结构，开松度。这里将各项参考指标列于表2－3中。

（六）总除杂效率、总落棉率

了解开清棉机落棉的数量和落棉中落杂的多少，计算其除杂效率，对分析开清棉机工艺处理和机械状态是否适当及提高质量和节约用棉都有重要意义。

表2-3　棉卷结构的各项参考指标

棉卷结构质量指标		一般控制范围
棉卷手拣疵点	带纤维籽屑数	中特纱 18 粒/g 以下;细特纱 15 粒/g 以下
	软籽及僵瓣	中特纱 0.4% 以下;细特纱 0.3% 以下
	棉束数	紧棉束、紧棉团、钩形棉束、畸形棉束总和 170 只/100g 以下,其中钩形棉束 120 只/100g 以下
化纤硬丝、并丝等手拣疵点		1mg/100g 以下
棉卷	短纤维率	比混合棉增加 1% 以下
	棉结数	比混合棉增加 50% 以下
棉卷纵向(重量)不匀率		见棉卷重量不匀率与伸长率参考指标
棉卷横向(重量)不匀率		1m 长棉卷片段横向卷成小卷装在梳棉机上喂入,将其生条按 5m 长计算不匀时,重量不匀率在 5% 以内
整片结构		各处均匀,无破洞、薄层
开松度		气流仪测定 85% ~90%。一般以目光观察时,要求纤维松散平正,要绝对避免紧棉束和钩形棉束。一般用梳针打手可取得理想效果

1. 检测方法

试验周期:每月各机台、各品种棉卷至少轮试 1 次;配棉成分变动或工艺调整较大时,应随时增加试验。

试验取样:试验开车后待做到一定数量棉卷(一般不少于 10 只)时,即停止喂棉,但继续开车,棉卷逐只称重,做好记录。停车,清出各机落棉,并逐一称重,然后取样作落棉分析。各种唛头的原棉、棉卷也分别取样。将落棉、原棉、棉卷试样经原棉杂质分析机处理后进行分析。

2. 开清棉机落棉试验计算公式

$$\text{喂入重量} = \text{试验棉卷总重量} + \text{落棉总重量} + \text{回花总重量} \tag{2-7}$$

$$\text{制成重量} = \text{试验棉卷总重量} + \text{回花总重量} \tag{2-8}$$

$$\text{原棉平均含杂率} = \sum(\text{各唛头原棉含杂率} \times \text{混用率}) \tag{2-9}$$

$$\text{总落棉率} = \frac{\text{总落棉重量}}{\text{喂入重量}} \times 100\% \tag{2-10}$$

$$\text{某机(部分)落棉率} = \frac{\text{某机(部分)落棉总重量}}{\text{喂入重量}} \times 100\% \tag{2-11}$$

$$\text{落棉含杂率} = \frac{\text{落棉试样含杂质重量}}{\text{落棉试样重量}} \times 100\% \tag{2-12}$$

$$落棉含纤维率=\frac{落棉试样含纤维重量}{落棉试样重量}\times100\% \quad (2-13)$$

$$某机(部分)落杂率=某机(部分)落棉率\times落棉含杂率 \quad (2-14)$$

$$总除杂效率=\frac{\sum 各机落棉率}{原棉平均含杂率}\times100\% \quad (2-15)$$

$$某机(部分)除杂效率=\frac{某机(部分)落杂率}{原棉平均含杂率}\times100\% \quad (2-16)$$

如有特殊需要，尚可计算下列指标，并手拣分析落棉中含杂内容。

$$制成率=\frac{制成棉卷标准含水率重量}{喂入原棉标准含水率重量}\times100\% \quad (2-17)$$

$$制成率=\frac{制成棉卷干重}{喂入原棉干重}\times100\% \quad (2-18)$$

式中：

$$原棉(棉卷)标准含水率重量=原棉(棉卷)的实际重量\times\frac{1+标准回潮率}{1+实际回潮率} \quad (2-19)$$

$$原棉(棉卷)干重=\frac{原棉(棉卷)的实际重量}{1+实际回潮率} \quad (2-20)$$

$$=原棉(棉卷)的实际重量(1-实际含水率) \quad (2-21)$$

$$总风耗率=1-制成率-总落棉率 \quad (2-22)$$

$$落棉中可用纤维率=\frac{可用纤维重量}{落棉中纤维重量}\times落棉含纤维率 \quad (2-23)$$

3. 参考指标

清棉除杂和落棉参考指标见表2-4。

表2-4 清棉除杂和落棉参考指标

原棉含杂率/%	除杂效率/%	落棉含杂率/%	统破籽率/%
1.5以下	30~40	50	60~75
1.5~2.0	35~45	55	65~80
2.0~2.5	40~50	58	70~85
2.5~3.0	45~55	60	75~90
3.0~3.5	50~60	63	80~95
3.5~4.0	55~65	65	85~95
4.0以上	60以上	68	85~95

注　根据原棉含杂率确定除杂效率和统破籽率。统破籽率为开清棉联合机各单机车肚内落棉的总重量对喂入原棉重量的比率。

4. 除杂效率的控制方法

（1）防止原棉的疵点碎裂数量增加。纱布的外观疵点来源于原棉中的带纤维籽屑、软籽表皮、僵瓣等细小杂质。它们经开清棉处理后未能清除，反有碎裂的情况出现，所以棉卷中的疵点数多数比原棉中的含量多，因此在加工过程中要尽量减少疵点碎裂，争取棉卷中疵点含量不超过原棉疵点数的30%。

（2）配置合理的工艺。每批混合棉中各种原棉的含杂率和包装密度要求基本接近，个别含杂率高的原棉应预处理，清除一部分杂质后混用，必要时在清梳工序单独处理，然后用棉条混棉。根据原棉中含杂颗粒大小调整尘棒隔距，使杂质尽量早落，减少碎裂的机会。大隔距排除粗大杂质时，应采用较大的补风，便于部分有效纤维的回收。采用小隔距排除细杂时，补风量应减少，必要时可以不补风，以防细小疵点回收。提高棉箱机械的运转率，促使棉块多松、薄喂；多用自由打手，其开松缓和、杂质碎裂减少，有助于提高除杂效率。

（3）减少棉结。棉结大多是由薄壁纤维凝集成团而成，对纤维的摩擦越多，棉结的数量增加越多。减少棉结应从减少对纤维的摩擦着手。要求开清棉主要部件和输棉通道光洁畅通，包括角钉、帘棒、刀片、尘棒、罗拉、尘笼等部件光滑清洁，保证棉流运行畅通。还需提高棉箱机械均棉罗拉的剥棉效率，使剥棉的比值保持在2以上，保证棉块出棉顺畅，减少翻滚，减少返花。

（七）原棉含糖

含糖原棉会在纺纱生产中形成大面积严重的缠绕现象，造成生产无法正常进行。因此确保原棉含糖量在正常范围内十分关键。这里主要针对新疆棉和进口棉，在棉花进厂时进行含糖检测。

1. 实验方法与步骤

（1）取样：按照GB/T 6097—2006的规定从批样中抽取实验室样品，从样品中均匀地抽取至少32丛，每丛约300mg，构成8～10g左右的试验样品。将试验样品去棉籽、籽屑、叶屑、尘土杂质，然后充分混合，抽取5个试样，每个试样1.00g±0.01g，供试验，余样备用。

（2）所需实验仪器及工具（采用比色法）：3～4联并联调温电炉一台、鸭嘴镊子两把、药物天平一台（分度值0.01g）、标准比色样卡或孟塞尔色谱色标、器皿有1000mL和250mL烧杯各一个、150mL烧杯20个、1000mL和50mL量筒各一个、1000mL容量瓶两个、10mL定量加液管一个、50mL比色管20支、比色架2个。

（3）试剂。

a. 分析纯或化学纯无水碳酸钠（Na_2CO_3）、分析纯或化学纯柠檬酸钠、分析纯或化学纯结晶硫酸铜。

b. 贝纳迪克特(简称贝氏)试剂配制。

甲液:柠檬酸钠193g、碳酸钠100g溶于800mL蒸馏水中。乙液:硫酸铜17.3g溶于100mL蒸馏水中。将甲、乙两液混合稀释到1000mL即为贝氏试剂。配制好的试剂如不用时,应盖好瓶盖,放在常温背阴处保存,以防失效。使用前先摇动若干下,溶液充分混合后再用。

(4)试验步骤。首先是空白试验,在150mL烧杯中,加40mL蒸馏水和10mL贝氏试剂,加热煮沸1~2min,倒入比色管中作为含糖"无"的标样。其次,将上述5个试样分别放入150mL烧杯中,加40mL蒸馏水、10mL贝氏试剂,放在3~4联并联调温电炉上加热,煮沸1~2min,并不断搅拌,取下,用鸭嘴镊子将棉样挤干取出,把剩下的约30mL溶液倒入比色管中。最后,在比色管架后面贴上一张白纸,利用自然光线进行目视比色。

2. 结果评定

根据溶液呈现的颜色,对照标准样卡或孟塞尔色谱色标与空白试验,分别定出每个试样的含糖程度。

颜色	含糖程度
蓝	无
蓝绿	微
绿	轻
橙黄	稍多
茶红	多

对试验结果评定棉花含糖程度:五个测定结果中,上下两档有两个及两个以上的下档,则定为下档,否则定为上档。

五个结果中,最大与最小结果超过两档,如无与轻、微与稍多应增试1~2个试样。若全部试验结果的最下档有两个及两个以上者,则定为最下档,否则定为上一档。

3. 控制方法

对含糖微的原棉可不作处理,对含糖轻的原棉可与其他棉混纺,比例不超过35%时,一般不会影响生产。对含糖稍多的原棉必须经过去糖处理方能进行加工:一是采用物理方法(蒸棉),把含糖棉放在封闭的储棉间,松开棉包,留两根铁丝,通过蒸汽,蒸出糖分,24h后即可用。二是采用化学方法(刷去糖剂)。现在国内有化工厂生产去糖剂,松开棉包,留两根铁丝,撕掉包布,刷去糖剂24h后即可用。

第二节　梳棉工序的质量管理与指标检测

一、梳棉工序质量管理

梳棉工序的任务主要是清除棉结、杂质，控制短绒增长，还有就是尽可能将纤维分解成单纤维伸直状态并控制棉结增长。生条质量对成纱质量影响显著，控制好生条质量是提高成纱质量的有效手段。生条结杂、短绒是一组矛盾，在调整梳棉工艺时要兼顾二者的关系，合理掌握梳理度。合理配置工艺参数，保证梳棉机各部气流稳定畅通是提高生条质量的关键。针布锋利、工艺上机准确、滤尘作用良好、操作方法合理得当是保证生条质量的基本条件。

二、梳棉工序工艺与质量检测

（一）生条回潮率

生条回潮率的检测是为了解梳棉工序回潮率是否符合要求；计算半制品的干燥重量，从而加以控制，使之符合工艺设计的要求；可用作调整本工序温湿度的参考。

1. 检测方法

生条回潮率结合生条重量不匀率试验。取样时以 5 台以上代表性取样，不少于 60g，取样后放在隔湿筒内。每个品种取 1 份试样，每份 50g。

2. 控制方法

棉卷宜在梳棉车间少量放湿，使生条成内湿外干状态。在梳棉机上，棉纤维在线速度接近 1000m/min 的刺辊和锡林分梳区间呈单纤维状态运行。同清棉工序一样，棉纤维在低静压的气流中放湿。又因呈单纤维状的棉纤维比表面积大，有利于纤维放湿。同时，梳棉工序用电负荷较高，使得车间温度较高，这也有利于纤维放湿。如果梳棉车间相对湿度偏高，会产生分梳困难、棉结增加、棉网下垂、断头增多、棉网剥取困难、钢丝针布生锈等不利情况。如果车间相对湿度偏低，则会产生棉网上飘、棉条蓬松、落棉飞花增多等不利情况。

梳棉工序生条的回潮率宜控制在 6.6% ±0.2%。中细特纱回潮率控制在 6.2% ~ 7.2%，中粗特纱回潮率控制在 6.5% ~7.5%。

生条的回潮率控制取决于车间温湿度，控制梳棉工序温湿度范围见表 2 – 5。

（二）生条重量不匀率

测定棉条 5m 片段的重量，是为控制熟条定量和细纱重量偏差提供依据。测定棉条重量不匀率是为降低重量不匀率提供改进方向，并直接控制梳棉生条和清梳联生条纺出重量。

表 2-5 梳棉工序温湿度范围

类别	温度/℃	相对湿度/%
纯棉	冬季 22~25，夏季 30~32	冬季 50~60，夏季 55~65
涤/棉	冬季 22~25，夏季 30~32	冬季 55~65，夏季 55~65

1. 检测方法

试验周期为每2周每台至少轮试1次；清梳联每班每台至少试验1次。取样根据各品种的开台数来定。10台及以下，每台至少取样2段，取样总段数不少于20段；11~20台，每台至少取2段；21~40台，分两次取样；41~60台，分三次取样，开台更多时，以此类推。清梳联可适当增加试验段数。计算重量不匀率时的总试验段数应不少于10段。试验仪器一般采用Y301型条粗测长器、链条或电子天平。

$$\text{生条重量不匀率}=\frac{2\times(\text{平均数}-\text{平均数以下的平均数})\times\text{平均数以下项数}}{\text{平均数}\times\text{总项数}}\times 100\% \tag{2-24}$$

2. 控制方法

实验控制的生条重量不匀率参考指标：棉4.5%，涤纶5.0%（无自调匀整）；棉3.0%，涤纶3.5%（有自调匀整）。可采取以下几种措施对生条重量不匀进行控制：

（1）严格检查梳棉工艺上车，特别是后部工艺，确保同品种同机型一致。

（2）检查主要部件速度，确保其一致。

（3）对后车肚落棉率、斩刀花率差异过大的机台，要及时检修，做好平衡落棉工作。

（4）对有自调匀整的机台，必须增加试验次数，加强控制，正确及时地进行调节工艺，使用自调匀整装置有利降低生条重量不匀率。

（三）生条条干不匀率

检测生条短片段的条干不匀率，可及时发现和改进生产中的缺陷，且对减少纱疵、改善棉纱质量也具有较大的作用。

1. 检测方法

试验周期为每品种每周至少1次，每月至少轮试一半机台。取样为每次每台取10m长棉条一段。试验仪器及工具采用Y311型条粗条干均匀度仪。

2. 计算公式

$$\text{平均厚度}=\text{基本厚度}+\frac{\sum\text{每米最高点读数}+\sum\text{每米最低点读数}}{2\times\text{试验米数}} \tag{2-25}$$

$$平均每米条干不匀率=\frac{\sum 每米最高点读数-\sum 每米最低点读数}{平均厚度\times 试验米数}\times 100\% \quad (2-26)$$

规定最高或最低点在零点线以上时记作正号(+);在零点线以下时,记作负号(-)。平均厚度取两位小数,条干不匀率取一位小数。

3. 参考指标

棉19%;化纤15%。Uster *CV* 值4.1%~5.0%。

4. 控制方法

(1)提高分梳效能。提高纤维的梳理度和分离度,使纤维在锡林、盖板间均匀混合,改善纤维从锡林向道夫转移时在道夫针面上的均匀分布程度,提高棉网和生条的均匀度。

(2)改善棉网清晰度。改善棉网结构,目视棉网中是否有云斑、破洞、破边。其措施是在正常机械状态下,紧隔距、强分梳、四锋一准(刺辊、锡林、盖板、道夫针布保持锋利,穿刺性好,保证各部分的隔距准确),保持足够的分梳度。

(3)适当的张力牵伸。剥棉罗拉与道夫间、转移罗拉与剥棉罗拉间、轧辊与转移罗拉间、大压辊与小压辊间、圈条器与小压辊间各个张力牵伸过大,都会使生条条干不匀率增加。

(四)落棉率

试验测定梳棉机落棉率可以了解梳棉机落棉和除杂的情况,供改进工艺和设备作参考。为了平衡车肚和盖板落棉率,及时调整工艺,可结合揩车周期进行车肚和盖板落棉单项简易快速试验。

1. 检测方法

试验周期:整套落棉试验每月各机台至少轮试1次。盖板、车肚快速单项落棉试验周期一般可相当于1~2个揩车周期,以便在揩车时及时调整。

取样方法:

(1)试验机台先行抄针,清除盖板棉,出清车肚落棉,做好清洁工作。

(2)前后车肚铺入放落棉的牛皮纸或塑料布(自动吸落棉的吸口必须封死)。

(3)棉卷称重记录重量后,喂入开车。

(4)一般试验1~2个棉卷或1~2筒生条,也可以试验1个抄针周期。达到规定时间后关车,抄清锡林、道夫,剥取抄针棉,取下盖板落棉,出清车肚棉,并分别称重和取样进行落棉分析。棉卷和生条同时取样进行含杂分析。

(5)快速单项测定一般可不抄针,试验1只棉卷或一定时间内(如3h)一定数量机台的盖板落棉率和车肚落棉率。一般仅作落棉率对比,不作落棉含杂率分析。

一旦发现落棉成分异常，如落白花等，应做好记录，查找原因并及时修理。

2. 计算数据

按表 2 -6 计算。

表 2 -6　梳棉落棉试验表

纺纱线密度　　车号　　实验日期　　年　月　日　___班　　温度_____相对湿度

喂入棉卷重量		制成生条重量（包括回条）		棉卷含杂率		生条含杂率	

项目 落棉名称	落棉重量	落棉率	落棉含杂率	落棉含纤维率	落杂率	除杂效率
抄针棉						
盖板花						
前后车肚落棉						
合　计						

3. 计算公式

梳棉机落棉试验与开清棉机落棉试验基本相同，根据试验方法的不同，喂入重量可用喂入棉卷重量或制成生条重量 + 回花重量表示。其中：

$$总除杂效率 = \frac{\sum 各部分除杂效率}{棉卷含杂率} \times 100\% \tag{2-27}$$

$$某部分除杂效率 = \frac{某部分落杂率}{棉卷含杂率} \times 100\% \tag{2-28}$$

与开清棉落棉试验一样，如有必要，可手拣落棉中含杂内容供研究分析。

做清梳联合机的落棉试验时，开清棉部分与梳棉部分应同时进行。喂入重量应为试验生条总重量与清梳联各机总落棉量之和。

4. 控制方法和参考指标

梳棉落棉包括后车肚落棉、盖板花、吸尘落棉。后车肚落棉最多，盖板花次之，吸尘落棉最少。

后车肚落棉应根据喂入棉卷的含杂率和含杂情况以及成纱的质量而定。后车肚落棉率的控制范围见表 2 -7。控制方法是调整后车肚工艺。

盖板除杂对除去细杂、棉结和短绒较刺辊部分有效，如喂入棉卷中带纤维杂质少，可减少盖板花；反之应采取措施使盖板花适量增加，以保证生条质量。盖板除杂率一般控制在 8% ~10% 的范围内。

表2-7　梳棉后车肚落棉参考指标

<table>
<tr><th>纺纱线密度</th><th>棉卷含杂及特征</th><th>后车肚落棉率与棉卷含杂率之比/%</th><th>刺辊部分除杂效率/%</th><th>备　注</th></tr>
<tr><td>中特纱、粗特纱</td><td>棉卷中细杂不多</td><td>100~120</td><td rowspan="3">50~60</td><td rowspan="2">落棉含杂率应在40%以上</td></tr>
<tr><td>中特纱(一般)</td><td>棉卷中细杂较多</td><td>120~150</td></tr>
<tr><td>细特纱(较高)</td><td>棉卷中细杂很多</td><td>150~160</td><td>—</td></tr>
</table>

合理控制梳棉落棉率的目的是在保证质量的前提下降低原料消耗,一般可从两个方面着手。

(1)控制落棉数量和台差。如纺中特纱,棉卷含杂率应为1.5%,总落棉率为3.5%左右,其中后车肚落棉率、盖板花和吸尘落棉率分别为2.5%、0.8%、0.2%左右。当原棉含杂率为3%,开清棉工序统破籽率一般控制在2.5%~3.5%,棉卷含杂率控制在1%~1.5%,梳棉工序可清除棉卷含杂的90%左右,残留在生条中的杂质为0.08%~0.15%。

落棉差异是指纺制同批特纱各机台间落棉率和除杂效率的差异,俗称台差。要求台差越小越好,以利于控制生条重量不匀率。后车肚落棉是重点控制部分,当各台落棉差异较大时,可调节各机台的小漏底入口隔距。纺同批特纱的盖板速度应保持一致,如发现各机台盖板花差异较大时,可调节前上罩板口与锡林间隔距。

(2)控制落棉内容。后车肚落棉是落棉重点,不但要检查总的落棉含杂率和含杂内容,还应注意三个落杂区各自的落杂情况,并加以控制。第一落杂区以排除较大、较重杂质为主;第二落杂区以排除重量较轻和表面附有蓬松纤维的小杂疵为主;小漏底落杂区以排除短绒和细小杂疵、尘屑为主。

后车肚严重落白和落棉中可纺纤维含量较多时,应控制刺辊部分的气流,控制三个落杂区的落杂数量和内容,可调整除尘刀的高低位置、角度以及小漏底工艺。

盖板花的含杂内容是带纤维细杂、短绒和棉结。如盖板花中可纺纤维含量过多,可用调整上罩板上口与锡林间隔距的方法来控制。

(五)生条棉结杂质

检验和控制生条棉结、杂质具有十分重要的意义,它可以作为控制成纱结杂的主要手段和调整梳棉工艺的参考。

1. 检测方法

试验周期:一般每个品种每台2~3天检验1次,重点品种,也可1~2天检验1次。

取样、试验仪器及工具:检验时,每台车称取试样0.5g,在垂直方向引直,两手将棉条从左右撕开成棉网状，均匀平摊在生条棉结杂质检验器的磨砂玻璃板上，然后放上透明玻璃板。检验杂质时，可开放玻璃板下的灯光；检验棉结时关闭灯光，并在磨砂玻璃板下衬一层黑纸。棉结、杂质分别检验计数。

计算公式：

$$1g\text{ 生条的棉结或杂质数} = \text{检验棉结或杂质数} \times 2 \tag{2-29}$$

2. 参考指标

根据原棉情况和成纱要求，一般由生产厂按生产实际自定生条棉结杂质的范围，每1g生条中棉结杂质总数在60～110粒，其中棉结在15～50粒。

3. 控制方法

通过梳棉工序，棉结杂质的重量大为减小，而粒数有所增加，特别是棉结粒数大幅度增加。控制生条棉结杂质就是在高产低耗的前提下尽量多排除棉结杂质，少产生棉结。控制生条棉结杂质的主要手段有以下几点。

(1)清梳工序合理分担除杂任务。对一般大而易分离排除的杂质，如棉籽、籽棉、破籽、不孕籽、僵棉、砂土等大杂应在开清棉工序排除；对黏附力较大的带纤维杂质、带纤维籽屑、未被开清排除的部分破籽、不孕籽和僵棉、短绒及带纤维小杂质，则应在梳棉工序清除。对梳棉工序本身来说，棉卷中的不孕籽和僵棉、死纤维应在刺辊部分排除，而带纤维籽屑和带纤维细杂以及棉结、短绒等则应在锡林盖板部分清除。

(2)提高分梳效能。减小给棉板与刺辊、锡林与盖板间隔距，提高锯条与针布的锋利度，以增强刺辊部分握持梳理能力，提高锡林、盖板部分自由梳理和反复梳理的效能。

(3)减少新棉结的形成。要消除纤维搓转和剧烈摩擦现象，一是要正确配置锡林刺辊的速比，保证纤维能正常转移，减少返花；二是重视梳理元件状态，“四锋一准”是保证梳理质量的基础；三是保证纤维经过的通道光洁、顺畅，以减少纤维在运动过程中的挂花现象。

(4)加强温湿度管理，控制纤维上机回潮率。使棉卷在放湿状态下加工，以增加纤维的刚性和弹性，减少纤维与针齿间的摩擦和充塞针隙现象。一般纯棉棉卷上机回潮率控制在6.5%～7%，相对湿度以55%～60%为宜。

(六)生条含杂率

生条含杂率的检验与棉卷含杂率的检验方法相同，在纤维杂质分离机上进行。

$$\text{生条含杂率} = \frac{\text{杂质重量}}{\text{试样重量}} \times 100\% \tag{2-30}$$

生条含杂率与棉卷含杂率的高低和棉网中杂质内容关系密切，一般控制范围以不超过0.2%为宜。

生条含杂率的高低和棉网中杂质的粒数有关，但由于杂质是以粒数为单位，因此在某种情况下，含杂率低的不一定粒数少。这就要求生条不但含杂率低，而且所含的棉结杂质粒数也要小而少，因此，在梳理过程中要尽量避免将大粒杂质打碎成小杂质。

三、清钢联工序质量控制

清钢联工艺的质量基础与清梳工艺基本相同，后者可供清钢联参考。

（一）生条重量不匀率

清钢联重量不匀率一般比梳棉机不匀率要小。一般工厂在1.5%～3.0%。

参考指标：生条重量不匀率为2.0%～2.5%。

控制方法：

（1）稳定连续均匀喂棉。

（2）充分发挥自调匀整装置的作用，在长时间内稳定控制生条重量的设定值。

（3）梳棉机主要工艺速度、隔距要保持一致。

（4）加强管理，对配棉混棉、运转操作、工艺、空调等加强综合管理，稳定正常生产管理，控制生条重量不匀。

（二）生条短绒率

生条中短纤维含量的高低，不仅影响成纱条干和成纱强力，同时还影响吨纱耗棉用量，也是一个经济问题。生条短纤维含量是指生条中含16mm以下的短纤维百分率，即短绒率。生条短绒率的控制范围应视原料情况和对成纱的条干、强力要求而定，一般为14%以下（约比棉卷中的短纤维率高出1%～2.5%）。

生条中短绒率过高，不利于后道工序中牵伸的正常进行，影响成纱强力和条干，使车间飞花增多，生活难做。当细纱在这方面的矛盾突出时，就需要检验生条短绒率。生条短绒率的高低能反映梳棉机机械状态和工艺是否与原棉相适应。

由于清钢联一般选择流程短、强分梳工艺路线，清钢联生条短绒率增加比普通梳棉高3%～5%。对降低用棉不利。用长绒棉纺细特纱，一般不选用清梳联工序，选用传统的清花梳棉工艺路线对短绒率的降低较为有利。

降低清钢联生条短绒率的措施：

（1）做好工艺配置。根据原料性能与成纱质量要求，清梳联工艺配置要合理。在选用开清棉打手机械时，要采用自由打击，少用握持打击，多用梳针打手，速度不要过高，有关隔距要适当，以免损伤纤维。

（2）刺辊速度不宜过高，刺辊锯条宜采用较大工作角，给棉板工作棉不宜太短或采用折线给棉板，刺辊与给棉板隔距要准确，以免损伤纤维、增加短绒。

（3）合理地调整好梳棉机后部工艺，增强第二落杂区排除短绒的能力，应适当增加梳棉机吸风风量,以增加排除短绒的概率。

(4)加强运转管理。对漏底挂花以及机上吸风口堵塞,要及时进行扫除疏通,以免生条短绒增加。

第三节　精梳工序质量管理与指标检测

一、精梳工序质量管理

精梳工序由精梳准备机械和精梳机组成,其主要任务是:

(1)排除短绒。通过精梳工序后一般要求排除50%以上的短绒,从而提高纤维的长度整齐度,改善成纱条干,减少纱线毛羽,提高成纱强力。

(2)排除杂质和较大棉结,控制小棉结的增长。在正常工艺条件下,精梳工序可排除生条中一半以上的杂质,排除部分大的棉结,同时要控制因生条中的短绒转变成棉结,在预并或并卷时产生的棉结增长。

(3)提高棉条中纤维的伸直平行度。梳棉生条中纤维伸直度仅为50%左右,精梳工序可把纤维伸直度提高到85%~95%,这有利于提高纱线的条干、强力和光泽。

(4)制成条干均匀的棉条。精梳工序可制成均匀整洁的精梳棉条,它的重量不匀率较低,一般在1.5%左右。

因此,经过精梳加工的精梳纱线与同样特数的普梳纱线相比,成纱强力可提高10%~20%,棉结杂质粒数可减少60%,而且条干均匀度和光泽显著提高。精梳纱具有“强力高、结杂少、条干匀、光泽好”的特性。

二、精梳工序工艺与质量检测

(一)条卷回潮率

条卷回潮率的测试目的与方法同清棉棉卷回潮率。参考指标为6%~7%。

控制方法:主要控制车间温湿度,其要求同精梳。

(二)条卷重量不匀率和伸长率

检测条卷每米重量和重量不匀率及条卷伸长率,可供检查工艺设计和改进质量时参考。

1. 检测方法

试验周期:一般每月每台试1~2次。

取样、试验仪器及工具:每次任取条卷1只(为了减少试验量,也可在精梳机上取同一条卷机生产的大卷、中卷、小条卷各1只,每只各试一定段数,一般不少于20

段，但这样取得的试样不能用于测试伸长率），使用条卷试验专用工具在棉卷均匀度仪上试验，试 30 段或整个条卷。

2. 计算公式

条卷每米平均重量，条卷重量不匀率、条卷伸长率计算公式同清棉棉卷重量不匀率和伸长率。

3. 参考指标

条卷每米重量不匀率的参考指标见表 2－8。

表 2－8 条卷每米重量不匀率

纺纱线密度/tex（英支）	条卷每米重量不匀率/%
9.72 以上（60 以下）	0.90～1.10
5.83～7.29（80～100）	1.05～1.15
5.83 以下（100 以上）	1.10～1.20

（三）条卷短纤维率

每月各品种试验 1 次，随机采样，用罗拉式长度仪测试。检查短纤维变化情况，可间接反映牵伸区域的罗拉隔距是否适当，如发现问题应及时调整，以保证成纱质量。条卷短纤维率参考指标见表 2－9。

表 2－9 条卷短纤维率参考指标

纺纱线密度/tex（英支）	条卷短纤维率/%（短纤维最长长度）
9.72 以上（60 以下）	13～15（16.5mm 以下）
5.83～7.29（80～100）	12～14（20.5mm 以下）
5.83 以下（100 以上）	12～14（20.5mm 以下）

（四）精梳棉条回潮率

试验周期可结合精梳棉条重量不匀率试验。取样方式为多台取样，每品种 1 份，重 50g；试验仪器及工具、计算公式同清棉棉卷回潮率。参考指标：6%～7%。控制方法：主要是控制车间温湿度，温度 22～30℃，相对湿度55%～60%。

（五）精梳棉条重量不匀率

测定精梳棉条片段重量及重量不匀率，以及时发现和改进生产中的缺陷。

1. 检测方法

试验周期和取样：每周每品种试验不少于 1 次，每台试 2 段，取样总数不少于 20 段，每段 5m。

试验仪器及工具：Y301 型条粗测长器，链条或电子天平。

精梳棉条平均重量和重量不匀率计算公式同梳棉生条重量不匀率。

2. 参考指标

精梳棉条重量不匀率参考指标见表 2-10。

表 2-10　精梳棉条重量不匀率

纺纱线密度/tex	精梳棉条重量不匀率/%
9.5 以上	1.1~1.4
6~7	1.3~1.6

3. 控制方法

(1)严格控制精梳落棉眼差，一般在 1% 以下。

(2)严格控制精梳落棉台差，一般在 2% 以下。

(六)精梳棉条条干不匀率

检测精梳棉条短片段的条干均匀度，可及时发现和改进生产中的缺陷，做到减少纱疵，改善棉纱质量。

1. 检测方法

试验周期与取样：每 2 周每台轮试 1 次。每次每眼各取 5m。

试验仪器及工具：Y311 型条粗条干均匀度试验仪。

计算公式：平均每米条干不匀率计算公式同梳棉生条条干不匀率。

2. 参考指标

精梳棉条条干不匀率见表 2-11。

USTER *CV* 值：2.5% ~5%。

表 2-11　精梳棉条条干不匀率

纺纱线密度/tex	精梳棉条条干不匀率/%
9.5 以上	18~25
6~7	20~28

3. 控制方法

在提高条卷质量和保持正常机械状态的基础上，还应合理选择工艺参数，校正精梳定时及保持各通道部分的光洁等。

(1)合理调整分离罗拉顺转定时和钳板闭合定时，使棉网接合良好。

(2)正确控制各部分的张力牵伸(小卷张力、棉网张力、台面棉条张力)，减少棉条意外不匀。

(3)保证机械运转正常,如锡林和顶梳不嵌花衣,钳板握持力良好,分离胶辊回转灵活、表面光洁、弹性好,分离胶辊和牵伸胶辊加压稳定,分离胶辊涂料和涂敷更换周期适当,棉网和棉条经过的通道光洁等。

(4)加强温湿度管理,保持温度在20~30℃,相对湿度在55%~65%为宜,避免发生胶辊绕花、绕罗拉以及棉网破边和圈条斜管堵塞等问题。

(七)精梳落棉率

精梳落棉率的大小对精梳棉条的质量影响很大,落棉率差异过大,不仅会造成精梳条的棉结杂质和短纤维率的差异,而且直接影响成品的重量不匀率。精梳落棉试验可为调整落棉提供依据,使落棉符合落棉率指标的要求,并减少台与台、眼与眼之间的落棉差异。

1. 检测方法

试验周期:每月各品种、各机台至少轮试1次,工艺调整后应及时试验。

计算公式:

(1)每台车落棉率测定:在测定前,先清洁机台,然后将小卷喂入机内,开车运转一定时间或精梳条满筒后,称出棉条和落棉的重量。

$$落棉率=\frac{落棉重量}{棉条净重+落棉重量}\times100\% \quad (2-31)$$

(2)逐眼落棉率测定

在测定前先将条卷(或称小卷)连同筒管分别逐只称重,然后喂入机内,开车运转一定时间或满筒后,将剩余的小卷取下连同筒管称重,两者之差即为小卷的喂入重量。落棉也逐眼称重。

$$逐眼落棉率=\frac{逐眼落棉重量}{逐眼小卷喂入重量}\times100\% \quad (2-32)$$

2. 参考指标

精梳落棉参考指标见表2-12。

表2-12　精梳落棉参考指标

纺纱线密度/tex(英支)	落棉率/%	落棉短纤维率/%
9.7以上(60以下)	13~16	60以上 (16mm以下纤维)
7.3(80)	16~18	
5.8(100)	18~20	
4.9(120)	20以上	

注　控制各台间的落棉率差异(台差)在1%以内,控制各眼间的落棉率差异(眼差)在2%以内。

3. 控制方法

调整落棉隔距(钳板摆动到最前位置时,下钳板钳唇前缘与分离罗拉表面间的距离)。落棉隔距变动1mm,落棉率变化约2%~2.5%。

(八)精梳棉条棉结杂质

1. 检测方法

检测1g精梳棉条内的棉结杂质数,作为改进精梳工艺的依据。每周每台至少1次。取样时随机取1g精梳棉条,用人工拣点棉结杂质的粒数。

2. 参考指标

棉结杂质的粒数因不同原棉、不同纱线线密度和不同质量要求由企业自定。一般1g精梳棉条的棉结可控制在20粒以下,杂质控制在30粒以下。精梳棉条的棉结杂质降低率要求在50%以上,一般为60%~70%。

3. 控制方法

减少精梳棉条的棉结杂质,应研究改进小卷准备工艺,改善纤维伸直度和平行度;加强精梳机锡林与顶梳的分梳;合理安排精梳落棉。具体措施有:

(1)合理调整弓形板定位。弓形板定位可确定锡林分梳隔距的变化范围以及有关锡林末排梳针对分离罗拉倒转喂入机内分离丛的干扰关系。

(2)合理调整顶梳安装尺度。安装尺度小,分离接合的开始时间提早,钳唇外须丛长度增加,落棉量增多,棉网质量有改善趋势。

(3)改进锡林与顶梳梳针的规格。锡林植针采用短交密植针法;当质量有特殊要求时,可增加顶梳密度10%~20%(针密28枚/cm),增强顶梳的分梳作用,增加落棉,改善棉网质量。

(4)合理掌握和正确控制精梳落棉率,使落棉状态正常,减少台差与眼差。

(5)及时整修毛刷,提高毛刷圆整度,保持鬃毛尖端弹性,定期将毛刷调头,使锡林表面清晰,分梳有效。

(九)精梳棉条短纤维率

精梳棉条短纤维率的检验可用纤维长度分析仪分析,分析方法与梳棉棉条相同,一般控制在7%~9%。

第四节　并条工序质量管理与指标检测

一、并条工序质量管理

生条的重量不匀率大,一般在4%左右,直接用生条纺纱时,成纱的重量偏差及重量不匀率难以控制，成纱的条干均匀度及强力差。而通过并合作用可以改善条子的内不匀率，使成纱的粗细不匀得到改善。

并条工序的质量控制内容有以下五点：

（1）并合：将6～8根棉条并合喂入并条机，以改善条子长片段不匀率。生条的重量不匀率约为4.0%，经过并合后熟条的重量不匀率可降到1%以下。

（2）牵伸：为了不使并合后制成的棉条变粗，须经牵伸使之变细。牵伸可使弯钩呈卷曲状态的纤维平行伸直，并使小棉束分离为单纤维，改善棉条的结构。

（3）混合：通过各道并条机的并合与牵伸，可使各种不同性能的纤维得到充分混合。

（4）定量：通过对条子定量的微调，将熟条的重量偏差率控制在一定范围以内，保证细纱的重量偏差率符合要求，并降低细纱的重量不匀率。

（5）成条：将并条机制成的棉条有规则地圈放在棉条筒内。

一般品种并条工序质量控制项目和要求见表2－13。

表2－13　一般品种并条工序质量控制项目和要求

<table>
<tr><th>控制项目</th><th colspan="2">指标要求</th></tr>
<tr><td rowspan="2">熟条重量不匀率/%</td><td colspan="2">0.5（带自调匀整）</td></tr>
<tr><td colspan="2">1.0（不带自调匀整）</td></tr>
<tr><td rowspan="2">熟条条干 CV 值/%</td><td>3.5（普梳）</td><td rowspan="2">规律性条干跟踪检修</td></tr>
<tr><td>2.8（精梳）</td></tr>
<tr><td>混纺比/%</td><td colspan="2">±0.5</td></tr>
<tr><td>疵品条</td><td colspan="2">不允许（产生后值车工应捉疵并查明原因，防止流入下工序）</td></tr>
<tr><td>重量偏差/%</td><td colspan="2">±1.0</td></tr>
</table>

二、并条质量指标检测

（一）并条棉条回潮率

1. 检测方法

试验周期：末并每班各品种一次，预并每周一次，头并按品种每周一次，测试方法同梳棉棉条回潮率。

2. 参考指标

纯棉：中细特6%～7%，中粗特6.3%～7.3%。涤/棉：2.4%±0.15%。

3. 控制方法

（i）控制梳棉生条及精梳棉条回潮率在规定范围内。

(2)控制并条工序温湿度范围见表2-14。

表2-14 并条工序温湿度范围

类别	温度/℃	相对湿度/%
纯棉	冬季22~25,夏季29~31	冬季60~70,夏季60~70
涤棉	冬季22~25,夏季29~31	冬季55~65,夏季55~65

(二)并条棉条重量和重量不匀率

1. 试验目的

(1)测定棉条5m片段重量,为控制末并棉条重量和细纱重量偏差提供依据。

(2)测定棉条重量不匀率,为降低重量不匀率提供改进依据。

(3)直接控制末并棉条重量。

2. 检测方法

试验周期:预并棉条、头并棉条,每月每台至少2次;末并棉条,每班每台3次。

试验取样:每眼取5m,各个品种每次不少于20段。

试验仪器及工具:Y301型条粗测长器,链条或电子天平。

计算公式:同梳棉生条重量不匀率。

3. 参考指标

末并棉条重量不匀率:纯棉普梳<1%;纯棉精梳<0.8%;化纤混纺<1%。

(三)末并棉条重量偏差控制

见第三章第六节中的“熟条重量不匀率和重量偏差控制”。

(四)并条棉条条干不匀率

检测棉条条干均匀度是否在正常范围,是经常性的质量把关项目,可及时发现和改进生产中的缺陷,减少纱疵。末并棉条条干不匀率不仅对粗纱条干和细纱断头有直接影响,而且会影响布面质量。该指标可作为改进纺纱工艺、衡量平车质量和检查机械状态的依据。

1. 检测方法

头并每月每台每眼至少1次;末并每月每台每眼至少4次。每次取样时每眼各取5m长棉条1段。试验仪器及工具为Y311型条粗条干均匀度仪。计算公式同生条条干不匀率。

2. 参考指标

并条棉条条干不匀率参考指标见表2-15。

表 2－15　并条棉条条干不匀率参考指标

纺纱类别	条干均匀度/%	USTER CV 值/%
细特纱	20	3.5～3.6
中粗特纱	22	4.1～4.3
化纤纱	15	3.2～3.8

3. 控制方法

条干不匀包括有规律性和无规律性的条干不匀两类。有规律性的条干不匀是指由于牵伸部分的回转件发生故障而形成的周期性粗节、细节，也称机械波。这种规律性的条干不匀可通过 Y311 型条粗条干均匀度仪的纸上曲线波形和波长分析，现在也可以通过乌斯特条干均匀度测试仪检测而有的放矢地加以解决。经常产生机械波的原因有罗拉、胶辊的弯曲、偏心，胶辊中凹、磨灭、缺油，齿轮偏心、缺齿、齿顶磨灭等。无规律的条干不匀主要是指纱条在牵伸过程中由浮游纤维不规则运动而引起的粗节、细节，也称牵伸波。产生牵伸波常见的原因有以下几点。

(1)工艺设计不当，如罗拉隔距、胶辊加压、后区牵伸倍数等不适当。

(2)罗拉隔距走动，一般是由于罗拉滑座螺丝松动和罗拉缠花严重所致。

(3)胶辊直径变化，如在运转中将各档皮辊换错等。

(4)胶辊加压不足或两端压力不一致。

(5)罗拉或胶辊缠花。

(6)胶辊回转不灵，上下清洁器作用不良，吸棉风道堵塞或漏风。

(7)压力棒积灰附入棉条等。

(8)罗拉、胶辊的弯曲、偏心、胶辊的磨灭、龟裂、缺油。

(9)齿轮偏心、缺齿、齿顶磨损。

(10)轻重轮松紧不当、间隙过大或老化。

要降低并条棉条条干不匀率必须针对上述产生条干不匀的原因，加强设备维修和运转管理，提高操作水平。

第五节　粗纱工序质量管理与指标检测

一、粗纱工序质量管理

由熟条纺成细纱需要 150～400 倍的牵伸。目前大部分细纱机还没有这样的能力，因此在并条工序与细纱工序之间设置粗纱工序来承担纺纱中的一部分牵伸负担。

粗纱工序的任务是牵伸、加捻、卷绕成形。粗纱工序对成纱影响较大的因素如下：

(1)张力控制不当，会导致一落纱大纱、中纱、小纱伸长率的变化，轻则造成粗纱机生活难做，重则造成粗纱偏支等质量问题。

(2)加捻效果不好，前后排定量差异变大，直接影响成纱重量 *CV* 值，粗纱捻系数对成纱质量的影响是非常明显的，粗纱结构越好，捻系数应越大。而粗纱结构是通过粗纱的外不匀、内不匀体现出来的。粗纱的合理结构包括：粗纱条中的棉结、杂质、短绒要少；纤维伸直度要好；内外不匀率小。

粗纱条干差，成纱条干未必差。成纱条干和半制品条干无直接相关性，而和纤维伸直度、平行度有直接关系。因此，在一定的范围内粗纱条干对成纱品质并无显著影响；而粗纱的一些重要的指标如规律性条干(机械缺陷)、粗纱机前接头不良、车后包卷不良、锭壳花不及时清除、牵伸区飞花附入、前后张力差异大、萨氏条干一边倒向上走或向下走、牵伸部件缺陷、防细节装置失灵、频繁点动、开车、加压失灵等这些项目大部分对粗纱条干影响可能不大，但是它们对成纱品质会有影响。所以必须充分认识粗纱对成纱品质影响的重要性。

粗纱定量是粗纱工序的重要工艺参数，它的偏差大小直接影响成纱的质量。因此只有将粗纱重量差异控制在一定范围内，才能降低粗纱及细纱的重量不匀率。

二、粗纱质量指标检测

(一)粗纱回潮率

1. 检测目的与方法

检测目的、试验仪器及工具、计算公式等同清棉棉卷回潮率。试验周期可结合重量不匀率试验。如需作为控制温湿度参考，可单独试验。取样按 5 锭以上代表性取样，每个试样 50g。

2. 参考指标

纯棉：中细特纱 6.6% ~7.2%，中粗特纱 6.8% ~7.3%。涤/棉 2.6% ±0.2%。

(二)粗纱重量和重量不匀率

1. 试验目的

(1)检查粗纱 10m 片段长度的重量是否符合工艺设计规定。

(2)测定粗纱重量不匀率，为降低重量不匀率提供改进依据。

2. 检测方法

试验周期及取样：各品种每日每台至少试验 1 次，每台至少前后排粗纱各取 1 只，小品种取样只数可适当增加，同一品种不得少于 4 只，每只粗纱至少试验 10m 长 2 段，同一品种总试验数不得少于 20 段。取样应在车头、车中、车尾任取或轮取。

试验仪器及工具：Y301 型条粗测长器，链条或电子天平。

计算公式：同梳棉生条重量不匀率。

3. 重量不匀率参考指标

纯棉粗梳纱 <1.1%，纯棉精梳纱 <1.3%；化纤及化纤混纺纱 <1.2%。

4. 控制方法

（1）粗纱试出重量，若发现偏重或偏轻，在粗纱机上一般不调整牵伸齿轮，只供掌握末并重量、细纱重量偏差参考，但对细纱机重量偏差变化，必须经常注意，不能忽视。

（2）同一品种试出重量过重或过轻，大致是与原棉变动、捻度改变、温湿度变化和伸长率变化有关，必须找出原因，同时在细纱机上注意重量偏差变化，及时调节。

（3）粗纱伸长率变化与粗纱重量、重量不匀率关系密切，必须加强控制，大小纱伸长率差异应控制在 1.5% 以内，并需减少同品种台与台之间的差异，使伸长率在标准 ±0.8% 以内。

（4）粗纱个别机台发现重量异常，应检查粗纱牵伸齿轮、喂入棉条是否用错。

（5）粗纱个别锭子发现重量异常，应及时检查原因，予以修复。

（6）挡车工巡回时，发现某锭子飘头或太紧，要及时捉疵追踪原因。

（7）落纱工落纱时手感某粗纱过轻或过重，要及时到实验室检查，及时把关。

（三）粗纱条干不匀率

1. 检测方法

试验周期及取样：每月每台至少 2 次，每次取前排、后排粗纱各 1 只，各试 5m 长粗纱 1 段。

试验仪器及工具：Y311 型条粗条干均匀度仪。

计算公式：同梳棉生条条干不匀率。

2. 参考指标

纯棉：粗特纱 35%，中特纱 32%，细特及以上 28%，精梳纱 22%，化纤混纺纱 22%。

Uster *CV* 值：纯棉粗特纱 6.1% ~8.7%，中特纱 6.5% ~9.1%，细特及特细特纱 6.9% ~9.5%，精梳纱 4.5% ~6.8%；化纤及化纤混纺纱 4.5% ~6.8%。

3. 控制方法

（1）定期检查罗拉隔距、罗拉加压是否符合工艺要求。

（2）对个别牵伸部件，如胶辊回转失灵、工字架走动、摇架压力差异过大、胶圈断缺、集棉器跑偏等应及时修复。

（3）运转操作棉条包卷质量应合格，机前接头应符合操作规范。

(4)严格控制粗纱伸长率,促使大中小纱的粗纱张力基本一致,并减少前后排及机台间的差异。

(5)调整粗纱捻系数。

(四)粗纱伸长率

粗纱伸长率试验数据可以间接地反映粗纱机卷绕张力的大小,从而可供调整粗纱机卷绕部分工艺参数(卷绕、升降、成形齿轮,铁炮皮带起始位置等)时参考。

粗纱伸长率过大,会恶化粗纱条干均匀度。粗纱伸长率过大或过小、大中小纱伸长率差异过大,都对粗纱重量不匀率和粗纱机前断头不利。因此必须周期性测定粗纱伸长率,及时调整卷绕部分工艺参数,把伸长率控制在一定范围内。

1. 检测方法

试验周期及取样:每月每台至少试验1次,每次各台测试前后排粗纱各2只。常规试验一般只试验大小纱时的伸长率。试验仪器及工具为Y301型条粗测长器、米尺。分别计算前后排4只粗纱的大小纱伸长率和4只粗纱平均大小纱伸长率。

2. 计算公式

$$\text{粗纱计算长度(cm/min)} = \text{实测后罗拉转数} \times \text{后罗拉至前罗拉牵伸倍数} \times \pi \times \text{前罗拉直径(cm)} \quad (2-33)$$

$$\text{粗纱实际长度(cm/min)} = \text{Y301型条粗测长机测得的厘米数} + \text{用米尺测量的余下粗纱长度(cm)} \quad (2-34)$$

$$\text{粗纱伸长率} = \frac{\text{粗纱实际长度} - \text{粗纱计算长度}}{\text{粗纱计算长度}} \times 100\% \quad (2-35)$$

注:粗纱长度精确至1cm,粗纱伸长率精确至小数点后两位。

3. 参考指标

粗纱伸长率一般控制在1.5%~2.5%左右;粗纱大小纱伸长率差异控制在1.5%以内;化纤、化纤混纺纱伸长率控制在-0.5%~1.5%。

4. 控制方法

(1)当粗纱锭速增加或车间温度变高、湿度增加时,应适当增加粗纱捻系数。

(2)粗纱捻系数改小时,铁炮皮带起始位置略微向下铁炮大直径方向移动。

(3)前后排粗纱伸长率差异大时,可对锭翼刻槽或加装假捻器。

(4)要控制粗纱筒管直径差异不超过1%,并经常进行检查。筒管内径不宜磨损太大,还应防止跳管。

(5)定期进行锭翼的保养、检修,保持锭翼压掌开档正确、弧度正确,锭翼动平衡良好。

(6)为了减少一落纱内粗纱伸长率的差异,可调节铁炮皮带的起始位置、上下成形齿轮齿数(即铁炮皮带每次移距)、卷绕变换齿轮齿数。

(7)选择合理的轴向卷绕密度,用肉眼观察时,在第一层纱卷绕完成时能隐约见到筒管表面(约在圈与圈之间留有0.5mm间隙)即可,防止嵌入和重叠。

(8)合理确定锭翼顶孔和压掌的绕圈数,以达到减小伸长率的目的。

(9)稳定车间温湿度,相对湿度控制在60%~65%,并注意季节性的变化。一般黄梅季节湿度增大,可使锭翼顶孔粗纱绕1/4圈,压掌绕数减少;冬季干燥。可使锭翼顶孔粗纱绕3/4圈,压掌绕数增加。

(五)粗纱捻度

粗纱捻度是纺纱工艺设计的主要参数之一,对于细纱重量不匀率和条干均匀度都有很大影响。测试粗纱捻度可以了解实际捻度,同时可检查捻度变换齿轮的齿数是否正确。

1. 检测方法

试验周期和取样:各品种每月每台至少轮试1次,捻度变换齿轮调整后也随时试验。每品种每台至少取前后排粗纱各1只,每只粗纱试验3段,每段25cm。机台过少的至少试30段。试验仪器及工具为Y321型手摇捻度仪或Y331型捻度仪。

2. 计算公式

$$粗纱平均捻度=\frac{\sum 该品种各次实测捻度(捻/10cm)}{实测次数} \quad (2-36)$$

$$各次实测捻度=仪器记数盘上的捻数\times 0.4(捻/10cm) \quad (2-37)$$

$$粗纱捻度不匀率=\frac{2\times(平均数-平均数以下的平均数)\times 平均以下项数}{平均数\times 总项数}\times 100\% \quad (2-38)$$

$$粗纱实际捻系数\ a_t=\sqrt{粗纱设计线密度(tex)}\times 粗纱平均捻度(捻/10cm) \quad (2-39)$$

3. 质量参考指标

以粗纱工艺设计的捻度为标准。

4. 控制方法

工艺设计的捻度牙上机,当实测捻度差异较大时,可适当调整捻度牙齿数。

第三章 纱条不匀

第一节 概 述

一、纱条不匀的分类

纱条不匀是评定棉纱品等的主要指标之一。它包括反映长片段(指长度为纤维平均长度的100~1000倍或更长)不匀的重量不匀率(用百米重量变异系数表示)和重量偏差(用百米重量偏差表示),反映中片段(指长度为纤维平均长度的10~100倍之间)、短片段(指长度为纤维平均长度的1~10倍之间)不匀的条干不匀(用试样黑板对比标准样照的黑板条干均匀度或用乌斯特条干均匀度试验仪测出的条干均匀度变异系数表示)。

纱条不匀是纺纱原料和纺纱过程中的机械、工艺、操作、环境的综合反映。按纱条不匀的性质,有反映纱条内部纤维状态的结构不匀和反映纱条直径差异的粗细不匀;按纱条不匀的形式,有周期性不匀和非周期性不匀;按产生的原因,有理想纱条的随机不匀和由于纺纱过程中的缺陷而产生的附加不匀;就所检验范围来讲有纱条的内不匀、外不匀、总不匀之分。分类虽然复杂,但就其实质而论,不外乎属于结构不匀和粗细不匀两类。我们着重研究纱条的粗细不匀,包括反映长片段不匀的重量不匀率和反映短片段不匀的条干不匀。

纱条不匀对棉纱品等的评定有影响,还将影响成纱的强力、强力不匀和捻度不匀,影响细纱断头率,还影响准备、织造断头和布面条影与平整度。结果,势必降低产品质量和劳动生产率,影响整个企业的经济效益。

二、$CV(L)$曲线和$CB(L)$曲线

在研究纱条不匀时,选择被试纱条的长度,是决定不匀率值的一个重要因素。如实测100m片段间的细纱不匀率为2.5%左右,而测得8mm片段间的不匀率值约为16%。

在进行纱条不匀率测定时,一般只取有限长度的纱条予以测试,因此所测得的不匀率只是代表这段有限长度纱条内的不匀率,以$CV(L)$表示,其中CV代表以变异系数所表示的内不匀率,L则表示所取纱段长度。$CV(L)$表征了长度为L的纱条内不

匀率。在取定所试验纱条片段长度 L 后，除了片段长度 L 内的内不匀率 $CV(L)$ 外，尚存在若干片段长度 L 间的不匀率，即外不匀率 $CB(L)$。我们可以测定不同长度 L 的纱条的 $CV(L)$ 和 $CB(L)$，若以横坐标表示所取片段长度 L，纵坐标表示不匀率值，即可得到图 3－1 所示的 $CV(L)$ 和 $CB(L)$ 曲线。

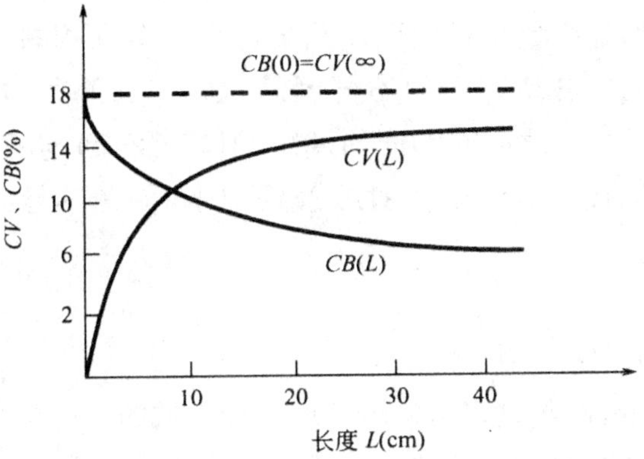

图 3－1　$CV(L)$ 和 $CB(L)$ 曲线

由图 3－1 可知，$CV(L)$ 曲线经过坐标原点，这是因为当所取纱段长度趋于 0 时，纱段内将不存在不匀，即不匀率为 0。不匀率 CV 值随着纱段长度 L 的增加而增加。曲线的走向，在起始段增长率较高，CV 值与 L 值近似直线关系；但随着纱条长度 L 不断增加，CV 值的增长率逐渐减少。对正常纱条来说，当所取纱条长度在 100cm 以上时，CV 值已趋向定值，即曲线逐渐接近渐近线 $CV(\infty)$，而 $CV(\infty)$ 即为纱线的总不匀率数值。$CB(L)$ 曲线则和 $CV(L)$ 曲线相反，是随着片段长度的增加而减少的。即当所取片段越长时，外不匀率值越小。相反，当所取长度为无限短时，$CB(L)$ 值趋向 $CB(0)$ 或 $CV(\infty)$。

应用方差加法定理，可得到在取不同长度片段时的 $CV(L)$ 和 $CB(L)$ 值之关系式如下：

$$[CV(L)]^2 + [CB(L)]^2 = [CV(\infty)]^2 = [CB(0)]^2 \qquad (3-1)$$

利用式(3－1)和图 3－1 曲线，可以得到一批纱线的总不匀率值或其近似值。其方法有两种：一是应用公式，测定特定纱段 L 的内不匀率和外不匀率，两者平方之和再开方即得总不匀率值，这种方法比较准确，但试验较为费时。二是取较长纱段，仅测其内不匀率数值，作为总不匀率的估计值（也可以测得极短片段间的外不匀率值，作为总不匀率的估计值）。这种方法之所以可以采取，是借助于 $CV(L)$ 曲线随片段长度增加而迅速接近其渐近线——总不匀率 $CV(\infty)$ 这一性质而获得的(同一批纱总不匀率为一定值)。对于生产正常的纺纱厂而言,当选取试样长度为2~3m时,所测得的内不匀率CV值,已大致能接近纱线的总不匀率,不必另行计算外不匀率CB值了。但当前纺工序质量及设备均较差,并缺乏必要的并合作用时,纱条中将存在显著的长片段不匀,在这种情况下,就不能用较短试样长度的CV值作为总不匀率的近似值来对待。另外,对一般纱条来说,不匀率在很大程度上都是由单位长度以内的短片段不匀所组成;而中片段和长片段不匀的成分是较少的。各道工序的不同制品,如生条、熟条、粗纱和细纱等,虽然内外不匀与纱条片段长度之间有相同的规律,但其$CV(L)$与$CB(L)$的曲线形态是不同的;加工过程或前纺、后纺工艺对纱条处理不同,尤其是并合数的改变,都会造成曲线形态的变化。

三、纱条不匀的结构

纱线是由很多根纤维经过多道纺纱工序集合而成的。在这个过程中经过多次并合与牵伸,使得纱线不匀率的构成非常复杂。为了便于分析,我们按产生纱条不匀的原因,把纱条不匀分为四个部分,并以波谱图来表示。

(一)随机波不匀率

就目前所采用的纺纱设备而言,即使在工艺和其他条件十分理想的条件下,也不可能得到绝对均匀的纱线。所谓工艺的理想条件,即指组成纱线的所有纤维是等长的、等直径的,且在纱条中是完全平行伸直的,同时在沿纱条的长度方向随机分布。这时纱线断面中的纤维排列属于波松分布,使得纱线有一最低的理论不匀率。与之相对应,就有一个理论的波谱图(图3-2)。图3-2是按式(3-2)而得到的。

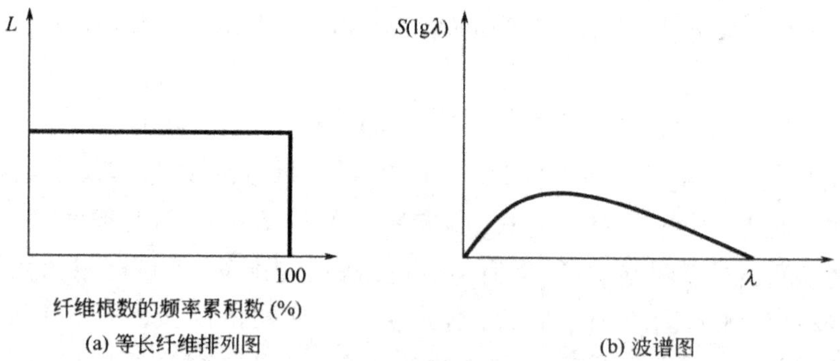

图3-2　等纤维排列图及其波谱图

$$S(\lg\lambda)=\frac{1}{\sqrt{\frac{\pi n}{4}}}\times\frac{\sin\frac{\pi L}{\lambda}}{\sqrt{\frac{\pi L}{\lambda}}} \qquad (3-2)$$

式中：$S(\lg\lambda)$——波长取对数坐标的振幅谱；

λ——波长；

L——纤维长度；

n——纱条截面内平均纤维根数。

当纤维不等长时，如棉纤维可以用近似的方法计算理想纱线的波谱图（此时的理想纱条为纤维伸直平行、随机排列）。如将棉纤维的实际拜氏图以图3-3的近似图形来代表，即得适用于粗梳棉纱的理想波谱曲线为：

$$S(\lg\lambda)=\frac{K\lambda^2}{a}\left(\frac{2a\pi}{\lambda}-\sin\frac{2a\pi}{\lambda}\right) \qquad (3-3)$$

式中，K为常数，其值取决于纤维和纱条特数，或取决于纱线截面内的平均纤维根数n值，即$K=\frac{1}{\sqrt{\pi n}}$。

通过计算，可以得到对于理想纱条波谱图和实际纱条波谱图都具有重要意义的一个性质，即理想纱条波谱图的最高峰处于纤维平均长度2.86倍的波长处。

$$\lambda_{max}=2.86\bar{L} \qquad (3-4)$$

式中，$\bar{L}=\frac{a+b}{2}$。

不同长度纤维的理想波谱图，基本形状相似，主要区别在于最高峰的波长位置不同。为了实用的广泛性，通常取$\lambda_{max}=(2.5\sim3)\times\bar{L}$，其中$\bar{L}$为重量加权的纤维平均长度。

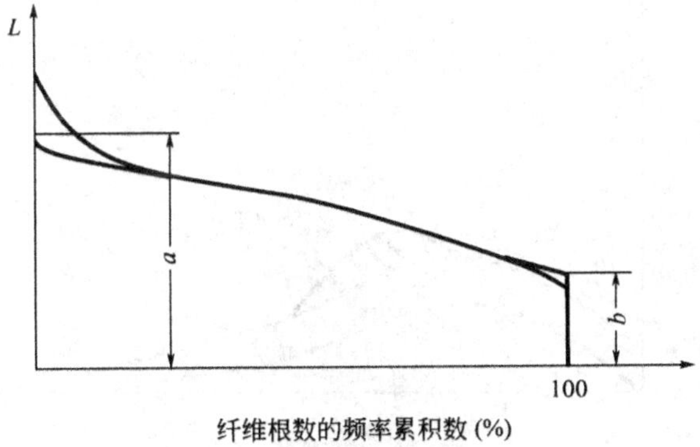

图3-3　棉纤维的实际拜氏图（近似图形）

a—除去少量长纤维的长度区间　*b*—部分短纤维　*ab*—纤维有效长度区间

（二）因纤维集结和工艺设备不完善造成的不匀率

在纺纱过程中，纤维不可能全部被松解分离，纱条中仍有缠结纤维和棉束，其运动类似一根粗纤维，这相当于减少纱条断面的纤维根数，并增加了纤维粗细不匀的程度；同时纤维在纱条中也不完全伸直平行，致使纱条不匀率增加。另外，纺纱过程中各道工序的机械状态虽基本正常，但又不可能十分完善，因而也会增大纱条不匀率。这些因素所造成的不匀率在所有波长范围均有影响，使波谱曲线成为图 3－4 的实际波谱图。

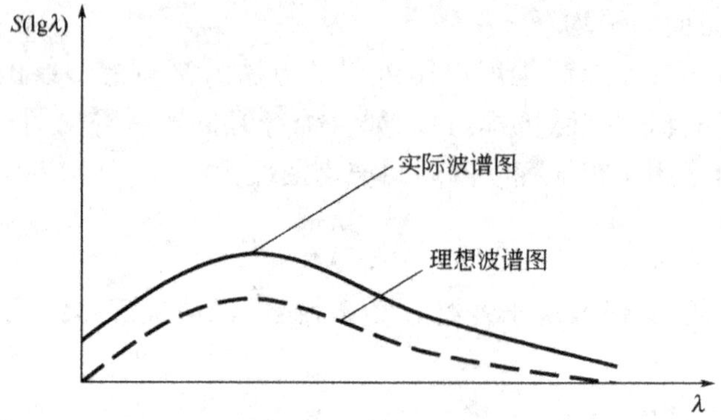

图 3－4　正常纱条波谱图

（三）牵伸波造成的不匀率

在牵伸过程中，由于喂入纱条本身的粗细不匀和结构不匀，牵伸装置部件不够稳定以及工艺不够合理（如牵伸倍数选择不当，加压过轻或过重，隔距过大或过小）等原因引起纤维变速点分布的不稳定，使纱条沿其长度方向形成粗细节，这就是牵伸波。牵伸波在波谱图中表现为“小山”，每个小山的宽度可跨在连续三个或更多的频道上，如图 3－5 所示。

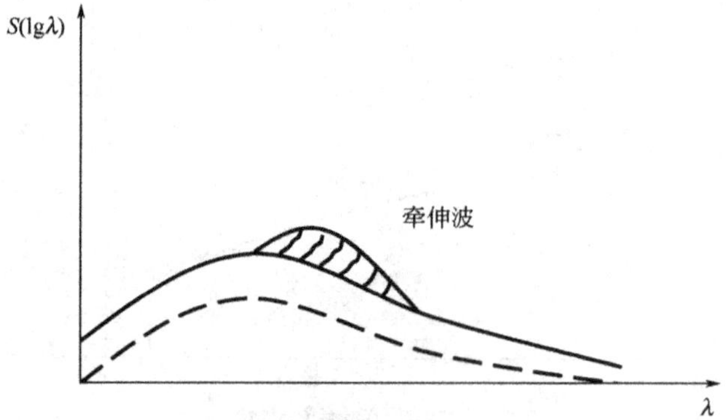

图 3－5　牵伸波形成的波长谱

牵伸波的自然平均波长为：

$$\lambda_{mo} = K\bar{L} \tag{3-5}$$

式中：λ_{mo}——由给定牵伸区直接输出纱条的自然平均波长，cm；

K——系数，并条梳棉4，粗纱3～3.5，细纱2.75；

$\bar{L}$——纤维平均长度（粗梳棉纱$\bar{L}$值可采用29mm，精梳棉纱$\bar{L}$值可采用31mm）。

（四）机械性周期不匀

在各道加工机器上常有周期性运动的部件缺陷（如胶辊、罗拉偏心，胶圈破损，齿轮缺齿等），使纱条条干产生周期性粗细变化，这种周期性变化称为机械波。机械波在波谱图中表现为"烟囱"，每个烟囱集中反映在一个或最多两个频道上，如图3－6所示。

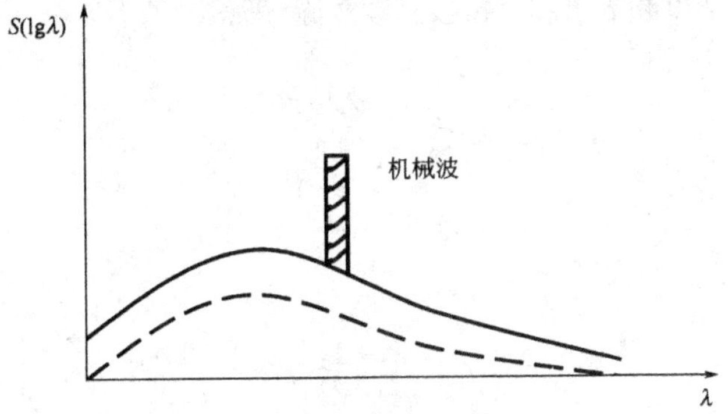

图3－6　机械性周期不匀波长谱

如果把四种不匀率所形成的波长谱反映在一个波谱图上，其形状如图3－7所示。

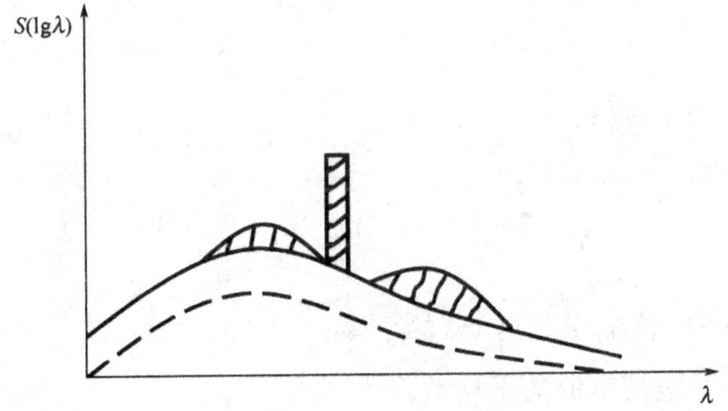

图3－7　纱条波谱图

四、纱条不匀的表达式

从实质上看，纱条不匀的程度是表示纱条特征数的离散程度。因此可以用数理统计中各种表示事物离散程度的特征数来表示纱条的不匀程度,即将这些特征数的计算式作为纱条不匀率计算公式,常用的纱条不匀率公式如下。

设:$X_1, X_2, X_3, \cdots, X_n$ 为纱条单位片段不匀率的试验观察值,则其算术平均数 $\overline{X}$ 为:

$$\overline{X} = \frac{\sum_{i=1}^{n} X_i}{n} \tag{3-6}$$

式中,n——样本容量。

将观察值先乘以频数求和后再被总频数除,即得纱条不匀率的加权平均数 $\overline{X}_q$:

$$\overline{X}_q = \frac{\sum_{i=q}^{n} X_i q_i}{\sum q_i} \tag{3-7}$$

式中,q_i——权。

平均差 M 为:

$$M = \frac{\sum_{i=1}^{n} |X_i - \overline{X}|}{n} \tag{3-8}$$

当分组时:

$$M = \frac{\sum_{i=1}^{k} |X_i - \overline{X}| f_i^{*}}{n} \tag{3-9}$$

式中:k——组数;

f_i^{*}——第 i 组的频数。

在不分组情况下可简化为:

$$M = \frac{2n_L(\overline{X} - \overline{X}_L)}{n} = \frac{2n_U(\overline{X}_U - \overline{X})}{n} \tag{3-10}$$

式中:n_L,n_U——观察值低于或高于 $\overline{X}$ 的个体;

$\overline{X}_L$,$\overline{X}_U$——相应观察值的平均数。

平均差异数 U(即不匀率)为:

$$U = \frac{M}{\overline{X}} \tag{3-11}$$

标准差 S(均方差)为:

$$S = \sqrt{\frac{\sum_{i=1}^{n}(X_i - \overline{X})^2}{n-1}} \tag{3-12}$$

方差 S^2 为：

$$S^2 = \frac{\sum_{i=1}^{n}(X_i - \overline{X})^2}{n-1} \tag{3-13}$$

变异系数 CV 值(即标准差不匀率)为：

$$CV = \frac{S}{\overline{X}} \tag{3-14}$$

极差 R 为：

$$R = X_{max} - X_{min} \tag{3-15}$$

式中：X_{max}，X_{min}——观察值中的最大值和最小值。

极差系数 η 为：

$$\eta = \frac{R}{\overline{X}} \tag{3-16}$$

在常态分布的条件下：

$$CV \approx 1.253U \tag{3-17}$$

第二节　纱条不匀的测试方法

纱条不匀的测试方法主要有测长称重法、目光检验法和仪器测定法。

一、测长称重法

测长称重法也称切断称重法，是测定纱条粗细不匀的最基本、简便、准确的方法之一。目前纺纱厂中的棉条、粗纱、细纱、捻线的细度不匀，普遍采用测长称重法测定。所取片段长度为：棉条 5m，粗纱 10m，细纱和捻线各 100m。用平均差系数公式计算的值，在特数制中称重量不匀率，在支数制中称支数不匀率，在纤度制中称纤度不匀率。

切断称重法可以测量各种片段长度的重量不匀率。片段可短到 0.01m、0.025m、0.1m、0.3m、1m 等，也可长到 100m 或以上。当切取短片段时，切取数量需要很多，这样的切割和称重的工作量是相当大的，因此，短片段的切断称重法仅对要求准确度较高的研究工作或校正其他测定不匀率仪器的读数时才被采用。

二、目光检验法

用目光检验法来评定纱线的短片段条干不匀率被列为国家标准检验项目之一。这种方法是先将被检验的纱线均匀地绕在黑板上，在一定的照度和距离下，和标准样照进行对比评定。这种检验虽然是以目测为依据，但在检验过程中能清楚地反映出纱条中不匀的具体内容和性质，如粗节、细节、阴影、云斑、竹节及白点等。有助于我们寻找造成不匀的原因，以便在工艺上进行改进。

这种方法简便易行，能快速得到检验结果，但评定结果的正确性与检验人员的目光有关，所以需要定期核对和统一检验人员的目光。

三、仪器测定法

目前用于测量纱条不匀的仪器有 Y311 型条粗条干均匀度试验仪和乌斯特(USTER)均匀度试验仪。

(一)Y311 型条粗条干均匀度试验仪

该仪器按纱条密度利用杠杆原理而设计，纱条通过一对凸凹圆轮时，被压缩在一定宽度的槽内，其厚度随纱条粗细的不同而变化(即定宽测厚法)，这种变化经加压杠杆和指针杠杆两级放大了 100 倍左右，再通过笔尖在等速运动记录纸上描绘出纱条厚度变化曲线，即纱条条干均匀度的变化情况。

1. 记录曲线的分析和应用

Y311 型仪器记录纸如图 3－8 所示，纵向共有 30 格，每格为 0.1 英寸 = 2.54mm，相当于棉条的厚度 1/1000 英寸；采用公制及记录纸与试样 1∶10 的速比时，横向一小格 $A = 33.33$mm；一大格(三小格)$B = 100$mm，对应于试样 1m。采用英制，速比为 1∶12 时，$A = 1$ 英寸 = 25.4mm；$B = 3$ 英寸 = 76.2mm，对应于试样 1 码。

常规试验时一般都用记录纸慢速(1∶12 或 1∶10)试验；特殊需要分析短片段均匀情况时，也可使用记录纸快速(1∶1)试验。

试验数据的计算方法，除特殊需要可以用面积仪或积分仪计算不匀率外，一般均用目测曲线在一定长度内的最高点及最低点，以极差系数表示该片段长度的条干不匀率。

曲线读数精确度为 0.1/1000 英寸。理论上读数应以曲线宽度的中间为准，实际上为了目测方便，常以曲线的下方边缘为准，然后在读数上再加上笔尖宽度的一

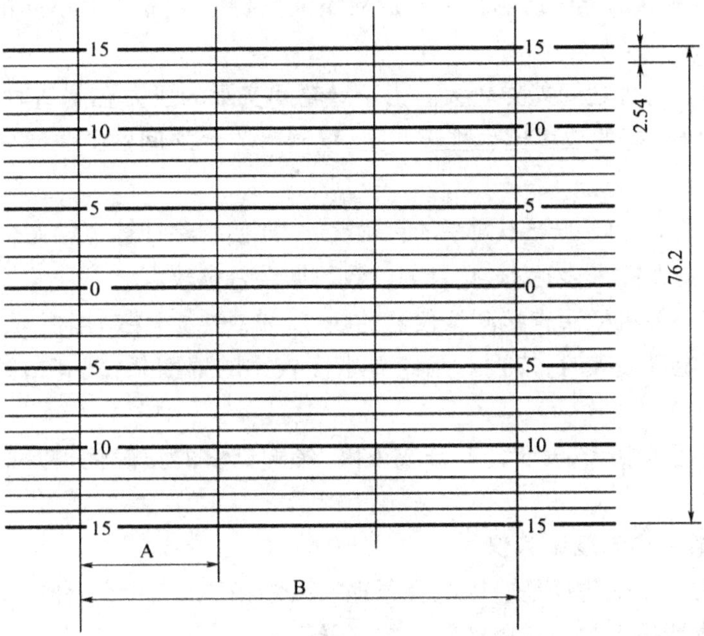

图 3 - 8　Y311 型仪器的记录纸(单位:mm)

半,一般考虑为 0.1/1000 英寸。记录曲线常因棉结、杂质的影响而发生突跳,此时应按曲线下降与上升曲线分离处读数。计算平均厚度和不匀率,见式(2 - 25)和式(2 - 26)。

用极差系数来表示棉条或粗纱条干不匀率存在较大的不足,因为它只与计算长度内两个极端的大小有关,而不能反映中间各厚度的变异情况。为了弥补这一缺陷,在专题对比试验等较重要的场合,应尽可能计算每米条干不匀率。

除计算条干不匀率外,还须仔细观察条干记录曲线。如发现曲线有一定规律性(周期性)或有突高、突低等异常情况,即使条干不匀率没有超出规定范围,也应立即通知有关部门追查原因,组织检修。为了减少纱疵,特别是防止突发性纱疵的产生,必须做好熟条、粗纱条干不匀率试验的质量把关工作。

2. 仪器存在的缺点和问题

(1)定量不同的棉条或粗纱可比性较差。仪器采用一对导轮,在一定压力下压缩纱条,测定其截面(厚度)的不匀来表达条干不匀。为了正确反映其截面不匀,必须保持压缩后纱条的密度基本一致,而实际上往往很难达到这一点。在一般情况下,棉条或粗纱的定量越大,其密度就越小,因此,仪器对不同定量的半制品的可比性就较差。定量偏重,条干不匀率就有偏低趋势,其中棉条的影响比粗纱更大。为了减少密度差异的影响，可规定对不同的棉条定量加上不同的加压重锤，但试验时较麻烦。

(2)仪器台与台之间差异较大。由于导轮间实际的压力在制造时很难做到每台完全一致，两级杠杆的放大比也难于一致，仪器台与台之间的差异常常较大，可比性较差。

(3)棉结杂质影响条干不匀率的正确反映，即使剔除计算也难完全消除其影响。

(4)用极差系数来表达不匀，目测读数数据误差也较大。

(5)具有一般机械法直接测量仪器的缺点，如惯性大、灵敏度低等。

(6)棉条定量较大时，特别对腈纶等密度较小的棉型条，现有槽宽太小，需适当放宽。

(7)仪器运转中，记录纸会上升或下降，影响试验的正确性，特别是在试验粗纱条干时。

(二)乌斯特均匀度试验仪

乌斯特均匀度试验仪是应用电容原理检测纱条不匀率的一种电子仪器，是目前世界各国测量纱条不匀率应用最广泛的仪器。

该电容式均匀度仪的检测原理：由于纤维的介电系数大于空气的介电系数，纱线试样进入由两平行金属极板组成的空气电容器，会使电容器的电容量增大，当试样连续从电容器的极板间通过时，随着极板间一段纱条的质量变化，电容器的电容量也相应变化，电容量的微小变化通过灵敏度较高的放大电路和记录仪，即可得到纱线的细度不匀率曲线和相关数据。

1. 仪器的功能

乌斯特均匀度试验仪包括主机、积分仪、纱疵仪、波谱仪和记录仪。

(1)主机：将纱条的截面重量不匀转换为连续的电信号。

(2)积分仪：将不匀信号进行积分运算，得出纱条不匀率数值。积分仪分半自动式和全自动式两种。半自动式积分仪还需要根据多次积分读数加以平均，并以纱条不匀厚度数值对积分数值加以修正；全自动式积分仪仅需一次读数，即能得出纱条不匀率。

(3)纱疵仪：可按照拟定灵敏度要求，根据主机不匀信号，自动记录纱条上所出现的粗节、细节和棉结数目。

(4)波谱仪：能将纱条不匀率按长度变化状态转换为按周期波长分布，以获得波谱分布曲线，从而可以对纱条不匀作进一步的检验和分析。

(5)记录仪：记录纱条不匀的直观图和波谱图。

乌斯特均匀度试验仪是精确测试纱条不匀率的电子仪器。试验仪上有几个平行金属极板组成的电容器(或称测量槽),各电容器两极板间的距离由大而小,以适合条子、粗纱或细纱的检测,测条子的测量槽极板宽为16mm,测细纱的测量槽极板宽为8mm。

乌斯特条干均匀度试验仪可读出被测纱条条干粗细的变异系数(或平均差不匀率)数值及细纱上的粗节、细节、棉结数值,并可画出连续的不匀率曲线图和波谱图,以便对纱条不匀率的结构进行分析,判断周期不匀产生的原因,便于及时检查和调整纺纱工艺,修整损坏的机件。

2. 仪器的性能

乌斯特条干均匀度试验仪一般测试以下几种不匀:

(1)纱线横截面中的纤维数量不可能完全相同,而总是在一定范围内不断变化,即表现为纱线的外观时粗时细(肉眼很难分辨得出),此类不匀受牵伸工艺的影响,是永远持续呈现的,条干均匀度的 *CV* 值或 *U* 值,即代表这种不匀。

(2)如果纱线截面的不匀是在很长的(如100m以上)片段内波动,则称为重量不匀率。一般来说,这种不匀产生于前纺工序。

(3)由于机械状态的不良而形成周期性的不匀,不能为后工序的并合过程所消除,这种不匀可根据波谱分析,通过计算而直接找出机械缺陷的部位。

(4)常发性的纱疵,称为细节、粗节、棉结,其设定范围分别为:

细节	-30%	-40%	-50%	-60%	四档	长度30mm
粗结	+35%	+50%	+75%	+100%	四档	长度30mm
棉结	+140%	+200%	+280%	+400%	四档	长度4mm以下

测试时根据产品质量的要求选择设定范围,通常环锭纱的设定范围取细节-50%,粗节+50%,棉结+200%。气流纺纱棉结取+280%。

3. 仪器的作用

利用乌斯特条干均匀度试验仪,可以对工艺和生产进行更好的分析和管理。

(1)帮助寻找各道纺纱工序的最佳工艺条件。例如,可研究某工序各工艺参数对条干均匀度的影响,从而求得该工序的最佳工艺参数组合。

(2)对个别设备或多工序机组进行系统监视,使整个纺纱系统的设备处于正常状态。

(3)对纱线进行品质控制,使纱厂的产品质量保持稳定。

(4)评定、比较不同设备或工艺条件以及决定取舍。

(5)可以作为寻找各道工序发生疵病(一般可分为连续出现的、间歇出现的或周期性出现的疵病)根源的探试手段,以便迅速而有效地解决纺纱过程中出现的问题,从而进行工艺或设备的改进。

第三节　纱条不匀的分析

一、利用 Y311 条干曲线分析棉条条干不匀

利用 Y311 条干曲线的波形可以判断棉条产生条干不匀的原因和发生条干不匀的机件部位，可以迅速找到原因消除故障。

由于各种性质的机件不良，导致不匀曲线的波形也各不相同。因而分析条干曲线的方法有两种，一种是根据条干曲线的波形特征，包括波峰、波谷的形态和波幅大小等，判断发生条干不匀的机件部位；另一种是根据条干曲线的波长，判断发生不匀的机件部位。

（一）根据条干曲线的波形特征来判断产生条干不匀的原因和部位

这种方法需要有一定的生产经验，根据并条机机型和牵伸传动的特征，在生产过程中逐步积累和建立各种不良部件所产生的条干不匀曲线标样，以便于帮助和指导今后棉条条干不匀的分析。

例如，某厂对原某型并条机部件不良产生的条干不匀曲线进行了特征分析：34^T 齿面磨灭和搭牙太松产生的尖刀波，如图 3－9 所示；90^T 左旋齿轮的轴芯磨灭产生的鲨鱼口形双尖波，如图 3－10 所示；给棉罗拉传动导条罗拉的 20^T、23^T 齿面磨损，键销松动产生的剪刀形双尖波，如图 3－11 所示；二罗拉加压不足且带挠动时形成的狼牙波，如图 3－12 所示，它与 34^T 齿面磨灭产生的尖刀波的区别在于从峰至谷带有弧形；二罗拉轴承松动及轴承钢球磨损后产生的锯齿波和冰棱波，分别为图 3－13 和图 3－14；三罗拉表面绕花产生的深井波，如图 3－15 所示；前胶辊芯子弯曲、偏心且伴随跳动产生的火焰形双尖波，如图 3－16 所示；大胶辊中凹产生的马鞍波，如图 3－17 所示；振动式上清洁器铁皮夹撞击胶辊形成的藕节波，如图 3－18 所示；喇叭口拥头形成的四联波，如图 3－19 所示。

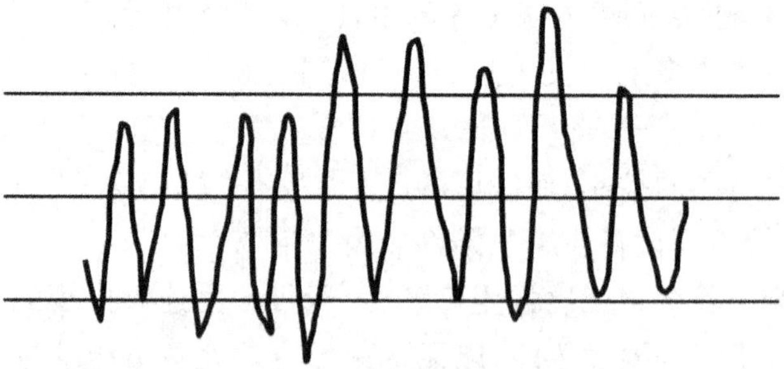

图 3－9　尖刀波

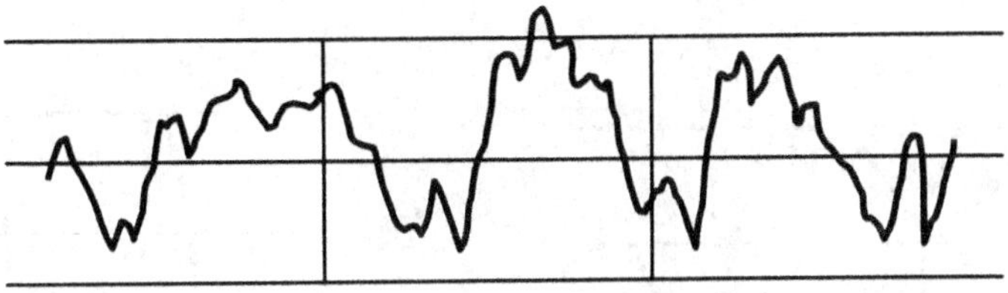

图 3-10　鲨鱼口形双尖波

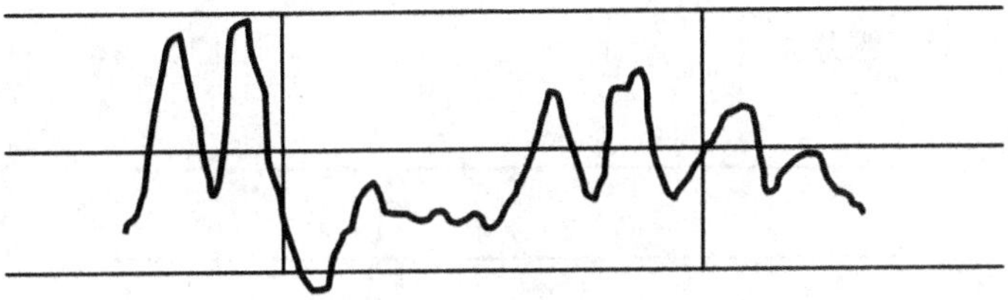

图 3 – 11　剪刀形双尖波

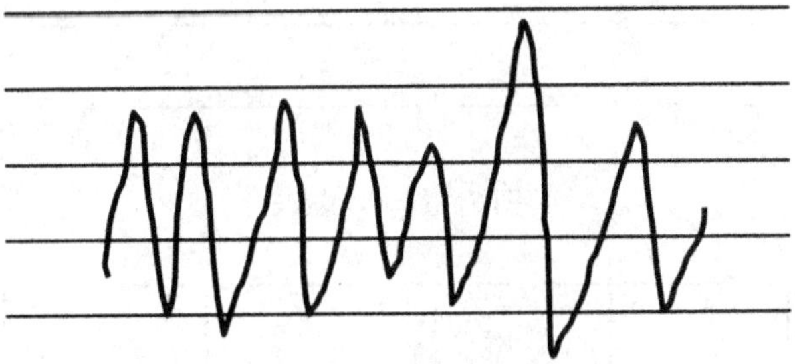

图 3 – 12　狼牙波

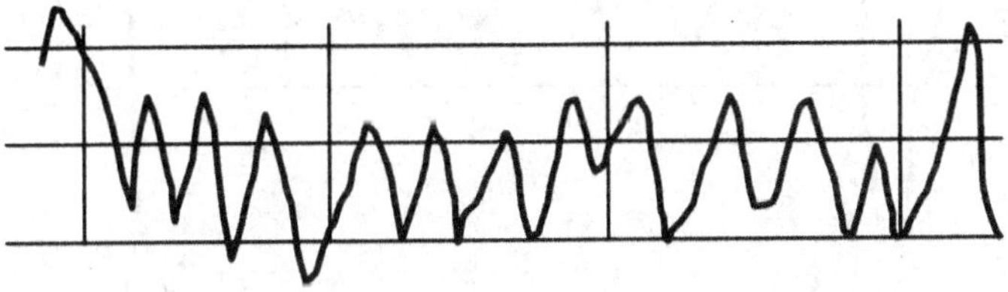

图 3 – 13　锯齿波

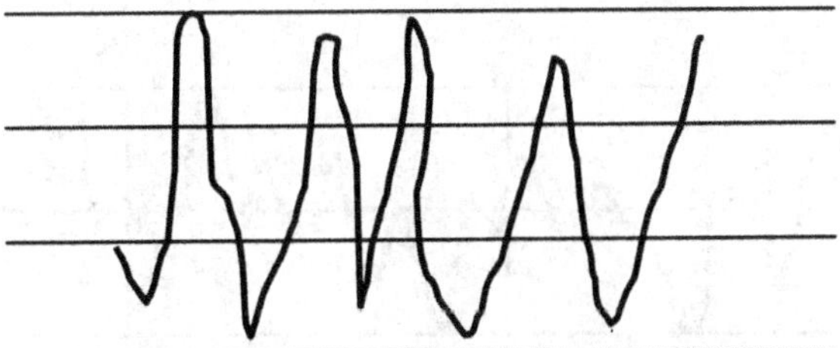

图 3 – 14　冰棱波

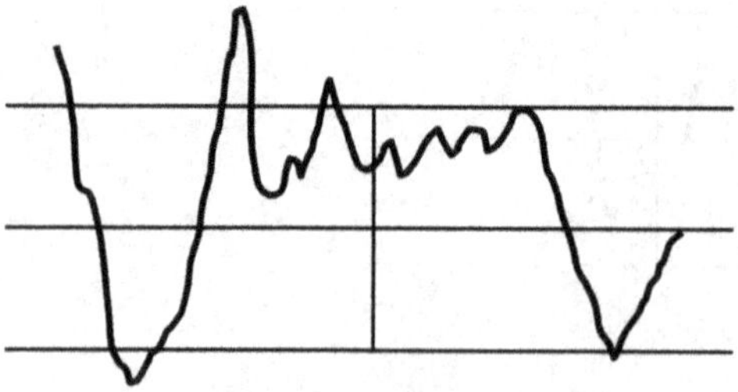

图 3 - 15　深井波

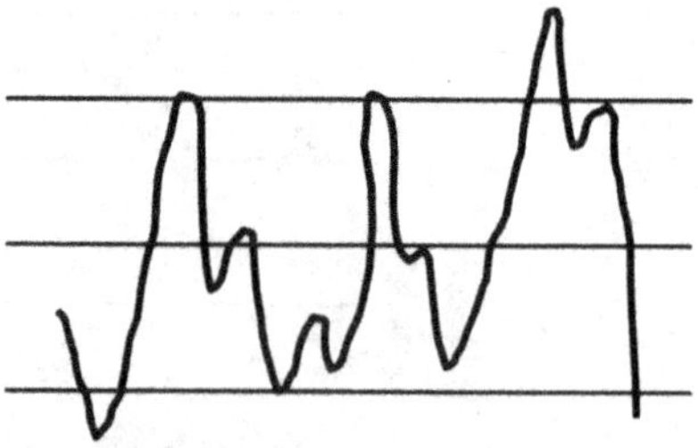

图 3 - 16　火焰形双尖波

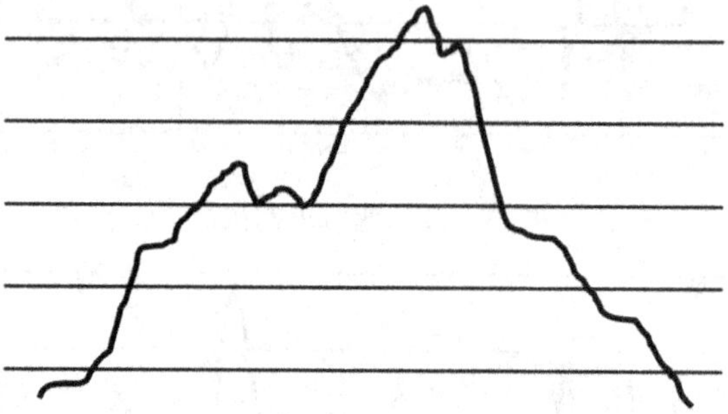

图 3 - 17　马鞍波

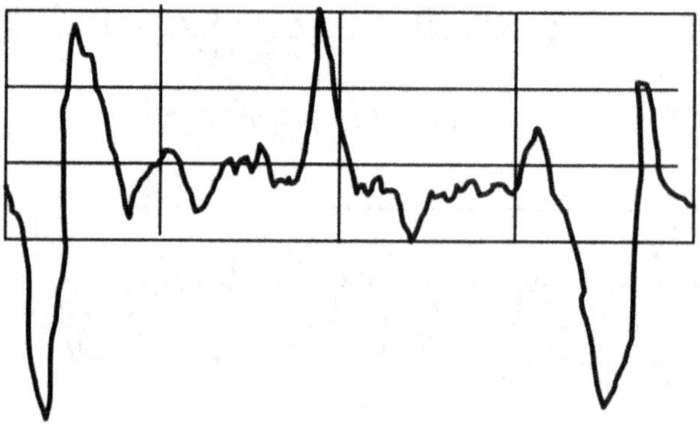

图 3 - 18　藕节波

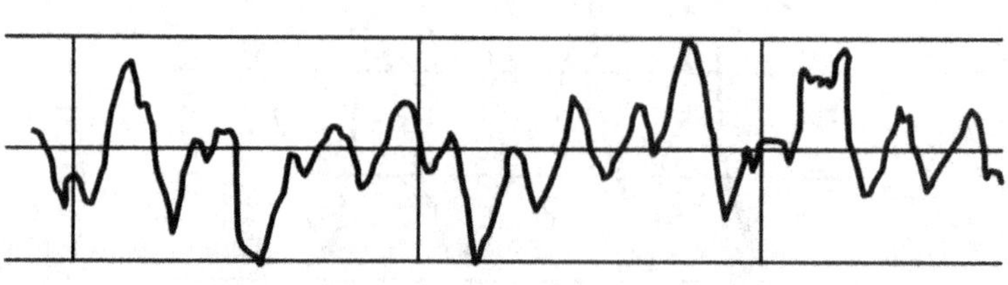

图 3 - 19　四联波

（二）根据条干曲线的波长来判断并条机产生周期性条干不匀的不良部件

由于回转部件的机械性疵病形成的棉条周期性条干不匀具有固定的波长，因此，我们可以在了解并条机传动图，各列罗拉、胶辊直径、牵伸倍数等工艺参数的情况下，假定某一部件有疵病而计算出该部件疵病形成的周期波的波长，对照条干曲线的周期波波长而得到验证，推断出机械性疵病发生的部位。

罗拉、胶辊疵病形成的周期波波长：

$$\lambda_1 = \pi dE \tag{3-18}$$

式中：λ_1——有疵病的罗拉、胶辊形成的周期波波长，cm；

d——有疵病的罗拉、胶辊的直径，cm；

E——疵病部件至输出件之间的牵伸倍数。

牵伸齿轮疵病形成的周期波波长：

$$\lambda_2 = i\pi dE = i\lambda_1 \tag{3-19}$$

式中：λ_2——有疵病的齿轮形成的周期波波长，cm；

i——有疵病的齿轮至它所传动的罗拉的传动比；

d——有疵病的齿轮所传动的罗拉的直径，cm；

E——有疵病的齿轮所传动的罗拉至输出件之间的牵伸倍数。

条干曲线上反映的周期波的平均波长：

$$\lambda = \frac{L}{n} \times p \tag{3-20}$$

式中：λ——条干曲线上反映的周期波的平均波长，cm；

L——条干曲线上 n 个周期波的长度，cm；

n——周期波的个数；

p——试样速度与条干曲线记录纸速度的比（一般有两种速比，即 12∶1 和 10∶1）。

当 λ_1 或 λ_2 与 λ 相近时，即可判断试样棉条 λ 的周期波是由形成 λ_1 波长的有疵病的罗拉、胶辊或形成 λ_2 波长的有疵病的牵伸齿轮所产生。

例 1. 用 Y311 型条粗条干均匀度仪测得如图 3－20 的并条棉条条干曲线，用英

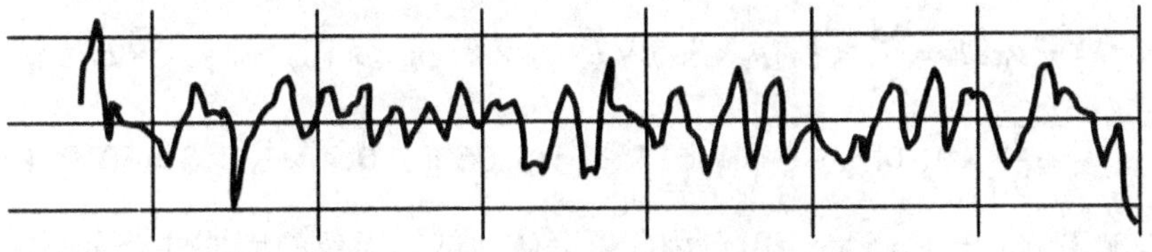

图 3－20　并条二罗拉弯曲 0.11mm 的条干曲线

制记录纸记录，试样速度与记录纸速度的比为12∶1，分析规律性条子不匀产生的机件部位。

从条干曲线图上可以看出，每码内（横向3小格，记录纸上每小格为2.54cm）约有10个周期波，试样周期波的平均波长 $\lambda = \frac{L}{n} \times p = \frac{3 \times 2.54}{10} \times 12 = 9.144\text{cm}$。

假设并条二罗拉有疵病，则它所产生的周期波波长：

$$\lambda_1 = \pi dE = \pi \times 2.8 \times E_{2-1} \times E_{1-紧} = 3.14 \times 2.8 \times 1.014 \times 1.013 = 9.031(\text{cm})$$

式中：E_{2-1}——二罗拉至前罗拉的牵伸倍数；

$E_{1-紧}$——前罗拉至紧压罗拉的牵伸倍数。

$\lambda_1 = 9.031\text{cm}$ 与 $\lambda = 9.144\text{cm}$ 相近，因此可以认为，试样棉条的周期性条干不匀是由并条二罗拉疵病产生。检查发现，取试样的该台并条机二罗拉沟槽有一处弯曲为0.11mm。

例2. 用Y311型条粗条干均匀度仪测得如图3-21的并条棉条条干曲线，用公制记录纸，试样速度与记录纸速度的比为10∶1，分析规律性条干不匀产生的机件部位。

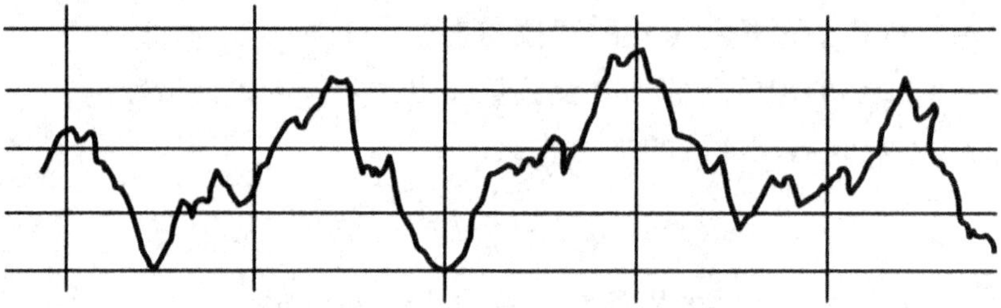

图3-21　53^T 并条机轻重牙疵病的棉条条干曲线

从条干曲线图上可以看出，每米内（横向3小格，记录纸上每小格为3.33cm）约有两个周期波，试样周期波的平均波长 $\lambda = \frac{L}{n} \times p = \frac{3 \times 3.33}{2} \times 10 = 50\text{cm}$。

假设并条机 53^T 轻重牙有疵病，由于轻重牙是通过冠牙 90^T（90^T 装在五罗拉轴头上）传动五罗拉的，因此它至五罗拉的传动比 $i = \frac{53}{90}$，因此 53^T 轻重牙疵病产生的周期波波长 λ_2 为：

$$\lambda_2 = i\pi dE = \frac{53}{90} \times 3.14 \times 3.5 \times E_{5-4} \times E_{4-3} \times E_{3-2} \times E_{2-1} \times E_{1-紧}$$

$$= \frac{53}{90} \times 3.14 \times 3.5 \times 1.515 \times 1 \times 5.06 \times 1.014 \times 1.013 = 50.96(\text{cm})$$

$\lambda_2 = 50.96\text{cm}$ 与 $\lambda = 50\text{cm}$ 相近，因此可以认为试样棉条的周期性条干不匀是由并条机 53^T 轻重牙疵病产生。检查发现，取试样的该台并条机的 53^T 轻重牙键销松动。

根据条干曲线波长，可判断产生周期性条干不匀的疵病部件位置，还可用测定疵病部件的转速来确定，这将在波谱分析中加以介绍。

二、利用乌斯特波谱图分析棉条、粗纱、细纱不匀

(一)波谱分析的意义

测定纤维条条干不匀的目的，除了希望得到条干不匀(U 值或 CV 值)的大小即数量的概念外，还希望通过测定，了解造成不匀的原因及机器上产生不匀的部位。

条干不匀包括周期性及非周期性的不匀。不匀率的变异系数值虽然是条干不匀率的一个离散指标，并与织物外观有一定的相关关系，但是对于周期性不匀的纤维条，只用 U 值或 CV 值就不能全面反映其质量情况了。如图 3－22、图 3－23 所示：A、B 两种纱线，$CV_A = 13.2\%$，$CV_B = 13.6\%$，虽然两值相差甚微，但其不匀的情况却有明显的差异。从 B 种纱线的波谱图可以看出，具有严重的周期不匀，反应在织物上，对外观质量将有较大的影响。因此，为了正确反应纤维条不匀的结构，估计其不匀对织物外观质量的影响，并寻找产生周期不匀的原因，及时调整改进，除 CV 值指标外，还需要借助于波谱图。

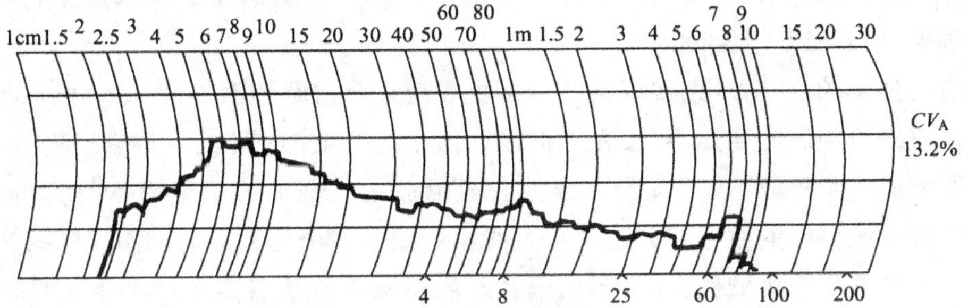

图 3－22　A 种纱线的波谱图

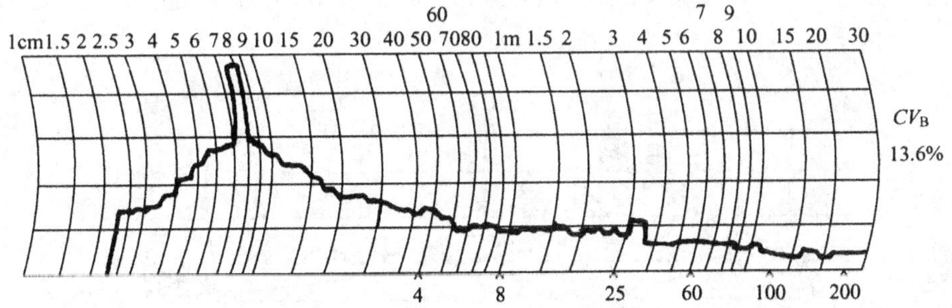

图 3－23　B 种纱线的波谱图

乌斯特波谱仪与主机相连时能迅速而准确地绘出波谱图。根据波谱图就可以分析纱条不匀的原因,判断出工艺和机械上存在的问题以及出现问题的确切部位,便于及时进行调整和处理,稳定产品质量。

实际纱条的波谱图形态,基本上同该种纤维的理想纱条波谱图相似,其最高峰处的波长值和理想波谱图相一致,即在纤维长度的2.5~3倍波长处。所不同的是实际波谱曲线的波幅在所有波长范围内均比理想波谱曲线高些,如正常细纱波谱图(图3-24),其中,粗梳棉纱 $I=2.1$,I 为不匀指数。

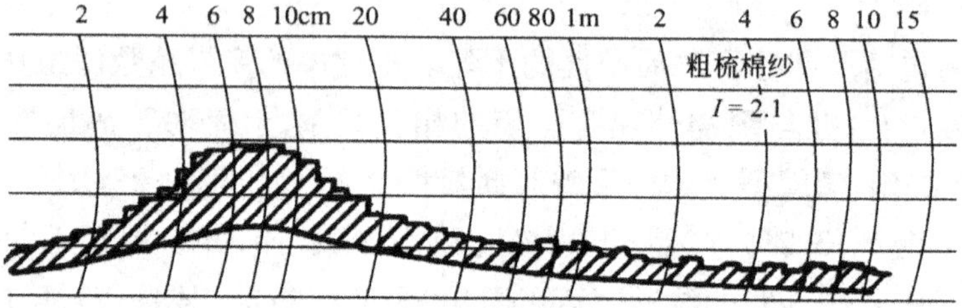

图3-24 正常细纱滤谱图

波谱呈阶梯形是由于波谱仪是由有限个波道构成所致。这种山峰形波谱曲线的特征,是由于纤维随机排列所产生的不匀差异的影响,在短纤维纺纱系统中是不可避免的现象,可看做是正常的。

应当强调的是,对纱条波谱图的分析主要应该分清两种不匀,即由于机械状态不良而造成的机械波周期性不匀;在牵伸区内由于对纤维控制不良、纤维变速点分布不稳定所形成的牵伸波不匀(关于牵伸波和机械波的特征见第三章第一节)。同时具有牵伸波和机械波的波谱图如图3-25所示。图中各个具有形如烟囱状的振幅 A 代表几个不同波长的机械性疵病,形如山峰形的振幅 B 代表各道工序的工艺性不匀差异,曲线 C 代表正常细纱的波谱图,曲线 D 则代表理想纱条波谱图。

实际生产中,为了又快又准地分析纱条不匀波谱图,大都采用正常波谱图和实测

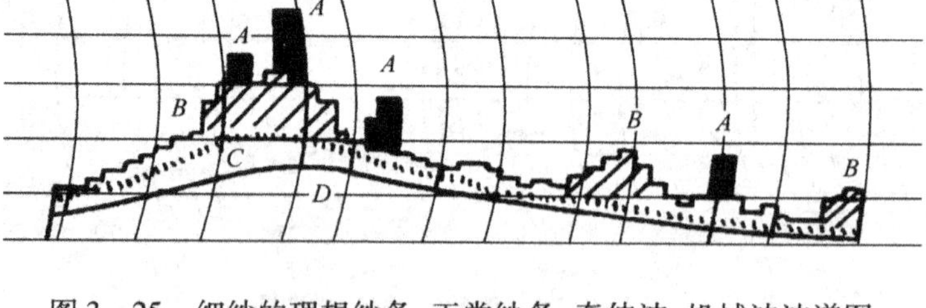

图3-25 细纱的理想纱条、正常纱条、牵伸波、机械波波谱图

波谱图进行对比，即作出各种正常纱条（如生条、熟条、粗纱、细纱等）的波谱样照，与所测出的各种纱条的波谱图对比分析，这样有助于对所测纱条波谱图进行正确判断。

（二）波谱图疵病分析程序

波谱图疵病分析程序如下：

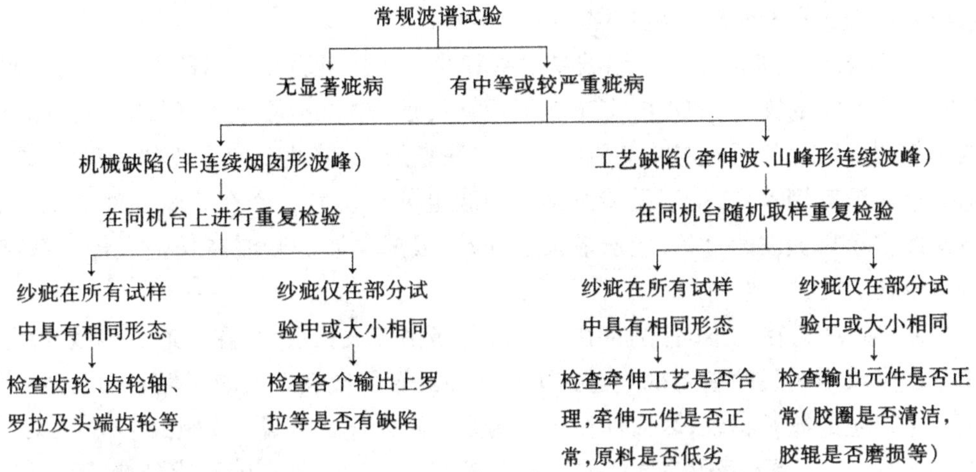

（三）找寻波谱疵病原因的方法和实例

1. 机械波（机械性周期波）的分析

对于非连续性烟囱形波谱振幅高峰，其原因是属于机械性缺陷所致。其分析方法有两种，一种是计算法，另一种是测速法。计算法一般适用于已事先估计到机械缺陷所在部位，用计算法仅为加以验证。测速法则能准确迅速地确定机械缺陷所在，故应用较为广泛。

（1）计算法。在应用计算法之前，必须了解缺陷所在机器的机械传动图、各列罗拉直径和牵伸倍数等工艺参数。假定怀疑某一机件发生了故障，并由此引起纱条周期性不匀，然后计算其周期波波长。

波长计算应首先考虑两点，一是计算的针对性强，不同机型的传动系统不同，纺不同的线密度的纱其配备的牵伸倍数不同，因而理论波长计算值也不同。应根据具体机型、具体品种进行具体分析；二是能计算出理论波长的部件主要是回转件，对于牵伸部分的固定件如摇架、销子、集合器等部件的缺陷就没有算法可循。

其次应注意到波谱分析的复杂性。

① 实际波长的偏移性。由于机件磨损受许多难以确定又不断变化的因素影响，同一磨损部位，磨损时间不同，磨损环境不同，就会产生波长的偏移。因而同一磨损部位的实际波长和这一部位的理论计算波长，大多是不会完全吻合的。故在实际波长与理论波长对照时，应有一个可信度的范围，一般可考虑在 ±10% ~ ±15% 之间。

在此范围内,根据理论波长所推断的故障部位是基本可信的。

② 某些波长的相近性。有许多部件产生的不匀波长是相近、互相干扰的。在一个频道中,有不同源波长叠加,不同不匀成分的叠加,故波形较复杂,使分析人员很难找出究竟是哪一个部件有问题。只得将可能产生这一波长范围的各种故障部位和因素罗列出来,一一检查,逐项排除。

③ 谐波对主波的干扰。谐波是由富利叶级数变换后在波谱图上出现的突起,是计算原因产生的突起,和主波有对应的计算关系,并非纱条上真有其波,真有对应的故障部位。因此分析时应将其剔除。值得注意的是,谐波会产生两种误解,一是该剔除的谐波没有剔除,二是当做谐波剔除的波也可能是另一个有缺陷部件的主波。对波谱图多个机械波的分析,应从最长波开始,根据主波是谐波波长整数倍关系,初步剔除谐波,找出主波。

④ 隐波(潜在性不匀)的存在。隐波是指由于波长很短,在前道工序波谱图上反映不出来或不明显而被忽视。但在本道工序经牵伸放大后反映明显。因其波长和本道工序产生的波长相近,因而往往误认为是本道工序的问题。如粗纱罗拉扭振、齿轮安装不良、齿轮磨灭间隙过大等导致的罗拉高频振动等都可能造成隐波,即在粗纱的波谱图上反映不出来,只有在细纱的波谱图上才能反映出来,但其波长可能和细纱工序产生的波长相近,而误认为是细纱工序的问题。

罗拉、胶辊缺陷形成的周期波波长 λ_1 见式(3-18),若为胶圈缺陷形成的周期波,则可把式(3-18)中的 πd 当做胶圈的回转周长。

牵伸齿轮缺陷形成的周期波波长 λ_2 见式(3-19)。

牵伸齿轮啮合过紧或啮合轴线不平行、胶圈张力过紧等易产生罗拉扭振而导致隐波,其波长为:

$$\lambda_3 = \frac{i\pi d}{Z} \tag{3-21}$$

式中:λ_3——隐波波长,cm;

i——导致隐波的机械部件至输出罗拉的传动比;

d——输出罗拉直径,cm;

Z——故障齿轮齿数。

牵伸装置中下罗拉沟槽不良会使纱条被牵引时发生顿跳现象,使纤维按沟槽的宽度产生周期性的累积,这种情况一般不易直接察觉。当纤维拥积集束现象比较严重时,也只能形成隐性的周期不匀。但这种纱条在经下一次牵伸作用时,由于这种纤维集束不易被牵伸作用解开,因而会在纱条上产生显著的周期不匀。下罗拉沟槽不良产生的隐波波长为:

$$\lambda_4 = tE \tag{3-22}$$

式中：λ_4——隐波波长，cm；

t——罗拉沟槽节距，cm；

E——有疵病的沟槽罗拉至输出罗拉的牵伸倍数。

例3. 双皮圈牵伸细纱机，前上罗拉直径为28mm，前下罗拉直径为25mm，纺出的纱经条干均匀度试验仪试验后，在波谱图8cm波处出现一机械波，试分析该机械波产生的位置。

假设前下罗拉有缺陷，其直径为2.5cm。

则 $\lambda = \pi dE = 3.14 \times 2.5 \times 1 = 7.9$cm，与波谱图显示的8cm机械波波长相近，故认为是前下罗拉缺陷造成。

例4. 某一梳棉条，其条干不匀试验的波谱图上出现机械波波长为2.2m。

假设道夫有缺陷。

已知该梳棉机道夫直径 d 为0.6858m（27英寸），道夫至小压辊之间牵伸倍数 E 为1.1倍。

计算波长 $\lambda_1 = \pi dE = 3.14 \times 0.6858 \times 1.1 = 2.37$m。

计算结果与波谱图上2.2m机械波长相近，故假设是正确的。

例5. 根据熟条的波谱图，发现存在着显著的波长为50cm的周期性不匀波。该并条机的各列罗拉直径均为3.2cm，前区牵伸倍数为4，中区牵伸倍数为1.25。

假设第三罗拉有缺陷。

则 $\lambda_1 = \pi dE = 3.14 \times 3.2 \times 1.25 \times 4 = 50.24$cm，与波谱图上50cm的周期性不匀波相近，故可认为并条机第三罗拉上有缺陷。

例6. 对某厂FA502型细纱机纺18.22tex（32英支）取纱样检测，发现其细纱波谱图（图3-26）存在两处明显机械波，其波长分别为2.5m、3.1m。试分析产生机械波的原因。

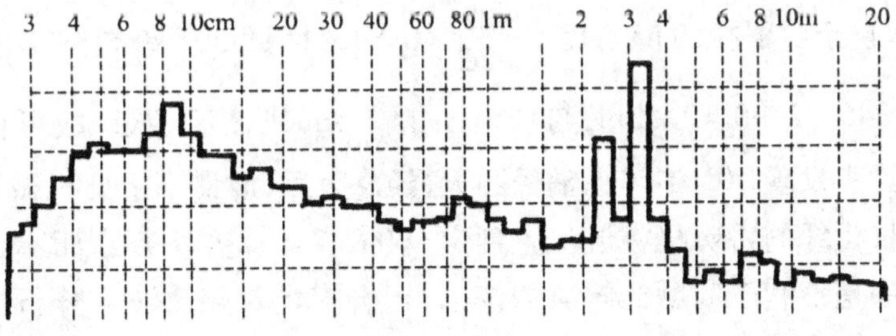

图3-26　18.22tex棉纱波谱图

FA502型细纱机牵伸部分传动图如图3-27所示。

对 3.1m 波长分析：假设后罗拉轴头 26^T 齿轮有缺陷，因它为后罗拉轴头齿轮，它与后罗拉之间的传动比 $i=1$，后罗拉产生的周期波波长 $\lambda_1=\pi dE$，其中，d 为后罗拉直径；E 为后罗拉至前罗拉的牵伸倍数，E 即为后罗拉至前罗拉的传动比，根据传动图可求得：

$$E=\frac{26}{22}\times\frac{65}{38}\times\frac{79}{25}\times\frac{72}{23}\times\frac{114}{60}=37.99$$

$$\lambda_1=\pi dE=3.14\times2.5\times37.99=298\text{cm}=2.98\text{m}$$

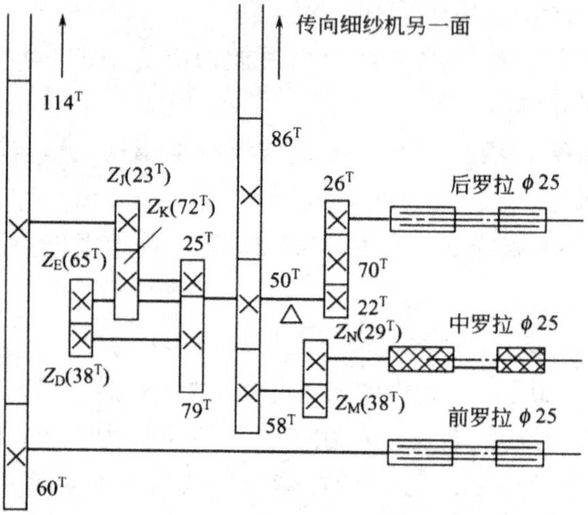

图 3－27 FA502 型细沙机牵伸部分传动图

后罗拉轴头 26^T 齿轮缺陷产生的周期波波长 $\lambda_2=i\lambda_1=1\times2.98=2.98$m。它与波谱图上 3.1m 机械波相近，故可认为后罗拉轴头齿轮 26^T 有疵病。经检查发现为齿轮磨灭，换下 26^T 齿轮后，此机械波消失。

对 2.5m 波长分析：假设牵伸齿轮 50^T（图 3－27 中△所示）有疵病，由于它是传动后罗拉的，它至后罗拉的传动比 $i=\frac{22}{26}=0.846$，因此 50^T 齿轮产生的机械波波长 $\lambda_2=i\lambda_1=0.846\times2.98=2.52$m，与波谱图上 2.5m 机械波相近，故可认为 50^T 齿轮有疵病。经检查发现 50^T 中间轴轴径磨灭，经修复后，波谱图上此机械波消失。

对于等长化纤的特殊机械波位置判定，仅依靠计算方法判断而不结合具体的推断和验证方法是不利于问题的解决的，有时还会多走弯路。波谱分析的复杂性和特殊性举例如下。

例 7. 某厂在纺 18tex 棉型腈纶纱，黑板条干出现大面积规律板，经国产 YG131 型条干均匀度仪测试，其 *CV* 值、粗细节均较正常值大，在波谱图上 40～50cm 处有一明显烟囱波，跨在两个频道上，其峰值很高（图 3－28）。

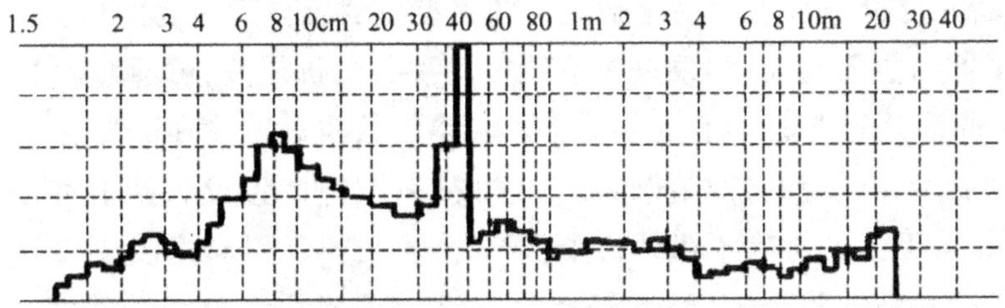

图 3－28　18tex 腈纶纱波谱图

对 40～50cm 机械波的分析：

① 纺制 18tex 纱的 8 台细纱机试样均有 40～50cm 的机械波，因此就可排除是细纱工序所致的可能性。于是对供应区域粗纱的 1 号粗纱机进行粗纱波谱测试，粗纱波谱图上无明显机械波。于是用无机械波区域的条子供应 1 号粗纱机，经细纱后对成纱进行波谱测试，细纱波谱图上机械波的位置和波峰的高度均无明显变化。因此推断该机械波可能是粗纱工序的隐波造成的。

② 粗纱工序隐波位置推断。粗纱机牵伸传动如图 3－29 所示。

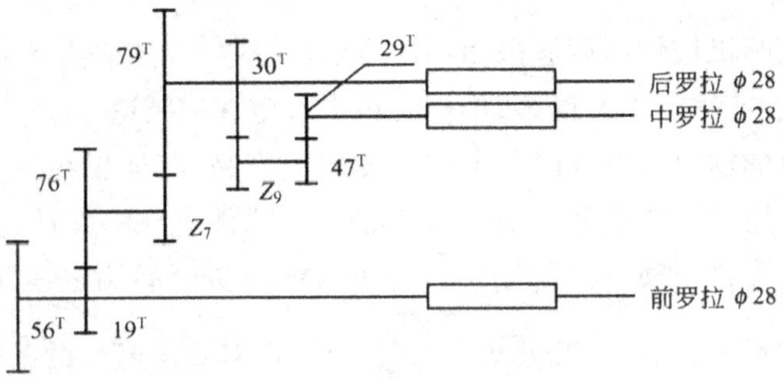

图 3－29　A454E 型粗纱机牵伸传动图

根据传动图计算中罗拉、后罗拉抖动引起的隐波波长：

$$\lambda_{中}=\frac{i_{中-前}\pi d}{Z_{中}}=\frac{29\times Z_9\times 79\times 76}{47\times 30\times Z_7\times 19}\times\pi\times\frac{2.8}{29}=\frac{\frac{29\times 38\times 79\times 76}{47\times 30\times 45\times 19}\times 3.14\times 2.8}{29}=1.66(\text{cm})$$

$$\lambda_{后}=\frac{i_{后-脚}\pi d}{Z_{后}}=\frac{\frac{79\times 76}{Z_7\times 19}\times\pi\times 2.8}{30}=\frac{\frac{79\times 76}{45\times 19}\times 3.14\times 2.8}{30}=2.06(\text{cm})$$

经细纱牵伸后，其波长放大，其细纱的波长分别为：

$$\lambda'_{中}=\lambda_{中}E_{细}=1.66\times 28.3=47(\text{cm})$$

$$\lambda'_{后}=\lambda_{后}E_{细}=2.06\times 28.3=58.3(\text{cm})$$

考虑粗纱牵伸差异率在 -1% ~2% 和细纱捻缩率，计算波长恰在 40 ~50cm 之间。

③ 推断的位置是否正确还需验证。如果是后罗拉抖动引起的机械波，可通过调整粗纱总牵伸倍数来验证；如果是中罗拉抖动引起的机械波，可通过调整粗纱后牵伸倍数（总牵伸不变，改变后牵伸倍数，前区牵伸倍数也就改变了）来验证。经改变粗纱总牵伸和后牵伸试纺的细纱波谱图，其机械波波峰位置没有明显移动（其波长仍为 40 ~50cm），因此就排除了粗纱机中罗拉、后罗拉抖动引起机械波的可能性。于是就猜想是否会是粗纱胶辊的问题，经更换粗纱前胶辊后纺出细纱的波谱图上，40 ~50cm 的机械波消失。最后确认是粗纱前胶辊疵病造成细纱波谱图上 40 ~50cm 的机械波。导致前胶辊产生机械波的原因是纯腈纶原料含油率高，加快了粗纱前胶辊表面老化速度，使胶辊表面硬度变高，前胶辊和前罗拉组成钳口的弹性握持能力削弱，当等长化纤原料纺纱时牵伸力较大，导致牵伸过程中钳口有规律的移动，经过胶辊轴芯滚珠轴承每个滚珠点时，钳口发生偏移一次，因为滚珠轴承有均匀分布的 5 个滚珠，所以胶辊每转 1 周产生的机械波波长为 $\lambda = \frac{\pi D}{5} \times E_{细} = \frac{\pi \times 2.8}{5} \times 28.3 = 49.8\text{cm}$，计算波长也在 40 ~50cm 范围之内。

（2）测速法。

测速法是判断机械性周期波最简易的方法，它应用测速表进行实际测定，即使在复杂的情况下，也能用很少的计算，很快地得出肯定性的结论。

各工序机台的输出部分都以一定的速度输出产品，其输出线速度可用测速表直接测定或简易地用转速变换而得到。如假定某一部件有缺陷而产生周期性不匀，则该部件每回转一周将出现一个周期波。当机台的单位时间输出线速度为 V，并同时带有 n 个周期波不匀，则周期波波长 $\lambda = \frac{V}{n}$，故可得有缺陷部件的回转数（转速）为：

$$n = \frac{V}{\lambda} \tag{3-23}$$

式中：n——有缺陷部件的转速，r/min；

V——机台的输出线速度，m/min；

λ——波谱图上的周期波波长，m。

实际应用中，输出速度 V 可用测速表测出，同时注意对沟槽罗拉作相应修正。周期不匀波波长可从波谱图上直接读出，因此可迅速算出有缺陷部件的转速，然后用测速表来寻找有缺陷的回转部件。

例 8. 生条波潜图上所显示的不匀波长为 10m，该梳棉机输出线速度为 23m/min，故引起疵病机件的转速为：

$$n=\frac{V}{\lambda}=\frac{23}{10}=2.3(\mathrm{r/min})$$

用转速表没有发现梳棉机上有接近于这类转速的机件，但进一步检查后，发现盖板速度为每分钟走2.4根，因此假定疵病是由盖板因素产生的。为了验证其正确性，改变盖板和锡林间的隔距，再检验生条的波谱图，结果疵病消失，上述假设被证实。

上例说明，机台上任何具有周期性运动的机件，都可以引起波谱图上的周期波。

例9. 熟条波谱图上显示的周期波波长为0.32m，实测末并输出线速度为26.5m/min，计算缺陷机件的转速为 $n=\frac{V}{\lambda}=\frac{26.5}{0.32}=82.8\mathrm{r/min}$。用测速表寻找，传动齿轮中有一齿轮为84r/min，与82.8m/min相近，检查该齿轮，其齿面磨灭过度（相当于齿轮偏心）。

对于齿轮啮合不良、齿形过度磨灭、啮合轴线不平行等易产生罗拉扭振而导致的隐波，也可用测速法判定。

$$n=\frac{V}{\lambda Z} \tag{3-24}$$

式中：n——被怀疑的齿轮转速，r/min；

V——输出部件线速度，m/min；

λ——本工序波谱图上周期波波长，m；

Z——被怀疑的齿轮齿数。

由于隐波波长 λ 在本工序不易发现，一般其波长经下道工序放大后，才会在下道工序的波谱图中发现。被放大的周期波波长 $\lambda'=\lambda E$，$\lambda=\frac{\lambda'}{E}$，代入式（3-24），可得：

$$n=\frac{VE}{\lambda' Z} \tag{3-25}$$

式中：λ'——隐波经放大后在下道工序波谱图上的周期波波长；

E——下道工序的牵伸倍数；

n,V,Z——同式（3-24）。

2. 牵伸波分析

分析牵伸波的方法，可先从纱条波谱中找出在正常波长谱上凸出的一部分山峰形高峰处的波长，称为自然平均波长，其值可由式（3-5），即 $\lambda_{mo}=K\bar{L}$ 计算得到。计算所得的 λ_{mo} 值应和实际波谱图山峰形的最高点处波长相对应。反之，当判断波谱图纱条不匀是属于牵伸波，且平均波长又和计算值相一致时，即可在紧接输出点前的牵伸区中寻找毛病，如前罗拉偏心造成浮游纤维变速点波动或胶圈控制不良使纤维浮游动程增加等。

如在产生严重牵伸波的后工序还有一个或多个牵伸区，则波谱图上的凸出山峰形部分的平均波长也相应要按牵伸倍数增加，即凸出部分要按牵伸倍数在波谱图上作相应的右移。此时的平均波长应为：

$$\lambda_m = \lambda_{mo}E \tag{3-26}$$

式中：λ_m——波谱图上凸出山峰处波长，cm；

E——造成严重牵伸波的牵伸区至纱条输出点间的总牵伸倍数；

λ_{mo}——工艺不良的牵伸区所直接产生的牵伸波波长。

根据 λ_{mo} 与 λ_m 两计算式以及纺纱工艺设计，就可以确定波谱图中显著牵伸波的起因位置。

例 10. 粗梳棉纱的波谱图上具有强烈的牵伸波，其平均波长为 165cm，原棉纤维平均长度为 2.5cm，求产生牵伸波的位置。

$$\lambda_{mo} = K\bar{L} = 2.75 \times 2.5 = 6.875(\text{cm})$$

由 $\lambda_m = \lambda_{mo}E$ 得：

$$E = \frac{\lambda_m}{\lambda_{mo}} = \frac{165}{6.875} = 24$$

由于细纱机总牵伸倍数为 24，因此可认为产生牵伸波的位置为粗纱机的前牵伸区。

利用波谱图分析纱条的不匀，如波谱图同时在长短波长上出现几个烟囱或小山时，一般应按最短波长→最长波长顺序分析。因为波长超过一定长度的疵点，多为前道工序或前几道工序造成；而波长较短的疵点，则为本机造成，以最短波长疵点分析，则可及时在本机上解决问题。在估计机械波对最终产品质量是否有影响时，首先应看其高度（H_p），如 $H_p \geq \frac{1}{2}H_B$，则应予重视，如 $H_p < \frac{1}{2}H_B$，则对织物外观可能影响不大（图 3－30）。

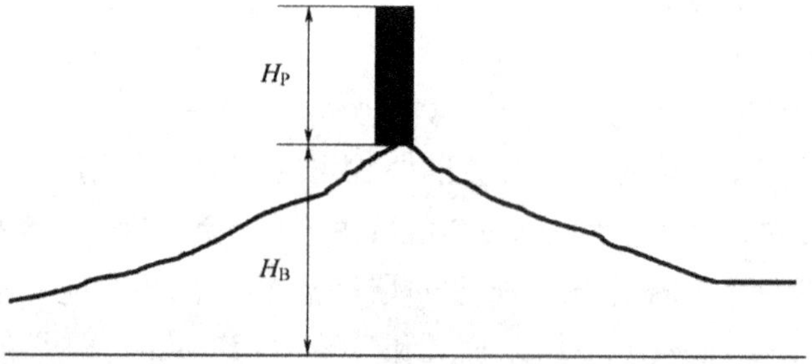

图 3－30　机械波高度示意图

当机械波出现在一个频道时，可直接用其高度与正常波谱图同一频道波谱高度对比；如机械波连续出现在相邻的两个频道上时，则应将两频道特征峰高相叠加，再与其正常波谱高度对比，以估计其严重性。

利用 $\lambda_{mo}=K\overline{L}$，在确定正常波谱图最高峰位置的波长后，即可估算出被测试样的平均长度。

造成纱条不匀的原因是多种多样的，在波谱分析时，只有通过大量的实践积累，加上丰富的工艺理论知识，才能得到及时而正确的分析结果。

第四节　牵伸、并合对纱条不匀的影响

一、牵伸会增加纱条的不匀

由于罗拉握持距离大于纤维主体长度，每根纤维在牵伸区内运动时都有一个浮游过程，在纤维处于浮游状态时，既可随包围它而已被前罗拉握持的纤维以相同于前罗拉速度运动，也可随包围它而尚被后罗拉握持的纤维以相同于后罗拉速度运动。浮游纤维的这种不规则运动，以及纤维头端接近前罗拉变速位置的不稳定性，使得经牵伸后，纤维头端移距产生偏差。由于纤维的长度不匀，罗拉和其他控制元件不能对不同长度的纤维运动给予同样有效的控制，这就使得经牵伸后的纤维头端移距偏差更大，使得纱条截面积随时间而变化，从而产生了纱条的不匀。从作用在浮游纤维上的引导力和控制力分析，在牵伸过程中，当纤维束中的部分纤维被过早牵引向前时，在这一段纤维束的短片段纱条上产生了较大的内摩擦力，其增大的程度足以影响其后一段纱条中浮游纤维的运动，使这些短纤维受到较大的引导力而提前变速，从而向前段纱条集中，直至脱离前罗拉的握持为止，这种短纤维趋向集中的结果，就在纱条上形成一个粗节；接着，由于后段纱条中短纤维早已提前变速，而造成了紧接着粗节后面的纱条内纤维数量的减少，在这一段纱条上就形成了一个细节。由于细节内的纤维间摩擦力的降低，就会因引导力减小而促使再下一段纱条中的浮游纤维变速点延迟，即在细节后又产生一个粗节。如此周而复始，重复循环，造成纱条上的周期性粗细节分布，这就是牵伸波形成的机理，由于牵伸波而引起的纱条不匀，还随着纤维长短以及其长短差异的增加而加剧。如粗梳棉纱具有较精梳棉纱更为显著的牵伸波。

牵伸波是一个具有不断变化着的波长和波幅组成的准周期波。这种准周期性波动的规律又受到一些随机性的变化因素的干扰。这些因素主要有如下几点：

（1）喂入纱条中捻回分布的变化。

(2)喂入纱条中纤维的缠结和弯曲状态。

(3)纤维长度分布差异和纤维在纱条中的排列形态。

(4)纱条中结杂含量等。

这些因素都会影响纱条中浮游纤维运动的规律,导致在输出产品中以牵伸波形式出现的不匀。

纱条每经一道牵伸后,都会产生一次新的牵伸波。喂入纱条中,由前道工序所产生的牵伸波,经本道牵伸作用后,使平均波长随牵伸倍数成比例增长,其峰值相应降低。因此,出现在最终产品纱条上的不匀结构,除最后工序所产生的短波长牵伸波外,还包含着各种由前道工序所造成的、不同峰值的、波长较长的牵伸波。较长波长的牵伸波一般峰值较低,容易为本道牵伸机构所产生的短波长牵伸波所掩盖。对细纱来说,前纺在没有特别失控的情况时,其形成的牵伸波是不显著的。

牵伸过程中牵伸波幅值对纱条平均厚度的比率,即相应的牵伸波不匀率的数值,随着纱条截面中平均纤维根数减少而增大,即随纱条在各工序牵伸后不断变细的同时,其不匀率数值也越来越大。

减小牵伸波的有效方法,是在牵伸区中加装纤维控制元件,如胶圈、轻质辊、压力棒、控制导管等,以增加牵伸区内的附加摩擦力界强度,有效地控制浮游纤维的运动,减少牵伸后输出纱条中的纤维移距偏差,使纱条截面趋于均匀。

二、牵伸后潜在不匀(隐波)对纱条不匀的影响

实际生产中,纱条中有些周期波,由于波长太短($\lambda <$ 纤维长度)而受到纤维长度叠合的影响时,往往不易表现为纱条的截面不匀,这样,均匀度试验仪是无法测试出来的。但当纱条经后道工序的高倍牵伸后,原纱条中周期波的波长就会被拉长,当波长被拉至等于或大于纤维长度时,其不匀就会被表现为纱条的截面不匀,能被均匀度试验仪明显地测试出来。这种在本工序未被测出,而经下工序牵伸后被测试出来的周期不匀,称为潜在不匀。形成这种不匀最明显的例子,有罗拉扭振和罗拉沟槽所引起的纤维头端短片段周期性排列。如 FA302 型并条机后罗拉 $\phi 35$ 的罗拉沟槽节距 1.95~2.19mm,假设并条机的牵伸倍数为 8 倍,则后罗拉沟槽疵病在并条工序的波长为 15.6~17.52mm,远小于纤维长度,因此这种不匀就测不出来。但经粗纱 10 倍左右牵伸后,波长就被放大到 15.6~175.2mm,远大于纤维平均长度,这种不匀在粗纱工序就能被测出来了。

潜在性不匀用纱条截面均匀化程度的 R/r 比值表示。假定纱条中纤维的长度分布符合常态分布,则实际纱条截面趋向均匀化程度比值的表达式为:

$$\frac{R}{r}=\frac{\lambda}{L}\times\frac{1}{2\pi}\left[1+\mathrm{e}^{4\pi^2(\delta/\lambda)^2}-2\mathrm{e}^{-2\pi^2(\frac{\delta}{\lambda})^2}\cos\frac{2\pi L}{\lambda}\right]^{\frac{r}{2}} \tag{3-27}$$

式中：$\frac{R}{r}$——均匀化程度比值（$\frac{R}{r}$值越小，表示越趋向均匀）；

R——由于纤维头端周期性排列不匀而引起的纱条截面下匀的周期波幅值；

r——由于机械原因而引起的周期波的相对波幅值；

L——纱条中纤维的平均长度；

λ——潜在性不匀（隐波）波长；

δ——纤维长度均方差。

式（3－27）用曲线表示可得图3－31。

由图3－31知，当纱条中纤维平均长度等于或大于纤维头端排列周期波波长时，潜在不匀只以一小部分表现为纱条的截面重量不匀，在此范围内，R/r 值不超过20%。但当具有潜在不匀的纱条经过下道工序的高倍牵伸后，如不考虑纤维浮游运动的影响，则纤维头端排列的周期波长 λ 值将以相同于牵伸倍数的比例增加，此时由于 L/λ 减小，会使 R/r 值相应增大。说明经过牵伸后潜在不匀将越来越显著地反映到纱条的实际不匀上来。在实际生产中，当发现某一工序的输出纱条上具有显著的周期性不匀，而检查该工序喂入纱条、牵伸工艺及机械状态都正常时，产生纱条周期波的原因，就只能是潜在不匀经牵伸作用的扩大而明显化了。这是一般较难估计到的内在因素。潜在不匀的明显化问题在用长纤维纺纱时更应加以重视，这是因为当纤维长度 L 值增大时，L/λ 值也相应增大，R/r 值相应减小，潜在不匀更不易在本工序纱条中直接发现，只可能在下一道或下两道工序的纱条中发现，产生不匀的原因更难寻找。在中长化纤纺纱系统中，潜在不匀所引起的影响，比在短纤维的棉纺系统中更严重而复杂些。

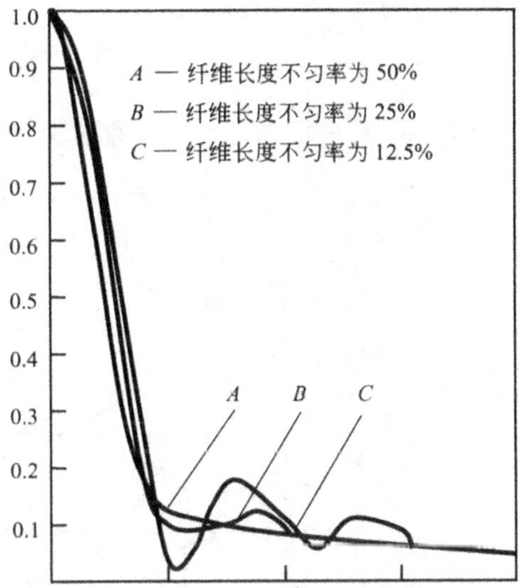

图3－31　潜在不匀与其均匀化程度比值

三、并合对纱条不匀的影响

当 n 根定量相同的棉条并合时，并合后纱条的不匀率为：

$$C = \sqrt{\frac{1 + (n-1) \times r}{n}} \times C_0 \tag{3-28}$$

式中：C——并合后棉条的不匀率；

C_0——并合前各根喂入棉条的不匀率；

n——并合的棉条根数；

r——相关系数。

(1)$0 < r \leqslant 1$，正相关，棉条的粗段与粗段相遇，细段与细段相遇。

(2)$0 > r \geqslant -1$，负相关，棉条的粗节和细节相遇。

(3)$r = 0$，不相关，表示棉条的粗细段随机相遇。

当 $r = 0$ 时：

$$C = \frac{C_0}{\sqrt{n}} \tag{3-29}$$

$$\frac{C}{C_0} = \frac{1}{\sqrt{n}} \tag{3-30}$$

式(3-30)用曲线表示，可得图3-32。

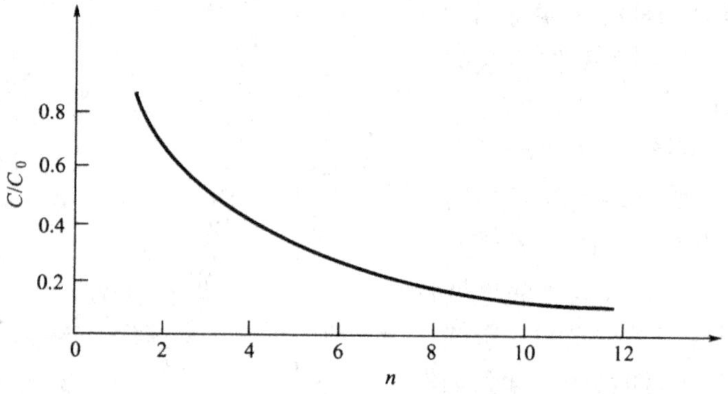

图3-32　并合数与不匀率的关系

从图3-32可看出：并合根数 n 越大，并合后纱条不匀率越低。

当并合根数较小时，增加 n，不匀率降低程度大；当 n 较大时，不匀率降低程度小；而当 n 达到一定数值后，不匀率的降低就很小了。实际生产中，并合根数增加，牵伸倍数也必然增大，并合使不匀率降低，而牵伸又会使纱条短片段不匀加大，因此并不是并合根数越大越好。

棉纺一般采用两道并合，当生条重量不匀率 C_0 为4%时，若要熟条重量不匀率 C 降为1%，并合总根数 $n=16$ 即可，但考虑到牵伸使纱条不匀率增加和不同机台间产生的不匀，一般采用总根数 $n=36$ 或64，即头道、二道并合数采用 6×6 根或 8×8

根并合。

四、牵伸倍数、并合数与纱条短片段不匀的关系

图 3－33、图 3－34 分别表示在单根纱条和双根纱条喂入情况下，根据实验所得的牵伸附加不匀率（CV_E^2）和牵伸倍数 E 之间的关系。

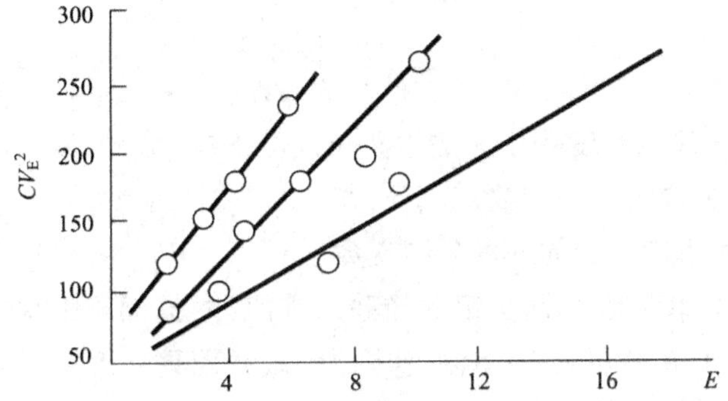

图 3－33 单根纱条喂入时牵伸倍数与条干的关系

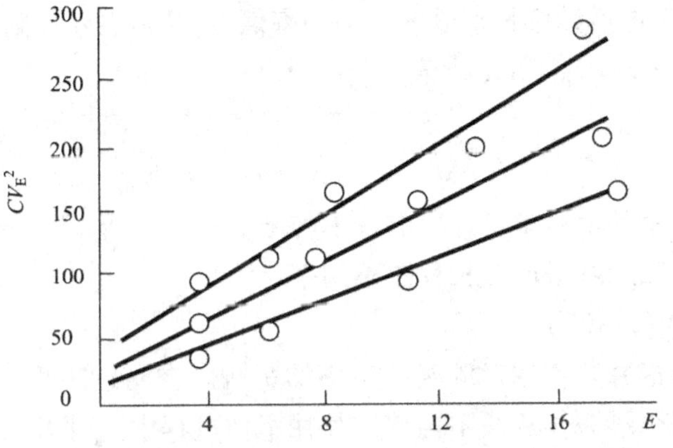

图 3－34 双根纱条喂入时牵伸倍数与条干的关系

由两图可以看出，输出纱条的附加不匀率和牵伸倍数间存在着近似线性关系。可以用下式表示：

$$CV_E^2 \propto (E-1) \tag{3-31}$$

对比两图还可发现，当喂入纱线密度相同，单根喂入总比双根喂入的牵伸附加不匀率高，其数值约为后者的 2 倍。可见牵伸附加不匀率与并合数 n（并合数不大时）大致有近似直线的反比关系。可以用下式表示：

$$CV_E^2 \propto \frac{1}{n} \tag{3-32}$$

五、牵伸倍数、并合数与纱条长片段不匀的关系

根据牵伸和并合理论分析，牵伸机构对纱条长片段不匀率的附加值可用下式表示：

$$CB_E(L) = \frac{K(E-1)}{E\sqrt{N_m}} \tag{3-33}$$

式中：$CB_E(L)$——片段长度等于 L 的纱条长片段不匀率附加值；

E——牵伸装置的牵伸倍数；

N_m——喂入牵伸装置的纱条公制支数；

K——随牵伸装置性能而决定的经验系数值（根据棉纺工程实验，K 值：并条机为 4.8，粗纱机为 10.5，细纱机为 42，并因具体机型不同而有差异）。

由式(3-33)可见，牵伸装置对纱条长片段不匀率的影响，主要取决于喂入牵伸装置的纱条公制支数，而与牵伸倍数的关系不大；尤其当牵伸倍数较高时，牵伸倍数的影响可以忽略。

当要求得到牵伸后纱条长片段的总不匀率值时，还需在牵伸附加不匀外，加上喂入纱条原有长片段不匀率 $CB_0(L)$ 值，即有：

$$CB(L) = \sqrt{[CB_0(L)]^2 + \frac{K^2(E-1)^2}{E^2N_m}} \tag{3-34}$$

式中：$CB(L)$——牵伸后纱条长片段的总不匀率；

$CB_0(L)$——喂入纱条原有长片段不匀率；

K、E、N_m 同式(3-33)。

其次，还要考虑并合作用对纱条不匀率的影响。在纺纱工程上应用并合作用的目的，主要在于降低纱条长片段不匀率。如在牵伸过程中同时引入并合作用，可以用两种不同方式进行，即先给予喂入纱条以并合作用后再进行牵伸，或对牵伸后输出的纱条再进行并合作用。

在第一种情况下，即在牵伸前进行并合，根据式(3-34)及并合原理，可得纺制纱条的长片段不匀率值 $CB_1(L)$ 为：

$$CB_1(L) = \sqrt{\left[\frac{CB_0(L)}{\sqrt{n}}\right]^2 + \frac{K^2(E-1)^2}{E^2\frac{N_m}{n}}} = \frac{1}{\sqrt{n}}\sqrt{[CB_0(L)]^2 + \frac{K^2(E-1)^2n^2}{E^2N_m}} \tag{3-35}$$

式中：n——并合数。

对第二种情况，即在牵伸后进行并合，则纺制纱条的长片段不匀率 $CB_2(L)$ 为：

$$CB_2(L)=\frac{1}{\sqrt{n}}\sqrt{[CB_0(L)]^2+\frac{K^2(E-1)^2}{E^2N_m}} \tag{3-36}$$

比较式(3－35)和式(3－36)，显然有：

$$CB_2(L)<CB_1(L) \tag{3-37}$$

式(3－37)说明，纱条的并合作用在进行牵伸过程以后进行比较合适，可以得到长片段较均匀的纱条。对于短片段不匀率来说，用牵伸后进行并合的方式也是比较有利的，因为此时牵伸装置所控制的纤维束截面内纤维数量较少，能更有效地控制纤维运动。

从生产实践角度来分析，如棉纺工程中的各道并条机，虽然从表面上看，条子的并合处在牵伸过程之前，但再从实质上观察，由于喂入牵伸机构的各根条子不是叠合一束后喂入，而是以平行方式喂给，故实质上牵伸作用对各根条子长片段不匀的作用是单独进行的，即事实上是在纱条经牵伸后再加以并合，故属于第二种情况，这样能得到较低的长片段不匀率值。值得注意的是，在生产中要保持喂入纱条的平行独立性而避免喂入纱条的叠加现象，否则将增加输出纱条的长片段不匀率。

第五节　影响条干均匀度的因素

一、条干均匀度概述

细纱条干均匀度是成纱质量的一项重要指标，不仅与单纱强力、单强变异系数和细纱断头有关，而且还影响准备、织造断头和布面条影与平整度。

成纱条干均匀度(短片段不匀)可以用黑板条干均匀度或乌斯特条干均匀度变导系数(简称条干 *CV* 值)来确定。二者是对同一指标的两个不同概念的示值，前者是以形定性，后者是以值定量。黑板条干反映的条干不匀与布面反映关系密切，评定品等有一定的逻辑性；乌斯特条干 *CV* 值反映的是8mm 长的纱线短片段之间的不匀程度，具有数字表示的精确性。黑板条干依赖于检测者的视觉，乌斯特条干 *CV* 以子样平均数表示，消除了个体之间的差异，因此，它们各有特点。GB/T 398—2008 标准规定，条干均匀度检验由生产厂选用黑板条干均匀度或乌斯特条干均匀度变异系数中任何一种，一经确定，不得任意变更。当有质量争议时，以乌

斯特条干 *CV* 值为准。这样兼容了两种表示方法的优点，照顾到了企业的实际情况。

通过部分地区对黑板条干和乌斯特条干 *CV* 值的相关关系研究，初步认为二者成正相关，黑板条干水平高，条干 *CV* 值就低。如纯棉 18.22tex(32 英支)纱出现二级板，*CV* 值要上升 1%；有的条干 *CV* 值在 0.3% ~0.5% 以内波动，黑板条干表现不明显，如果条干 *CV* 值超过 1% 的波动，布面质量也随之波动。有时在黑板上出现鱼鳞板(8mm 以下短粗细节)或个别短粗细节，与条干 *CV* 值不成相关关系，这也是用黑板检验的传统方法不能取消的原因之一。

高档品种的条干 *CV* 值应达到乌斯特公报水平 5%，重点品种如精梳针织用纱则应在 25% 左右。

二、原料性能和成纱条干的关系

由于原料自身存在一定的差异，因此棉纺厂一般采用“多产地、多品种、不同品级、不同长度”的混棉方法，为了节约用棉，甚至采用“粗夹细”或“细夹粗”的方式，这样就使混合棉中各类或各唛头纤维性能不尽相同，纺纱生产中牵伸机构不能同样充分有效地控制这些纤维在牵伸区中的运动，致使成纱条干 *CV* 值较大。

纤维的长度、整齐度、细度、细度不匀、短纤维率和有害疵点，对成纱条干均匀度均有一定的影响。

（一）纤维长度、整齐度对成纱条干的影响

在纺纱过程中，罗拉牵伸机构对不同长度的纤维不能给予同样有效的控制，造成了短纤维的失控和浮游纤维变速点分布不集中，输出纱条中纤维头端移距偏差增加，使得成纱条干恶化，特别是在纤维整齐度较差时，成纱条干 *CV* 值明显增加。

目前，国际上普遍通用的衡量整齐度的标准有两种，一种是 ICC(国际标准校准棉)模式；另一种是 USTER HVI(HIGH VOLUME INSTRUMENT 大容量测试仪)系统，用来在很短的时间内测试大量的棉包试样，这一独特的性能使得对每年的所有产棉进行分级成为可能模式。两种模式对整齐度的定义分别为：

$$\text{ICC 模式整齐度} = \frac{2.5\%\text{纤维跨距长度}}{50\%\text{纤维跨距长度}} \qquad (3-38)$$

$$\text{HVI 模式整齐度} = \frac{\text{上半部平均纤维长度}}{\text{平均纤维长度}} \qquad (3-39)$$

从 1998 年开始，人们转向用 HVI 模式来反映纤维的整齐度。HVI 模式测试的纤维整齐度与成纱条干 *CV* 值、细节、粗节及棉结的关系见表 3-1。

表 3－1 纤维整齐度(CJ 7.3tex)与条干 CV 值、细节、粗节及棉结的关系

整齐度	条干 CV/%	细节/个·km^{-1}	粗节/个·km^{-1}	棉结/个·km^{-1}
84.1	16.54	89	189	205
85.2	16.01	80	162	172
86.5	15.71	67	130	150
88.5	15.12	47	105	127
89.5	14.91	31	82	99

由表 3－1 可知，随着纤维整齐度的不断改善，CJ7.3tex 成纱的条干 CV 值不断降低，细节、粗节、棉结逐渐减少。

(二)纤维细度对成纱条干的影响

纤维细度对成纱条干 CV 值的影响较大，因为在纺制一定细度的纱条时，纤维细度影响纱条截面中的平均纤维根数，对纤维在纺纱过程中因纤维随机排列而引起的不匀有较为显著的影响，因此也就影响成纱条干 CV 值。从数理统计理论可知，如取纱条截面中的纤维平均根数为 n，则纱条各截面点间纤维根数分布不匀造成纱条截面积不匀的变异系数为：

$$C_n = \frac{1}{\sqrt{n}} \times 100\% = \sqrt{\frac{N_m}{N_{m1}}} \times 100\% = \sqrt{\frac{Tt_1}{Tt}} \times 100\% \qquad (3-40)$$

式中：C_n——纱条截面不匀变异系数；

n——纱条截面中的平均纤维根数；

Tt——纱条线密度；

Tt_1——纤维线密度；

N_m——纱条公制支数；

N_{m1}——纤维公制支数。

式(3－40)说明，纱条细度越粗或纤维细度越细，纱条截面中的平均纤维根数越多，纱条截面不匀变异系数越小。

若计入纱条截面中各根纤维间的细度不匀和纱条中某根纤维在长度方向各截面的细度不匀因素，则纱条截面不匀变异系数为：

$$C_a = \frac{100\sqrt{1 + 0.0001 C_c^2}}{\sqrt{n}} \qquad (3-41)$$

或

$$C_a = \sqrt{\frac{100^2}{n} + \frac{C_c^2}{n}} \qquad (3-42)$$

式中：C_a——纱条截面积不匀的变异系数；

C_c——单纤维截面积不匀的变异系数；

n——纱条截面中的平均纤维根数。

式(3－42)表示纱条由于纤维随机排列而形成的不匀率，其数值完全取决于纱条各截面间纤维根数差异和单纤维截面积的不匀，其所占比重分别由该式中右面的第一项和第二项表明，而其中第一项因素，即纤维根数不匀起决定性影响。因此，要获得优良的成纱条干，在控制纤维细度的同时，还要控制纤维细度差异。

涤棉混纺纱是由涤纶和棉混纺而成，涤纶线密度对成纱条干 *CV* 值的影响占主导地位。用不同细度的涤纶纺制 13tex 涤棉混纺纱(65/35)，其与成纱条干及纱疵的关系见表 3－2。表 3－2 说明，纺一定特数的涤棉混纺纱时，所用的涤纶细度越细，其成纱条干均匀度越好。

表 3－2 涤纶线密度与涤棉混纺纱条干、纱疵的关系

涤纶线密度	条　干	细　节	粗　节
dtex(旦)	%	个/km	个/km
1.4(1.25)	14.9	32	220
1.7(1.5)	15.1	39	215
2.5(2.25)	16.0	65	278

(三)短纤维率和有害疵点对成纱条干的影响

1. 对短纤维掌握的标准

美国在原棉检验标准上和棉纺厂均以 12.7mm(1/2 英寸)以下长度纤维为短纤维。

英国和瑞士等国以平均长度以下为短纤维。平均长度以下短纤维含量在30%～35%为好，在45%～51%为差(含短纤维量多)。棉纤维经清梳处理，纤维受到损伤后，纤维的平均长度减短，这对成纱的条干、强力等质量指标有影响，短纤维含量多时，成纱条干和外观变差。这种以平均长度以下为短纤维的标准，用平均长度和短纤维率(短纤维含有率)两个指标来衡量成纱质量的规律有一定的科学道理。

我国对长度为 30mm 以下的棉纤维，规定 16mm 以下的纤维为短纤维(原称短绒)；对长度为 30mm 以上的棉纤维，规定 20mm 以下的纤维为短纤维。它起源于原棉检验标准，后来在棉纺厂也应用这种标准。

兹威格系统(Zweigle System)以 10mm 以下长度的纤维为短纤维。兹威格系统认为粗纱、细纱牵伸机构不能控制纤维的长度是 10mm 及以下的纤维。10mm 以下纤维的含量与成纱质量有关，在纺 19.44tex(30 英支)以下细纱时反映显著。

2. 短纤维率与成纱条干、成纱外观的关系

如表3-3和表3-4所示的是短纤维率与成纱条干CV值、成纱外观的关系。

表3-3　中特纱短纤维率与成纱条干CV值、成纱外观的关系

纱线密度/tex(英支)	12.7mm以下纤维含有率/%	条干CV值/%	成纱外观
26.14(22.31)	8.6	16.0	B/B⁻(良)
25.38(22.97)	11.6	17.3	C(中)

表3-4　细特纱短纤维率与成纱条干CV值、成纱外观的关系

纱线密度/tex(英支)	10mm以下纤维率/%	成纱条干CV值/%	成纱外观
19.44(30)	4.5	20.1	B^-(良)
	9	22.6	D^+(差)
	15	27.8	D(非常差)
14.58(40)	4.5	21.7	B^-(良)
	9	23.4	D^+(差)
	15	29.7	D(非常差)

从表3-3、表3-4可见，短纤维率高，则成纱条干CV值高且外观差，而短纤维率低就相对较好。

经分析，中特纱用棉：16mm以下纤维率为13%～14%；10mm以下纤维率为5.6%～6.5%，占16mm以下纤维含量的43%～46%。细特纱用棉：16mm以下纤维率为9%～10%；10mm以下纤维率3%～3.5%，占16mm以下纤维含量的33%～35%，12.7mm以下纤维含有量约为16mm以下纤维量中的50%～60%。中特纱原料中12.7mm以下短纤维率每增加3%，则相应细纱条干CV值增加1%；细特纱原料中10mm以下短纤维率每增加2%，则相应细纱条干CV值增加1%。

一般棉纤维经过清棉工序增加短纤维率1%～3%，经过梳棉工序增加1%～2.5%(化纤增加0.5%～1%)，经过清梳工序共增加短纤维率3%～4%。如果经过清梳工序，短纤维率各增加3%、5%，则表明纤维损伤过多，短纤维率增加太多，应采取措施降低短纤维率。中细特纱生条16mm以下短纤维率14%为一档水平，18%为二档水平，21%为三档水平。即每一档水平，细纱条干CV值约增加1%。

3. 有害疵点对成纱条干均匀度的影响

原棉中的有害疵点，特别是带纤维的杂质，在牵伸过程中会引起纤维的不规则运动，破坏正常牵伸，使成纱条干均匀度恶化。从表3-5可以清楚地看到粗节成因中，有害疵点棉结、带纤维籽屑、僵棉占33.31%，其比例甚大。因此，在选配原棉时必须对有害疵点给予控制。

表3-5 粗节分析

粗节成因	扭结、乱纤维	棉束	短纤维	棉结	带纤维籽屑	僵棉
占粗节百分比/%	23.70	19.70	23.94	16.41	13.01	3.24

另外,原棉的成熟度是原棉各种性能的集中反映,成熟度越低,单纤维强力就越低,加工中易被拉断,使短纤维含量增加;成熟度低的原棉,有害疵点多,且不易被排除;成熟度与纤维间的摩擦因数也有密切关系,因此应十分重视原棉成熟度的选择。一般宜选用颜色洁白或乳白、有丝光或光泽不佳而底色现"老"、手握时感觉弹性较大而放松时能回复原状的成熟度好的原棉,即应选用马克隆值A级或B级原棉,不宜选用C级。

三、半制品结构对成纱条干均匀度的影响

为了稳定和提高成纱条干均匀度,清棉应选择具有开松、除杂、均匀混合的高效能开清棉设备,力求减少纤维损伤及束丝和棉结的产生,因此开清棉流程中应贯彻多包抓取、精细抓棉、大容积混合、增加自由打击、减少握持打击、梳打结合、以梳为主的工艺技术路线。如采用FA009型自动往复抓棉机,实现多包抓取、精细抓棉、棉束小,为后续工序的高效除杂、均匀混合创造良好的条件;采用单轴流开棉机,以自由开松方式开棉,实现杂质早落少碎、少伤纤维;采用多仓混棉机,利用三重混合作用,实现原料均匀混合。梳棉工序应采用高速度、强分梳、良转移的工艺原则,适当提高锡林速度,保证刺辊锡林速比,增加附加分梳元件(如固定分梳板和固定盖板),采用新型针布(新型刺辊锯条,新型锡林、道夫、盖板针布),加强除杂、除尘、吸风,提高棉网清晰度,以改善生条质量。

并条工序应针对生条棉纤维结构较乱、前弯钩纤维较多这一特点,着重改善纤维的定向性(平行伸直度),减少弯钩纤维在并条形成棉结的机会,并应选用适宜的牵伸工艺,保持正常的机械状态,降低牵伸波,消灭机械波,以提高并条棉条条干均匀度。

粗纱工序应保证喂入须条的良好结构状态和条干均匀度不受破坏,应选用先进的牵伸形式、合理的牵伸工艺,并保持良好的机械状态,防止产生有机械波的粗纱。

半制品结构(尤其是粗纱的内在结构),如短纤维率、纤维整齐度、分离度、平行伸直度、棉结杂质以及半制品的周期性不匀(机械波)都对成纱条干有很大的影响。

对生条,纯棉纱应提高生条内纤维的分离度和伸直度,减少纤维损伤,降低短纤维率的增长;对精梳涤棉混纺纱,半制品短纤维率较低,纤维整齐度较好,因此相对地

说，纤维的分离度和平行伸直度影响较为显著。尤其是部分国产涤纶，硬并丝多、分离度较差的等长纤维在牵伸区中容易形成集束运动，破坏纤维的正常速度，影响条干均匀度。

含有不同短纤维率的生条对成纱条干 CV 值的影响见表 3－6。

表 3－6　含有不同短纤维率的生条对成纱条干 CV 值的影响

生条短纤维率/%	25.4	20	17.7	14.5
成纱条干 CV 值/%	20.3	19.4	18.2	17.4

由表 3－6 可见，随着生条短纤维率的减少，成纱条干 CV 值明显降低。

纤维的良好分离状态是提高纤维伸直平行度，减少和清除棉结、杂质、短纤维的基础，对成纱条干有着极其重要的影响。喂入纱条中存在的小棉束、棉结、杂质等，必然引起纱条轴向紧密度的差异，即使在加压稳定的条件下，纤维间的抱合力仍处处不同，特别是有小棉束存在时，这部分纤维会因内部摩擦力特别大而成束运动，影响牵伸过程，产生严重的牵伸波，使成纱条干不匀率增加。

对并条棉条，应着重提高纤维的伸直度。为了说明伸直度对纱条均匀度的影响，这里以最理想、最简单的情况进行分析。首先考虑由单根伸直纤维连续排列时的不匀率，如图 3－35(a)。

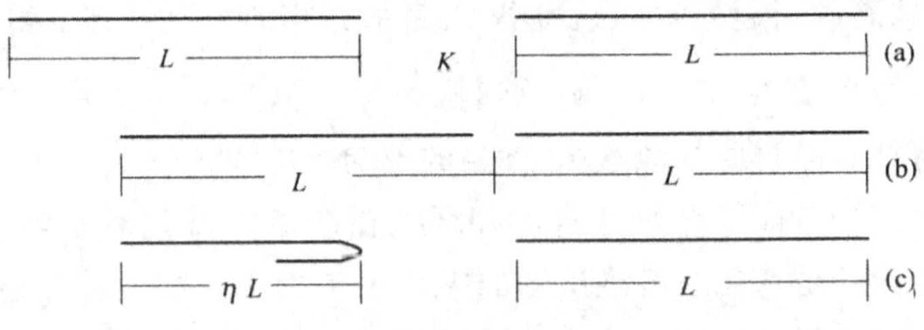

图 3－35　纤维在纱条中的理想排列

由数理统计可以推出，经过 E 倍理想牵伸后，其制品不匀率可用下式表示：

$$C^2 = C_0^2 + \frac{L+K}{L}(E-1) \qquad (3-43)$$

式中：C——经牵伸后的纱条不匀率；

C_0——喂入纱条不匀率；

L——纤维长度；

K——纤维头尾端间距；

E——牵伸倍数。

由式(3－43)可知,牵伸后的纱条不匀率与 $E-1$ 成正比,若牵伸前纤维首尾端相连,如图 3－35(b)所示,即 $K=0$,假设 $C_0=0$,得牵伸后的纱条不匀率 $C=\sqrt{E-1}$;若 $E=1$,则 $C=0$。即完全均匀的纱条经 1 倍牵伸后得到仍然完全均匀的纱条。若考虑纤维不完全伸直,令伸直度为 η,如图 3－35(c)所示,从纤维间的移距来看,相当于将图 3－35(b)经过一次附加牵伸,其牵伸倍数是当纱条不匀率为 0 时,纤维头端的距离对未伸直纤维长度 ηL 的比值,即 $E=L/(\eta L)=1/\eta$。当纤维具有不同数值的伸直度时,可以分别计算出相应的附加牵伸和附加不匀率的数值。并可将此值和理想纱条的随机不匀率相加,获得在纤维不完全伸直条件下的总随机不匀率的估计值,见表 3－7。

表 3－7　纤维伸直度与纱条随机不匀率的关系

纤维伸直度系数	1	0.9	0.8	0.7	0.6	0.5	0.25
附加牵伸倍数/倍	1	1.11	1.25	1.43	1.67	2	4
附加不匀率/%	0	33.3	50	65.6	81.6	100	173
总随机不匀率/%	100	105	112	119	129	141	199

表 3-7 中的总随机不匀率数值,是将理想纱条极限不匀率取 100% 时,和由于纤维存在不伸直状态而引起的附加不匀率,二者平方相加后再开方求得。例如:当 $\eta=0.9$ 时,附加不匀率值为 33.3%,则总随机不匀率值为 $\sqrt{100^2+33.3^2}=105$。由表 3－7可见,随着纤维伸直度系数减小,纱条的不匀率增大。

上述分析,只是考虑了纤维伸直度和纤维在纱条内排列对不匀率的影响,事实上,伸直过程中因纤维弯钩对纤维运动的影响还是相当大的。首先是纤维在牵伸区内的有效长度减短,促使纤维浮游动程增加;其次是纤维在牵伸过程中因不伸直而引起互相缠结,造成纤维集束运动,以及不伸直纤维本身在牵伸时受到伸直的作用过程而破坏其运动的规律等,都会使条干恶化。所以,伸直度对纱条不匀率的实际影响,比以上计算的附加不匀值要大得多。

如经两种不同混并工艺:

① 预并条、精梳条 → 三道混并(6 × 8 × 8)

② 梳生条、精梳条 → 三道混并(6 × 8 × 8)

得到的熟条纤维伸直度不同,用它们纺制的粗纱、细纱条干 *CV* 值见表 3－8。

表 3-8　两种混并工艺的末并棉条纤维伸直度对粗纱、细纱 *CV* 值的影响

工　序	重量不匀率	萨氏条干不匀	乌斯特条干 *CV* 值	纤维伸直度	细节	粗节	棉结
	%	%	%	%	个/km	个/km	个/km
末并棉条	0.24/0.31	11.98/11.69	2.60/2.63	81.57/74.01	—	—	—
粗纱	0.94/1.20	22.7/21.1	4.54/4.71	—	—	—	—
细纱	1.52/0.90		15.85/17.06	—	22/52	42/86	25/45

注　1. 纺制细纱为涤/棉(65/35)13tex。
　　2. 表内数据左为采用工艺①的数据，右为采用工艺②的数据。

由表 3-8 可见，工艺①末并棉条纤维伸直度为 81.57，工艺②为 74.01，二者末并棉条乌斯特条干 *CV* 值相近，但纺出细纱的条干 *CV* 值，工艺①要比工艺②低得多；细节、粗节、棉结的个数工艺①也比工艺②少。说明末并纤维伸直度越高，纺出细纱的条干 *CV* 值越低，即条干均匀度越好。

粗纱的结构包括粗纱条内所含棉结杂质和短纤维、纤维的伸直度、粗纱的重量不匀率和条干不匀率。

某厂对精梳 14.6tex 针织纯棉纱的粗纱结构进行了研究，得到细纱条干 $CV(y)$ 与粗纱各项质量指标的简单相关系数，与粗纱短纤维率(x_1)的相关系数 $r_{y1}=0.57$；与粗纱纤维伸直度(x_2)的相关系数 $r_{y2}=-0.45$；与粗纱条干 $CV(x_3)$ 的相关系数 $r_{y3}=0.51$，以上为中相关。与粗纱 25.4mm(1 英寸)重量不匀率(x_4)的相关系数 $r_{y4}=0.10$，属微相关或不相关，可舍去。因此得细纱条干 $CV(y)$ 与粗纱短纤维率(x_1)、纤维伸直度(x_2)、粗纱条干 $CV(x_3)$ 的回归方程：$y=23.334+0.14603x_1-0.11954x_2+0.30952x_3$。

经信度检验，其线性关系可信。

某厂研究了 27.9tex、13.9tex 涤/棉，19.6tex 粘/棉，27.8tex、14.6tex 纯棉的粗纱条干 $CV(y)$ 和细纱条干 $CV(x)$ 的相关关系，得到表 3-9 的结果，说明了粗纱条干 *CV* 值与细纱条干 *CV* 值确实显著相关。

表 3-9　粗纱条干 *CV* 值与细纱条干 *CV* 值的相关性

线密度/tex(英支)	相关系数	相关程度	上下限(2s)	回归方程式($y=a\pm 2s+bx$)
27.9(21)涤/棉	0.983	极相关	±0.037	$y=0.83\pm0.037+0.45x$
13.9(42)涤/棉	0.384	中相关	±0.226	$y=1.37\pm0.226+0.63x$
19.6(30)粘/棉	0.380	中相关	±0.484	$y=2.87\pm0.484+0.33x$
27.8(21)纯棉	0.287	低相关	±0.164	$y=2.93\pm0.164+0.148x$
14.6(40)纯棉	0.279	低相关	±0.240	$y=3.25\pm0.240+0.18x$

粗纱条干若有规律性不匀(机械波),即使粗纱条干 *CV* 值不算高,细纱条干 *CV* 值也相对偏高。某厂对 27.8tex 纯棉纱和 13tex 涤/棉纱研究结果见表 3-10。

表 3-10 粗纱条干 *CV* 值对细纱条干 *CV* 值的影响

品种 / 条干不匀率	27.8tex 纯棉						13tex 涤/棉	
	粗纱无机械波			粗纱有机械波			粗纱无机械波	粗纱有机械波
粗纱条干 *CV* 值/%	7.34	7.51	8.22	6.01	6.05	6.28	4.12	4.10
细纱条干 *CV* 值/%	15.04	15.18	14.45	15.49	15.35	15.82	16.30	17.12
说明	1. 粗纱无机械波 2. 粗纱不匀率高 3. 细纱不匀率相对不高			1. 粗纱有机械波 2. 粗纱不匀率不算高 3. 细纱不匀偏高			粗纱不匀虽无显著差异,但有机械波的粗纱所纺细纱不匀率高	

从表 3-10 可见,粗纱有机械波时,粗纱条干 *CV* 值虽然不高,但细纱条干 *CV* 值却偏高;当粗纱条干 *CV* 值相同,粗纱有机械波时的细纱条干 *CV* 值也偏高。这说明要降低细纱条干 *CV* 值,不仅要降低粗纱条干 *CV* 值,而且要减少和消灭粗纱的机械波。

四、细纱工序对成纱条干均匀度的影响

(一)采用先进的牵伸形式

细纱工序是改善条干 *CV* 值的关键工序,采用先进的牵伸形式,能显著降低成纱条干 *CV* 值。

代表当前国际纺机先进水平的棉纺环锭细纱机牵伸装置的型号是:德国的 SKF 型牵伸、INA—V 型牵伸、绪森 HP 型牵伸和瑞士立达公司的 R2P 型牵伸。国产 FA500 系列细纱机可配以上四种牵伸。四种现代牵伸形式的结构与工艺见表 3-11。

四种现代牵伸装置的前区工艺均贯彻“重加压、强工艺”的工艺原则,体现“三小”工艺——小浮游区长度(中心线测量:SKF 型 16.41mm;R2P 型 15.5mm;INA—V 型 15.8mm;HP 型 14.4mm)、小胶圈钳口隔距(主要体现在弹性钳口上)和小罗拉中心距。判断前区牵伸性能优良与否,除了牵伸元件质量之外,还体现在浮游区长度和前中罗拉中心距上。浮游区长度短,意味着前区牵伸摩擦力界分布广而强,非控制面短,这显然有利于对浮游纤维运动的控制和成纱条干均匀度的提高。

表 3－11　四种现代牵伸形式的结构与工艺

牵伸型号	SKF	R2P	INA—V	HP
摇架型号	PK225	FS160P3	DA2122	HP—A—320
加压元件	圈簧	气囊	气囊	板簧
前区结构	OH 系列铁板上销	工程塑料上销	ORKK30 型铁板上销	HP—C 型上销套塑料夹
	T 形阶梯下销	鼻端下凹阶梯下销	阶梯形下销	钢制平板下销
前区牵伸形式	弹性钳口长短双胶圈	弹性钳口长短双胶圈	弹性钳口长短双胶圈	弹性钳口长短双胶圈
后区牵伸形式	罗拉直线牵伸	罗拉直线牵伸	V 型曲线牵伸	罗拉直线牵伸
罗拉齿形	前、后等距斜齿、中滚花	前、后等距斜齿、中滚花	前、后等距斜齿左右对称、中滚花	前、后等距斜齿左右对称、中滚花
罗拉直径/mm(前×中×后)	25×25×25	27×25×27	27×25×27	25×24.5×25
罗拉轴承	UL 型滚针	UWL 型滚针	UWL 型滚针	UL 型滚针
上罗拉型号	前、后 J490 型滚珠轴承，中型滚珠轴承	立达铝衬压配式	前 ME—666 型 后 J—490 型铝衬压配式	苏逊铝衬压配式
上罗拉轴承	前、后 LP302 型滚珠轴承，中型滚珠轴承	前、中、后滚珠轴承，中上罗拉高硬度胶辊	前、后 OW4240 型滚珠轴承，中 OW4332 型滚珠轴承	前、后 HP—R—K 型滚珠轴承，中 HP—R—R 型滚珠轴承
压力分布/N(前×中×厚)	100(140、180)×100×140	180×140×180(无级调节)	180×140×180(无级调节)	120(160)×100×140
罗拉中心距/mm(前×后)	44×52	42.4×(60～65)	44×44(40)	46×54
后区工艺	机织纱工艺	针织纱工艺	V 型工艺	(机织纱)工艺
后区牵伸/倍	1.26～1.36	1.14～1.20	1.28～1.50	<1.32
粗纱捻系数	95 左右	115 以上	100 左右	100 左右
细纱总牵伸/倍	20～40	25～45	30～60	20～40

现代细纱牵伸装置后区牵伸主要区别在于牵伸形式及其相应工艺上。后区牵伸是为前区牵伸作准备，具体要求：喂入前区纱条具有较好的条干均匀度和结构均匀度、较大的紧密度和稳定的后钳口，防止纱条在后钳口滑移；INA—V 型后区牵伸是

当前现代牵伸装置后区牵伸中最合理的一种形式。它的后区采用曲线,有较长的钳口握持距和较短的非控制区长度,既增大了后区摩擦力界强度,加强了对牵伸纱条和纤维运动的控制,又有对纤维长短不匀适应性好的特点,减小了位移牵伸产生的牵伸波,这是V型牵伸后区牵伸范围较大的原因。在粗纱捻回配合下,后区位移牵伸不仅不扩散纱条宽度,反而形成狭长V型牵伸纱条,明显增大了纱条内摩擦力界强度和纱条紧密度。由于V型纱条特性,粗纱捻系数适当提高,综合利用了曲线牵伸和粗纱捻回对纤维的控制能力,粗纱捻回掌握比较灵活且适中。

某厂将1294B型、1294D型传统牵伸装置改为INA—V型牵伸装置,纺JT/C19.5W纱,改造前后质量见表3-12。

表3-12 改造前后JT/C19.5W纱质量(前纺工艺相同)

项目	乌斯特条干 *CV* 值	细节	粗节	棉结
	%	个/km	个/km	个/km
改前(传统牵伸装置)	16.125	37.5	179.5	262.5
改后(INA—V型牵伸)	14.97	10.2	125.5	229.9

由表3-12可见,INA—V型牵伸纺制的成纱条干 *CV* 值比传统装置降低了1.155%,细节、粗节减少很多,效果显著。

(二)喂入纱条线密度与成纱条干均匀度的关系

由牵伸理论得知,牵伸的附加不匀与牵伸倍数之间存在着正比于 $E-1$ 的关系,即牵伸倍数越大,附加不匀就越大。假设纺出细纱线密度不变,则喂入纱条特数越大,所需牵伸倍数和附加不匀也越大,这时成纱条干 *CV* 值就会增加。

(三)细纱线密度与成纱条干均匀度的关系

细纱线密度Tt与成纱条干 $CV(y)$ 的关系可用下式表示:

$$\lg y = a + b\sqrt{\mathrm{Tt}} \qquad (3-44)$$

式中:a,b——由实验确定的相关方程的常数项和系数。

如对精梳涤/棉纱的线密度13~29tex范围的实验数据进行分析,得到成纱条干 *CV* 值与细纱线密度的关系,如图3-36所示。

(四)细纱牵伸分配与成纱条干 *CV* 值的关系

在细纱工序的牵伸分配设计中,由于前区具有较强的控制浮游纤维运动的能力,而且被控纱条截面中纤维数量少,因而,前区的牵伸倍数变化与对纤维运动控制能力较差的后区相比,对成纱不匀的影响也就小一些。因此,牵伸分配着重讨论后区牵伸倍数的大小与纱条不匀的关系。

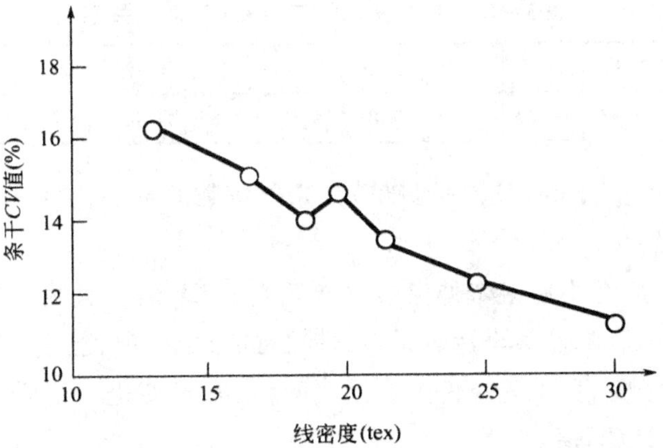

图3－36　成纱条干 CV 值与细纱线密度的关系

图3－37表示后区牵伸倍数与条干均匀度的关系。其中Ⅰ代表目前所称的第一类工艺，即保持较小的后区牵伸倍数，主要发挥前区的牵伸能力；Ⅱ代表第二类工艺，即采用增大后牵伸倍数以达到提高总牵伸能力的目的。

目前生产中大多采用第一类工艺，后区牵伸倍数在纺机织用纱时为1.25～1.50，在纺针织用纱时为1.02～1.50。此类工艺不仅条干好，而且因后区隔距可以稍大，故当后区牵伸倍数在较小范围内变动时，隔距可不作调整。其罗拉中心距一般在45～53mm范围内。图3－37中第二类工艺一般较少采用，若要采用，后区牵伸倍数应在2.5以下为宜，同时后区隔距要根据纤维长度的变化及时调整。V型牵伸不在此例。

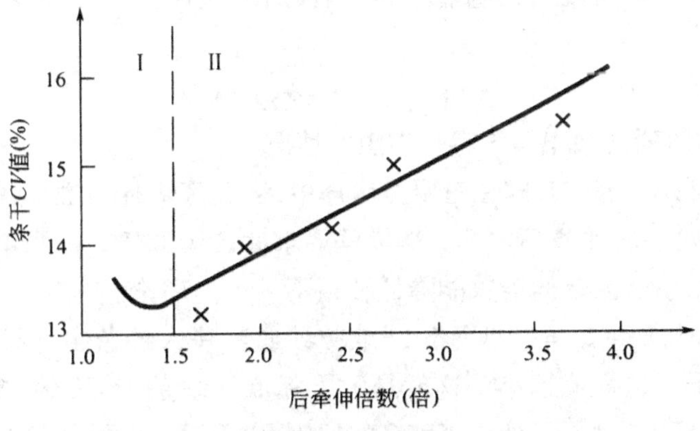

图3－37　后区牵伸倍数与条干 CV 值的关系

某厂在总牵伸倍数39.8，罗拉中心距42.8×50.8，纺涤/棉13tex纱时，逐步调整后牵伸倍数得到相应的成纱条干 CV 值，见表3－13。

表 3-13 后牵伸倍数与条干 CV 值的关系

后区牵伸倍数/倍	1.11	1.15	1.20	1.25	1.31	1.36	1.43	1.50	1.58	1.67	1.76
细纱条干 CV 值/%	16.46	16.27	17.41	17.81	18.57	18.85	18.80	19.71	20.65	21.34	222.28

从表 3-13 可见,13tex 涤/棉纱随着后牵伸倍数的增加,其条干 CV 值不断上升,条干均匀度明显恶化。

细纱工艺中,用缩小后区牵伸倍数以降低条干 CV 值已成为一些厂的经验;针织用纱强调用较小的后牵伸甚至用近乎单区牵伸的分配方法,已成为普遍经验;织布用纱根据一些厂的经验,在工艺条件配合适当时,也有可能进一步缩小后区牵伸倍数,并获得较小的条干 CV 值。

细纱机牵伸分配与细纱条干不匀率的关系,可以用苏联 И. В. 布特尼科夫等导出的公式加以解释:

$$a_2 = aE - (L_1 - L_2)(E - e_2) \tag{3-45}$$

式中:a_2——牵伸后两根不同长度的纤维 L_1 及 L_2 头端间的移距;

a——牵伸前两根不同长度的纤维 L_1 及 L_2 头端间的移距;

E——总牵伸倍数;

e_2——三罗拉牵伸前区牵伸倍数;

L_1,L_2——两根不同长度纤维的长度。

根据式(3-45),纤维在输出纱条中的相互位置,取决于将总牵伸分配成部分牵伸的方法,因此,所得纱条不匀率也取决于牵伸的分配。如果要使经牵伸后的纤维在头端间的距离随牵伸倍数的比值增大,使牵伸后纱条的不匀率不恶化,就要求 $a_2 = aE$,即满足下式:

$$(L_1 - L_2)(E - e_2) = 0 \tag{3-46}$$

式(3-46)两项的乘积等于零是理想的情况。

当 $e_2 = E$ 时,$E - e_2 = 0$,即在三罗拉牵伸中,当前区牵伸倍数 e_2 等于总牵伸倍数 E 时,可以获得较小的纱条不匀率。这样就要求后区牵伸倍数尽可能地接近 1,这就是单区牵伸或缩小后区牵伸倍数能降低纱条不匀率的理论。

当 $L_1 = L_2$ 时,$L_1 - L_2 = 0$,即等长纤维纺纱或者喂入纱条中纤维长度差异越小,纺出细纱的条干不匀率就越小。这就是为了降低细纱条干 CV 值,要求粗纱条中纤维整齐度好、短纤维率低、纤维伸直度高的原因,以及等长纤维纺纱时,细纱后牵伸可适当大一些的道理。

当喂入纱条纤维整齐度好、条干均匀、结构均匀时,如化纤混纺纱,可采用第二类工艺,但后区隔距必须与纤维长度相适应,一般为纤维平均长度(棉纤维为品质长度）加 2～4mm，中、后罗拉压力要相应加重，后牵伸倍数可提高到 2～2.5 倍。但当超过 2.5 倍以上时，成纱在 0.8～lm 片段周期波显著增高。因此，即使采用第二类工艺，后区牵伸倍数还是以偏小掌握为宜，以使成纱均匀度保持一定的水平。

（五）粗纱捻度在细纱牵伸区中的应用

粗纱捻度能使纱条紧密度增大。实验表明，在一般实用范围内，粗纱紧密度随着粗纱英制捻系数增大近似线性增大，从而使纱条内纤维之间接触点上压力增大，这就增大了纤维之间的相互摩擦控制力。由于纱条上捻度是连续分布的，并随着牵伸纱条一起流动，因此就在牵伸纱条上附加了一个连续的动态摩擦力界。由于牵伸纱条上捻度分布规律不同，形成的摩擦力界形态也不同，对牵伸过程影响也就不同。

在细纱后区牵伸第一类工艺条件下，牵伸区中纱条上捻度分布与喂入粗纱上捻度分布情况差别不大，因为后区牵伸倍数小，仅存在局部解捻作用，使输出牵伸区的纱条上捻度有所减少；当后区牵伸增大到第二类工艺时，随着牵伸纱条变细，会不断发生绕轴心旋转，产生捻度向前方细段流动、集中的捻度重分布现象（当有捻纱条承受张力、牵伸和抖动时，纱条各处的截面形态、应力发生变化。扭矩大的截面有足够的能量把捻度传递给扭矩小的截面，自行调整达到新的平衡状态，这种现象称捻度重分布），如图 3－38 所示。

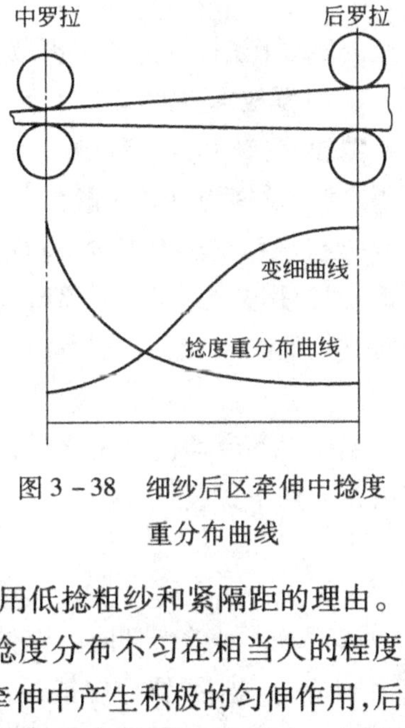

图 3－38　细纱后区牵伸中捻度重分布曲线

显然，图 3－38 所示牵伸区内牵伸纱条上捻度分布规律所形成的附加摩擦力界不利于牵伸过程中对浮游纤维运动的控制。因为它的形态是越向前，摩擦力越强，即增大了引导力，削弱了控制力，使浮游纤维提早变速，从而破坏成纱条干。因此在普通细纱后区牵伸中，仅利用高捻来控制纤维运动是不可靠的，这就是后区第二类牵伸工艺时，用低捻粗纱和紧隔距的理由。

在后区第一类牵伸机织纱工艺中，粗纱片段上捻度分布不匀在相当大的程度上弥补了粗纱条的粗细不匀与结构不匀，因而在后区牵伸中产生积极的匀伸作用，后区输出纱条粗细均匀度比喂入粗纱有改善，但相邻片段紧密度差异反而增大。原粗纱的粗段变得更松散，相邻细段相对松解少。相邻片段紧密度差异增大是不利于前区进行牵伸的，故在匀伸作用牵伸值范围内，后区牵伸以偏小掌握为宜。

在后区第一类牵伸针织纱工艺中，弹性牵伸匀伸作用弱，不仅可防止喂入前牵伸区纱条紧密度差异增大，而且有利于捻度分布不匀的改善，对前区牵伸非常有利，这是针织纱工艺后区小牵伸和高捻粗纱配合使用的依据。

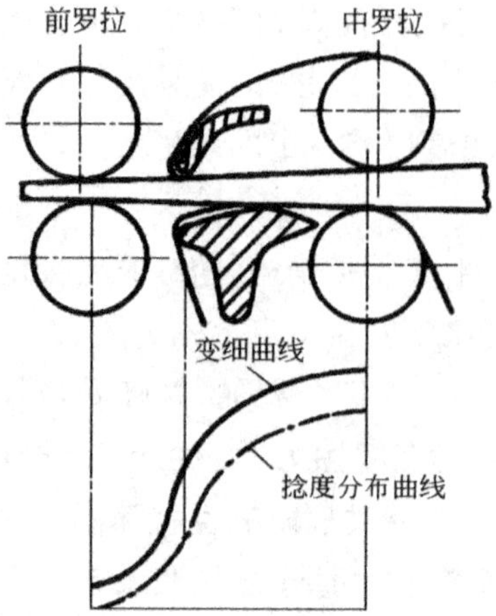

图 3-39　细纱前区牵伸中的捻度分布

在细纱前牵伸区中，要使捻度产生的附加摩擦力界有利于牵伸过程中对浮游纤维运动的控制，就必须防止捻度向前钳口流动的重分布现象。上下胶圈握持纱条能够防止捻度流动，因此，可得到图 3-39 的捻度分布。这种捻度分布所产生的附加内摩擦力界强度分布由后向前逐渐减少，并一直延伸到前钳口。显然这种摩擦力界强度分布形态基本上是合理的，它增强了控制力，可作为控制纤维运动的一种有效方法。因此，经过后区牵伸后，牵伸纱条带着一定数量捻度进入胶圈牵伸区，有利于对纤维运动的控制。另外，前牵伸区牵伸纱条上捻度还能作为胶圈牵伸区中间摩擦力界的补充，并对牵伸纱条宽度有一定的压缩作用，防止纤维扩散。这些对提高条干均匀度都是有利的。

（六）罗拉握持距与成纱条干均匀度的关系

罗拉握持距的确定原则，是在不损伤纤维并能保持牵伸力与握持力相平衡的条件下，偏小掌握为宜。一般情况下，罗拉握持距大于纤维平均长度（棉纤维为品质长度）一定数值，至于大多少，应视具体情况而定。在保证牵伸力与握持力相平衡的条件下，罗拉握持距大时，因浮游动程的增加以及牵伸区中部摩擦力界强度减弱，将削弱对纤维的控制能力。特别是在简单罗拉牵伸装置中，将导致纱条均匀度的急剧恶化。

当原料和牵伸机构一定时，罗拉握持距与牵伸附加不匀率间存在近似直线关系，其关系可用下式表示：

$$CV_E^2 \propto \frac{R-R_0}{R_0} \qquad (3-47)$$

式中：CV_E——E 倍牵伸时的牵伸附加不匀；

R——实际罗拉握持距；

R_0——最佳罗拉握持距（其值略大于纤维平均长度）。

实际罗拉握持距与最佳罗拉握持距差异越大，经牵伸后的成纱条干均匀度越差。

前牵伸区浮游区长度，直接关系到对短纤维运动的控制能力。缩短浮游区长度意味着一方面减少浮游区中未被控制的短纤维的数量，另一方面胶圈钳口摩擦力界相应向前方伸展，加强了对浮游区内浮游纤维的控制力。因此，缩短浮游区，可使牵伸区内纤维变速点分布向前钳口靠拢而集中，并有利于纤维变速稳定。缩短浮游区长度，牵伸力相应增大，因而必须加重前钳口的压力，解决牵伸力大而握持力不足的矛盾。缩短浮游区长度的同时适当加重前钳口压力，有利于改善成纱条干均匀度。

（七）摇架加压对成纱条干均匀度的影响

罗拉加压的主要目的，是对须条产生足够的握持力，使牵伸能够正常进行。

现代牵伸装置的加压机构分两大类：弹簧加压摇架和气体加压摇架。而气体加压摇架的性能优于弹簧加压摇架，具体体现在以下六个方面：

(1)气体静压稳定可靠，不会衰退，锭差、台差小。

(2)加压充分，调节方便，能适应各种条件下"重加压"工艺要求，可在机器运转中进行整体无级调压。

(3)停车时可方便地进行半释压或全释压，在半释压状态下，罗拉钳口握持线不会产生相对滑移，不破坏握持纱条结构，再开车时不产生细节和增加断头。还可避免由于较长时期停车胶辊表面受压产生凹痕损伤的弊病，这对于保护软硬度的胶辊有重大意义。

(4)管理方便，压力大小直接由压力表显示，并可配置欠压和过压自动保护装置。

(5)结构简洁轻巧，无易损零件，维修工作量少，便于清洁和保养。

(6)气体加压属软弹性，吸振能力强，适应机器高速运行。

摇架的质量对成纱条干均匀度有一定的影响，如用于纺涤/棉纱的 SFA—65—1 型和 TF18—115 型两种摇架，根据实践经验，前者优于后者，某厂纺 T/C13tex 的对比资料见表 3－14。

表 3－14　用不同摇架时的细纱条干质量对比

项　　目	USTER 检验条干 *CV* 值/%	黑板条干一级(上:中:下)
SFA—65—1	16.08	13:47:0
TF18—115	16.48	11:46:3

注　1. 细纱工艺参数、喂入粗纱相同。
　　2. 表中数据为 20 次试验数据的平均值。

细纱摇架压力，特别是前胶辊压力的大小，对成纱质量的影响十分明显。前胶辊压力越重，钳口握持力越大，用动态应变仪测出不同压力下的胶辊握持力如图 3－40 所示。某厂在不同前胶辊压力下纺 C18.2tex 纱时的成纱条干质量见表 3－15。

图 3－40 和表 3－15 表明，前胶辊压力大，钳口握持力大，对须条的握持能力强，牵伸正常，成纱条干 *CV* 值低，成纱细节、粗节、棉结少。

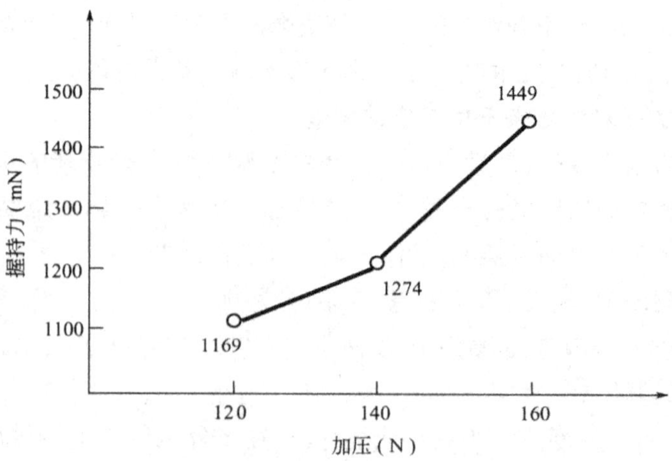

图 3-40　前胶辊加压与握持力的关系

表 3-15　前胶辊压力对成纱条干 *CV* 值的影响

纱线密度	实测压力（前、中、后罗拉）	成纱条干 *CV* 值	细　节	粗　节	棉　结
tex	daN/双锭	%	个/km	个/km	个/km
C18.2	11.6×8.2×10.4	20.90	413.8	943.4	565.0
	13.4×8.5×11.3	20.08	338.4	737.5	548.2
	15.2×8.8×11.8	18.96	278.4	583.5	551.3
	16.2×9.0×13.1	18.34	226.4	469.1	567.4

注　1daN=10N。

(八)胶辊胶圈对成纱条干均匀度的影响

胶辊是纺纱工艺中的重要牵伸部件，其质量的好坏及应用技术的优劣对其使用效果、使用寿命及成纱质量有着直接的影响。

对胶辊的一般要求是硬度均匀，表面光洁、色泽一致；胶辊的长度、内径、壁厚、表面高低差异、外径差异都要在一定的允差范围内；表面不允许有气泡、裂伤、缺胶，磨砺后无明显的粉点异物质；内壁圆整；有一定的抗张强度，永久变形小，耐磨、耐老化，并有一定的伸长率和适当的硬度；耐油，对温湿度有一定的适应性和并有抗静电性能；外圆偏心小，胶辊无晃动现象，为了提高胶辊的纺纱性能，一般在使用前对胶辊都要进行表面处理。常见的表面处理分为两类：一类为无层涂料处理，它是通过某种条件引发胶辊表面物质的再交联，改变其表面橡胶分子的空间网状结构和分子排列结构，如紫外线处理即属此类；另一类为有层涂料处理，它是在胶辊的表面增加一层覆盖物，如生漆炭黑涂料等即属此类。

1. 胶辊对成纱条干均匀度的影响

(1)胶辊硬度的影响。一般认为，胶辊加压在100～130N/双锭的情况下，胶辊硬度以肖氏(shore)80度左右为好,而纺化纤纱时硬度要偏高,以82~85肖氏硬度为宜。随着国外细纱机、牵伸装置配套胶辊的引进,对胶辊硬度的认识有了新发展。某厂对Armstrong公司生产的ME—666、ME—673、N714、J490四种不同硬度的胶辊纺13tex纱,得实验数据见表3-16,并进行相关分析得回归方程:y(条干CV值)=11.18+0.053x(胶辊肖氏硬度),其相关系数$r=0.979$,为极相关。从以上实验及分析可知,胶辊硬度与成纱条干CV值成线性相关。对无锡第二橡胶厂生产的7种胶辊和上海橡胶厂生产的2种胶辊做纺纱试验也得到类似的相关关系,其关系如图3-41所示。

表3-16　用不同硬度的胶辊纺13tex纱的条干CV值

胶辊型号	ME—666	ME—673	N714	J490
肖氏硬度/度	65	73	80	85
乌斯特条干CV值/%	14.67	15.03	15.30	15.78

注　表内数据为20次试验平均值。

图3-41中三根直线的高低位置不同,说明三种胶辊的内在质量有差异,在相同硬度时,A较B好,更优于C。三根直线说明软胶辊比硬胶辊所纺成纱的条干CV值低。不同硬度的胶辊经相同的表面处理后,所纺成纱条干CV值仍以软胶辊较低。

软胶辊纺纱能明显地改善条干均匀度,提高成纱质量,其原因如下:

① 软胶辊在压力的作用下与罗拉所组成的握持钳口线相应增宽,软胶辊的动摩擦因数较大,从而能够显著地增强前罗拉钳口对须条的握持性能。

② 软胶辊具有弹性好、表面变形大、吸振能力强的特点,使钳口动态握持力保持相对稳定。

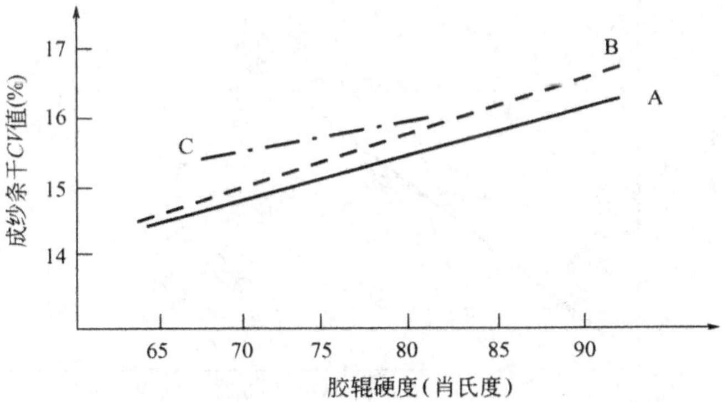

图3-41　胶辊硬度与成纱条子CV值的关系

A—Armstrong公司　B—无锡第二橡胶厂　C—上海橡胶厂胶辊

③ 软胶辊在压力的作用下与罗拉组成的钳口线相对比较宽，使钳口线向两端延伸，造成既前冲又后移。钳口线前冲，缩小弱捻区，有利于降低细纱断头；钳口线后移，相对缩小了浮游区长度，有利于控制浮游纤维的运动，有利于改善条干均匀度。

④ 软胶辊横向握持均匀，对须条的边缘纤维控制能力强，这样有利于减少纤维的散失，减少飞花，也有利于条干均匀度。

⑤ 使用软胶辊，可适当减轻加压，加压减轻后，有利于节约用电和减少轴承、罗拉的损坏，减少罗拉的弯曲，延长其使用寿命，降低纺纱成本。

使用肖氏 65 度，WRC—965 型表面不处理胶辊，对改善成纱质量则有更多的优越性。

(2)胶辊偏心值的影响。前胶辊偏心值与成纱条干 *CV* 值、细节、粗节的关系如图 3 - 42 ~ 图 3 - 44 所示。

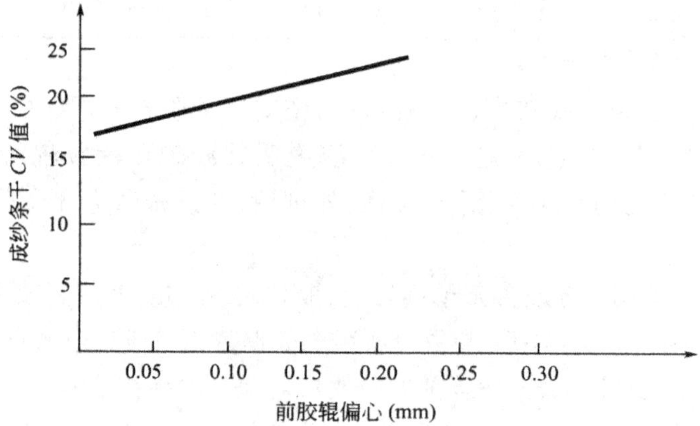

图 3 - 42　胶辊不同偏心值与细纱条干 *CV* 值的关系

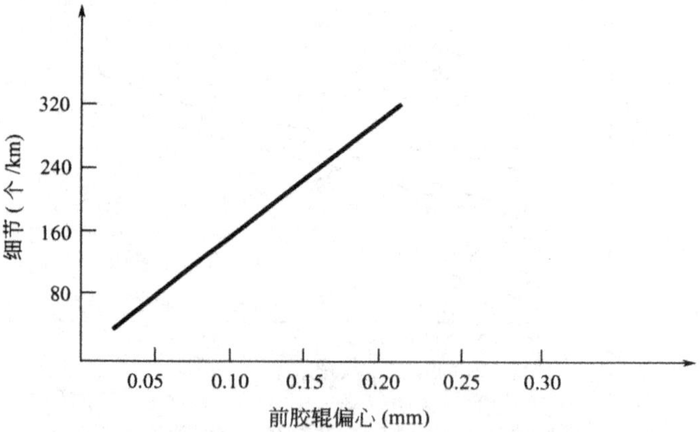

图 3 - 43　胶辊不同偏心值与成纱细节的关系

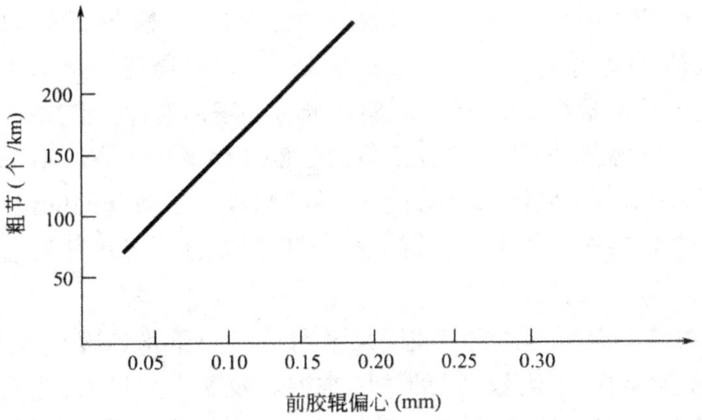

图 3-44　胶辊不同偏心值与成纱粗节的关系

胶辊偏心所产生的周期波的波长和波幅的相对大小，能在乌斯特波谱图上由烟囱的位置和高度反映出来。其波幅的相对值大小与胶辊偏心值大小呈线性相关，如图 3-45 所示。H_p/H_B 周期波波幅相对值，含义见图 3-30。

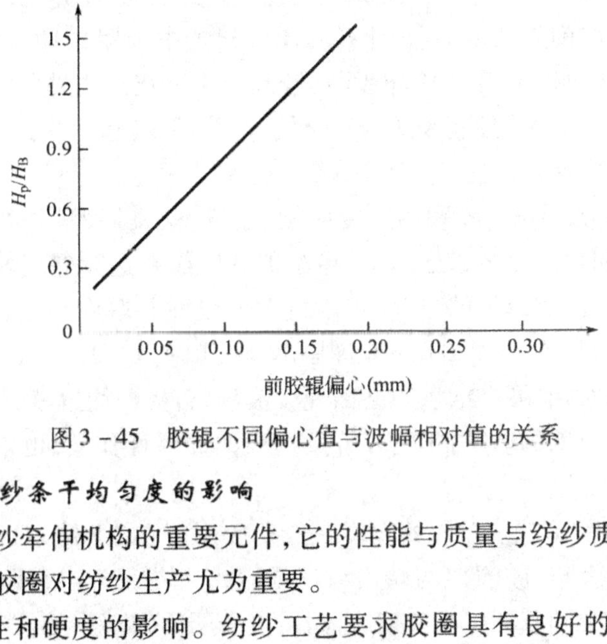

图 3-45　胶辊不同偏心值与波幅相对值的关系

2. 胶圈对成纱条干均匀度的影响

胶圈也是纺纱牵伸机构的重要元件，它的性能与质量与纺纱质量密切相关。选用适纺性能好的胶圈对纺纱生产尤为重要。

(1)胶圈弹性和硬度的影响。纺纱工艺要求胶圈具有良好的弹性和适当的硬度，否则会造成钳口压力的波动剧增，从而影响成纱条干均匀度。实践证明：胶圈弹性应采用“上圈高，下圈低，外层高，内层低”的配置方法；胶圈的硬度应采用“上圈软，下圈硬，外层软，内层硬”的配置方法。因为胶圈外层在牵伸过程中直接与纱条接触，在加压状况下，外层有较好的弹性和较低的硬度，使胶圈产生一定的弹性变形，须条表面被包围的面积越大，胶圈钳口处的密合性越好，横向摩擦力比较均匀，有利于对纤维的握持，同时也有利于延长胶圈寿命。而内层稍硬，可不使胶圈在受压情况下产生蠕动变形甚至塑性变形，削弱胶圈在导纱动程内的弹性和握持力；同时胶圈内层与罗拉为滚动摩擦传动，故要求有较高的硬度和耐磨性。在一对摩擦副作滑动摩擦传动时，如果对偶件的刚性和表面状态一样，则在正压力相同的情况下，容易产生滑溜，此时，纱条容易产生粗细节。因此要求下胶圈的硬度和抗张强度比上胶圈要高，才能满足牵伸特点的要求。

（2）胶圈内径和周长的影响。胶圈尺寸对成纱条干均匀度有极大的影响，胶圈的内径应按“上圈略松，下圈偏紧”的原则掌握。胶圈内径过松，造成须条在牵伸过程中呈波浪形前进，起伏较剧烈，使上下胶圈不能贴紧或打滑，削弱了对纤维的握持控制，致使条干均匀度恶化。若胶圈内径配合过紧，则胶圈运行处于绷紧状态，造成阻力大，回转不灵活，易滑溜并引起抖动、停顿，中罗拉扭曲变形，从而造成竹节或出硬头，成纱粗节粗而短，黑板条干阴影淡而多等弊病，严重影响成纱质量。胶圈周长的选择，应保证胶圈回转灵活，而又尽可能减少胶圈中凹现象，以利握持控制纤维。在实际使用中，胶圈内径的确定一般凭经验和手感，近似计算式：胶圈内径 ≈ 0.637（中罗拉直径 d + 胶圈架长度 L）。计算后还应根据中上罗拉偏前值或偏后值、胶圈销的形式（宽或窄）加以修正。滚花胶圈（胶圈内层滚花）、内外花纹胶圈的内径可适当放长。纺纱厂必须严格控制胶圈内径分档，对使用一段时间的旧胶圈，要做到严格检验，予以剔拣和分类。

（3）胶圈厚度的影响。胶圈的厚度应按“上圈薄，下圈厚”进行搭配使用。胶圈厚度是决定胶圈钳口隔距的参数之一，经磨砺的胶圈要达到厚度均匀一致。应控制胶圈总厚度及上下胶圈厚度的搭配，细纱机上下胶圈总厚度一般掌握在 2mm 左右，例如上胶圈厚度为 0.8 ~ 0.9mm，下胶圈厚度就配以 1.1 ~ 1.2mm。胶圈厚度搭配不当，若上下均过薄时，胶圈在前进中会出现波浪形；若搭配均过厚时，胶圈在运行中会出现滑溜，不利于上下圈紧贴，不能充分发挥胶圈的弹性作用，也不利于摩擦力界的均匀分布。

（4）胶圈宽度的影响。胶圈的宽度一般比胶圈架（或上销架）窄 0.75 ~ 1.00mm 为好，若胶圈宽度太窄，胶圈架两端边缘容易嵌入飞花，影响胶圈的正常回转；若太宽，则胶圈在运转中同胶圈架易碰撞摩擦，造成胶圈回转不灵活、打顿、胶圈架抖动等弊病。因此，胶圈宽度太窄或太宽都易造成成纱质量恶化。

（5）胶圈表面摩擦因数的影响。胶圈表面的摩擦因数是胶圈的主要特性之一，它直接影响纺纱过程的正常进行。在双胶圈牵伸过程中，胶圈外表面与纤维作滑动摩擦，内表面与罗拉和小铁辊作滚动摩擦，与胶圈销作滑动摩擦。外表面的摩擦因数尽量要小,胶圈外层动、静摩擦因数控制在 0.3 ~0.7 之间。若外表面摩擦因数较大,就会产生静电,使纱条表面的纤维散乱呈毛茸状,飞花增多,由静电积聚所造成的缠花、积花现象常有发生,黏附的纤维在牵伸时被须条带走,形成粗节。胶圈内表面必须具有足够的摩擦因数,才能使胶圈回转平稳,避免滑溜。胶圈内层动、静摩擦因数应控制在 0.4 ~0.7 之间。胶圈内表面摩擦因数太大,下胶圈通过张力架后,销子就会产生很大的摩擦阻力,当胶圈被迫推过去时,容易造成吊胶圈,使胶圈之间的间隙发生变化,引起所牵伸的纱条粗细不匀而影响成纱条干;同时内表面易黏附纤维,并从内表面处逐渐延伸到外层,造成突发性纱疵,胶圈寿命也明显缩短。如果内表面摩擦因数太小,下胶圈将运动呆滞、打顿,影响须条的顺利通过并使成纱条干恶化。上胶圈是被动件,它与下胶圈的摩擦因数涉及摩擦传动的效率和对纤维的控制能力。上胶圈内表面摩擦因数的大小,关系到能否克服小铁辊外壳和芯子间的阻力矩,以及此摩擦力带动小铁辊能否顺利回转的问题。但又要防止因摩擦因数太大而粘上销。总之,上下胶圈内外层的摩擦因数都必须有一适当范围,才能有效地控制纤维,提高成纱条干均匀度。

(6)胶圈机械性能的影响。胶圈的机械性能,如断裂强力、伸长、帘子线的性能都影响纺纱质量。特别是在帘子线断裂而胶圈不断的情况下,将严重影响成纱的条干均匀度。

(7)胶圈吸放湿性能的影响。胶圈的吸放湿性能好坏与其适纺性有很大关系,一般吸放湿性能好的胶圈(如美国阿姆斯特朗型胶圈吸湿率为 3.7080%,放湿率为 3.8420%,而 831 型吸湿率和放湿率仅为 1.3189% 和 1.4444%),其导电性能和温湿度的适应性都好,纺出成纱质量就好。

(8)胶圈和纤维抗静电性能的影响。胶圈和纤维的抗静电性能,对纺纱是否能正常进行有非常重要的作用。在丁腈橡胶大分子结构中存在易被电场极化的腈基,能降低介电性能,其体积比电阻仅为 $3.5\times10^{9}\Omega\cdot cm$,大大低于天然橡胶的体积比电阻 $10^{14}\sim10^{15}\Omega\cdot cm$,但从纺纱工艺的要求来说,丁腈橡胶的导电性能仍然很差,胶圈表面与纤维(特别是合成纤维、羊毛)摩擦的静电荷很难逸散,从而造成静电荷的积聚。在生产中既要求胶圈和纤维作用使其表面摩擦因数尽量降低,使摩擦引起的静电荷尽量减少;又要使胶圈与纤维表面尽可能导电,使摩擦产生的电荷很快逸散,不至于积聚静电形成电位,以利于减少和避免丁腈胶圈表面积花与缠花,减少须条蓬松与纱线毛羽的产生,使纱线条干和外观均有所改善。

(9)胶圈耐磨性的影响。胶圈应有一定的耐磨性。耐磨性差,胶圈容易产生中凹和损坏,内层起槽,影响胶圈寿命和成纱质量。胶圈要耐污,易清洗。胶圈的老化、龟裂,主要因臭氧和光的作用(一般裂痕较浅且呈蛛网状)以及机械疲劳(裂痕较深且无规律)所产生,而机械疲劳是主要原因。胶圈早期龟裂、老化,将严重影响成纱条干及胶圈的使用寿命。

为了提高胶圈的适纺性能,磨砺后的胶圈,必须进行表面处理,使其表面改性,达到具有抗静电、耐臭氧、防龟裂、抗粘等性能,以适应纺纱需要。目前以盐酸、次氯酸钠和水溶液的氯化处理最为普遍,美国阿姆斯特朗公司、日本北辰化学公司、日本吴羽橡胶工业株式会社等生产的胶圈,均为氯化处理。

(10)内花纹胶圈的影响。目前,内花纹胶圈受到普遍青睐,我国20世纪70年代就生产出了内层表面结构呈菱形的内花纹胶圈。80年代引进了美国阿姆斯特朗柯尔克公司生产的内层表面结构呈橘皮状花纹的N07848型、N07821型胶圈。其后我国又研制了更适合国情的内花纹结构胶圈,其中以NDA9018型和NDA9028型、NFR—B8864型最有代表性。NFR—F型迷宫形内外花纹胶圈的出现更是技术上的进步。

内花纹下胶圈内表面为整齐排列的网形结构,其凸出花纹高度在几十微米(NDA9018型胶圈为37~50μm,NDA9028型胶圈为25~39μm),凸起的花纹由丘陵状的曲线组成,均成独立的“孤岛”和“半岛”形状。中罗拉沟槽与内花纹胶圈形成“亚啮合”传动,使下胶圈滑溜率降低(内花纹上胶圈滑溜率为1.663%;其他胶圈均在1.75%~2.26%;内花纹下胶圈滑溜率1.448%,其他胶圈则在1.6%~1.8%),运转速度均匀。内花纹下胶圈在罗拉上滚动运转,而在下销棒前端曲率处,因“内花纹峰凹”构成运转时进风的机会,微气流使胶圈在回转时形成一种气垫效应,保证胶圈在运动中不黏附,不打顿,减少了胶圈在销棒曲率半径部位的运动阻力,从而提高了上下胶圈的线速均匀率。胶圈运动速度均匀度提高,滑溜率减小,胶圈运行速度接近中罗拉线速,相对滑溜率大的平光胶圈运行速度就高些,因此前区牵伸倍数相应减小。当喂入纱条和其他条件不变时,牵伸力的不匀率平方与牵伸倍数成正线性相关,因此,此时牵伸力不匀率就降低,有利于正常牵伸,改善成纱条干。由于内花纹胶圈运行速度均匀(即牵伸倍数不随时间变化),前区牵伸倍数相应减小,因此纤维变速稳定,经牵伸后纱条中的纤维头端移距偏差小,牵伸附加不匀小,促使成纱条干得到改善。由于内花纹表面与胶圈销子的实际接触面积小于平光胶圈,在同样的受压条件下,内花纹胶圈的内层弹性变形量要大于平光胶圈,胶圈钳口加强了对纤维运动的控制能力,故有利于提高成纱质量。实践证明,内花纹胶圈的纺纱质量优于平光胶圈,实验数据见表3-17、表3-18(总测试次数为420)。从表中的统计值可看出,使用内花纹胶圈有利于提高成纱条干均匀度。

内花纹胶圈的另一个优点是,由于其滑溜率小,耐磨性好,因此使用寿命长,损耗较低。

表3-17 内花纹胶圈和平光胶圈的纺纱对比

胶圈型号	硬头根数/根	出硬头百分率/%
XHRA9165 型内花纹胶圈	3	0.7
平光胶圈	27	6.4

表3-18 内花纹胶圈和平光胶圈纺 T/C 13tex 纱的质量

胶圈型号	成纱条干 CV 值	细节	粗节	棉结
	%	个/km	个/km	个/km
内花纹胶圈	15	33	113	89
平光胶圈	15.25	42	138	98

平光胶圈的运动速度因滑溜率较高而低于中罗拉计算线速度,后牵伸倍数低于计算倍数。内花纹胶圈滑溜率小,牵伸纱条的运行速度增快,使它的后区实际牵伸倍数大于平光胶圈,为了使进入前牵伸区的牵伸纱条保持足够的捻度,加强对牵伸纱条内各根纤维的控制力和稳定须条的牵伸力,利于改善成纱条干均匀度,内花纹胶圈应比平光胶圈适当减小后牵伸倍数。另外,由于上下胶圈的滑溜率不一致,使须条的上层纤维与下层纤维在牵伸变速时产生"搓动"而恶化纤维排列结构、恶化条干,故在上下胶圈之间应留有一定的空间作为变速纤维的"合理通道"(这就是使用钳口隔距块的原因)。这个通道的大小随上下胶圈工艺性能而不同,太宽会降低胶圈对纱条的控制作用,太紧会破坏纱条的纤维排列结构,这两种情况都不利于改善成纱条干。应用内花纹胶圈后,胶圈滑溜率较小,运行速度较均匀,上下胶圈之间的"搓动"较小,因此可以适当减小胶圈钳口隔距。在相同的钳口隔距条件下,可以比平光胶圈适当增加胶圈厚度。

(九)机械状态对成纱条干均匀度的影响

机械状态不良,会影响纱条不匀,其中规律性强的周期性不匀即机械波引起的不匀对产品的影响远较牵伸波不匀造成的影响大得多。它将引起成纱降等,并对织物质量与外观有极坏的影响。机械不良因素主要有以下几种:

1.罗拉钳口(握持点)移动

各列罗拉钳口不稳定,会影响纱条的均匀,前罗拉最为严重。这是因为前牵伸区的牵伸倍数较大,前罗拉对纤维变速点的稳定性有着很大的影响。引起罗拉钳口移动的因素大致有:罗拉偏心(或椭圆)和弯曲,胶辊包覆材料的弹性与硬度差异以及胶辊外壳与其轴芯间配合不良等。以上因素都会使握持距发生瞬时变化。虽然钳口的移动量是很小的,但在前罗拉每一回转时间内,对后罗拉所喂入纱条的长度而言,比率数值是较为可观的，如图 3 －46 所示。

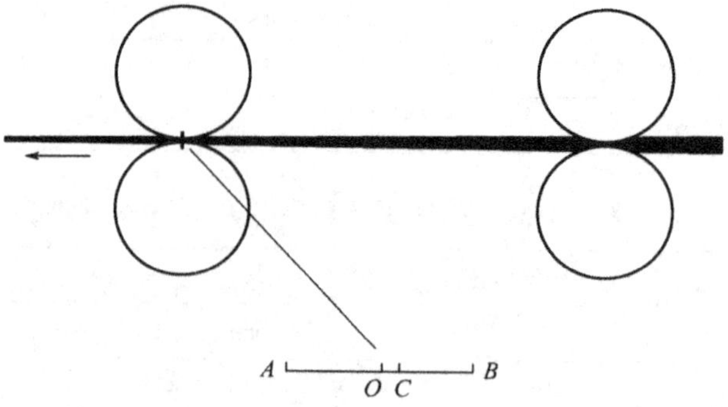

图 3 －46　罗拉钳口移动示意图

图 3 －46 表示构成一牵伸区的前后两列罗拉，纱条在其间经受 E 倍牵伸。设 AB 为正常运转情况下前罗拉回转一周时由后罗拉所送出的纱条长度，其中点为 O 点。自 O 点截取长度 OC，并使其等于前罗拉握持点前后移动的全移距。在正常牵伸状态时，前罗拉回转半周所牵引的喂入纱条长度应为 AO；但当前罗拉握持点在运转中发生周期性变化时，由于在前罗拉回转半周时间内，握持点本身已经移动了长度为 OC 的距离，因此在该半周时期内，前罗拉所实际牵引的喂入纱条长度变为 $AO+OC=AC$。同样，在接着下半周时间内，前罗拉实际只牵引了 $OB-OC=CB$ 的喂入纱条长度。这样在前罗拉每相隔回转半周时所牵引喂入纱条长度的差异，就造成了纱条的周期性粗细不匀，其幅值按前罗拉回转一周期内纱条粗细差异的最大数值对纱条正常平均厚度之比来度量时，应由 OC 对 AB 的长度比例确定。因为 AB 代表前罗拉回转一周时后罗拉所喂送的纱条长度，故应等于前罗拉表面圆周长度除以牵伸倍数的商值，故附加于纱条上的相应周期不匀率 ΔCV 值可由下式乘以适当比例系数确定。

$$\frac{OC}{AB}=\frac{\text{前罗拉握持点移距}}{\dfrac{\text{前罗拉表面周长}}{\text{牵伸倍数}}} \tag{3-48}$$

由式(3 －48)可知，由前罗拉握持点移动现象所造成的纱条附加不匀率数值，随罗拉直径的减小和牵伸倍数的增大而提高。

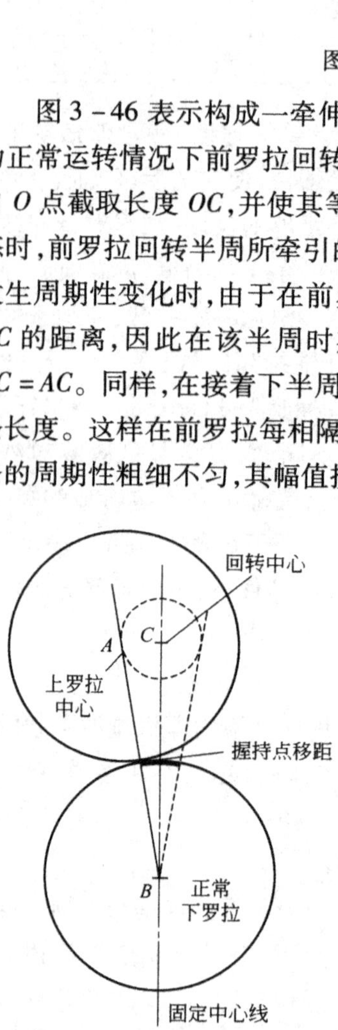

图 3 －47　上罗拉偏心的钳口移动示意图

下面分析产生罗拉钳口移动的主要原因：

(1)罗拉偏心。由罗拉偏心所引起的钳口移动情况如图 3 －47 所示。图中表示的是一个偏心上罗拉和一个正常下罗拉配合回转的工作情况。

钳口位置可由上下罗拉中心连线决定，BC 为固定中心线，其中 C 点由上罗拉轴芯的固定位置确定。当上下罗拉直径相同时，罗拉钳口对固定中心线的移距等于罗拉偏心率（即上罗拉的几何中心与回转中心的距离 AC）的一半。

下罗拉偏心或有弯曲时，其情况和上述大致相同。区别在于当下罗拉发生偏心时，往往会引起其他导致钳口移动的因素同时发生，结果使实际情况更加复杂，由此所产生的纱条附加不匀也较为严重，使得同机侧各锭位上牵伸装置所纺制的纱条，均带有相似的不匀现象，整批成纱的品质下降。最严重的影响是发生在上下罗拉同时存在偏心和弯曲，此时纱条均匀度恶化将导致纱、布质量的降等。

上罗拉偏心对纱条产生附加不匀率的数值 ΔCV，可根据罗拉直径、牵伸倍数和偏心值求出：

$$\Delta CV = 0.7 \times (E-1) \times \frac{S}{d_1} \times \frac{d_2}{d_1 + d_2} \tag{3-49}$$

式中：E——牵伸倍数；

S——罗拉偏心值的 2 倍；

d_1——上罗拉直径；

d_2——下罗拉直径。

当上下罗拉直径相同时，即 $d_l = d_2$，式（3-49）可简化为：

$$\Delta CV = 0.35 \times (E-1) \times \frac{S}{d_1} \tag{3-50}$$

下罗拉偏心对纱条附加不匀率的影响可用下式计算：

$$\Delta CV = 0.7 \times \left[1 + (E-1) \times \frac{d_1}{d_1 + d_2}\right] \times \frac{S}{d_1} \tag{3-51}$$

当上下罗拉直径相等时，即 $d_1 = d_2$，式（3-51）可简化为：

$$\Delta CV = 0.35 \times (E+1) \times \frac{S}{d_1} \tag{3-52}$$

由以上各式可以看出，当牵伸倍数很高时，上下罗拉所计算的附加不匀值相差不大；但当牵伸倍数较低时，下罗拉的偏心影响较上罗拉为大。因此，在实际生产中不仅要重视细纱机的罗拉偏心，对粗纱机、并条机的罗拉偏心也应给予一定的重视，特别是各机的下罗拉偏心更要重视。

实际生产中，为保持纱条具有良好的均匀度，在不同牵伸倍数时的前罗拉偏心值应保持在表 3-19 的范围内。

表 3-19 罗拉偏心值控制范围

牵伸倍数/倍	10	20	40
前罗拉偏心/mm	0.05 ~0.10	0.025 ~0.10	0.012 ~0.025

(2)胶辊包覆材料的弹性。在罗拉压力不变的情况下，假如胶辊包覆材料的弹性有差异，当罗拉回转时，上下罗拉接触面的宽度会不断地发生周期性的变化，结果相当于罗拉钳口的前后移动，造成牵伸过程不正常，使纱条附加不匀率增加。罗拉钳口的移动，除上述因素外，尚有下列原因：罗拉截面呈椭圆形，胶辊轴芯与外壳配合不当，罗拉加压设计或安装不当使胶辊回转时前后移动，胶辊弯曲等。

2. 下罗拉表面速度不匀

下罗拉表面速度不匀，意味着牵伸区的牵伸倍数经常变化，从而使纱条不匀率增大。造成下罗拉表面速度不匀的主要原因有：下罗拉的偏心和弯曲，车头传动齿轮的偏心、磨灭、啮合不良，车头传动齿轮小轴与轴承间磨灭过多，罗拉振动等。其中以罗拉振动对下罗拉表面速度不匀的影响最为严重。

罗拉振动又称罗拉扭振，因罗拉在转动过程中的振动而得名。扭振的危害很大，主要是恶化成纱条干，形成布面纱疵。罗拉产生扭振的主要原因有：

(1)罗拉抗扭刚度下降或未达到设计要求。从受力来看，罗拉车头方向第一节所受扭矩最大，一般扭变形也最大，所以产生扭振的可能性也最大。如罗拉头传动部分刚性不足，产生扭转或弯曲变形，都会造成罗拉扭振、跳动和间隙回转。

(2)牵伸力突增或太大。当配棉、工艺、温湿度等变动或工艺设计不合理而使牵伸力增大时，在罗拉刚度一定的情况下，弹性扭变形相应增大，进而诱发扭振。

(3)摩擦阻力矩大。主要原因有加压过重，使用的滑动轴承、轴衬摩擦因数偏大，轴承缺油损坏，罗拉轴头有飞花、杂物阻塞，罗拉轴头齿轮啮合过紧或牵伸齿轮与其他机件相摩擦等。摩擦阻力矩大也易引发扭振。

(4)细纱机中罗拉扭振，一般是车尾部分更甚。由于中罗拉运转时需克服四大阻力，即牵伸力、下胶圈摩擦阻力、上铁辊压力、罗拉与轴承间的摩擦力。易造成中罗拉负荷过大而引发中罗拉扭振。

为了稳定和改善成纱条干均匀度，必须选用加工精度高、纺纱性能好的牵伸装置和元器件，并加强设备维修和保养工作，使其在运转过程中始终保持良好的机械状态。

五、提高成纱条干均匀度的措施

从分析原料性能、半制品结构、细纱工序对成纱条干均匀度的影响可知，要提高成纱条干均匀度，必须做好以下工作：

(1)加强对原料的管理及性能的试验分析工作。在充分掌握原料性能的基础上,合理配棉,特别是对纤维长度、整齐度、细度、细度差异、短纤维率和有害疵点的控制,要严格执行配棉规程。

(2)改善半制品结构,减少半制品中的短纤维率,提高半制品中纤维的伸直度、分离度,降低粗纱的重量不匀率和条干不匀率,特别要消灭半制品的机械性周期波和潜在不匀。

(3)应采用先进的牵伸形式,使用加工精度高、纺纱性能好的牵伸元器件,进行合理的工艺设计,充分发挥各牵伸机件对纤维运动的控制能力,减小经牵伸后纱条内纤维的移距偏差,减少牵伸波;加强设备的保全保养工作,消灭罗拉、胶辊弯曲偏心,胶圈运转不良等现象,杜绝机械波的产生。减小牵伸波和杜绝机械波的产生对细纱工艺更为重要。

(4)提高成纱条干均匀度是一项综合性的工作,必须充分发动职工,形成以广大职工为基础的质量控制体系,才能收到更好的效果。

第六节　纱条重量不匀率

纱线的线密度变化可采用重量不匀率或重量变异系数表示。成纱重量不匀率是指成纱长片段之间的不匀,即细纱 100m(公制)或 120 码(英制)长片段之间的重量不匀率,即 U 值。重量变异系数(CV 值)理论上约为重量不匀率的 1.253 倍,也就是说百米重量变异系数的离散程度大于百米重量不匀率,更能反映纱线百米重量的真实不匀情况,因而更具有全面性和科学性,因此“2008 标准”棉纱分等采用百米重量变异系数。

百米重量变异系数和百米重量偏差都是棉纱评等的重要指标,它不仅影响纱线质量,也影响工厂的经济效益,而且与棉纱的单强、单强不匀率、细纱断头及棉布条影等疵点有密切的关系。在实际生产中,棉纱的降等绝大多数是由重量不匀引起的,所以加强重量不匀率的分析,能够迅速准确地发现生产中存在的问题,及时采取相应的技术和管理措施,对降低成纱重量不匀率、确保产品质量有十分重要的意义。针对纺纱生产工艺流程长、工序多、机台多、人员多的特点,造成细纱重量不匀的原因有机械因素、工艺因素、操作因素等诸多方面。除受细纱工序的因素影响外,前纺车间各工序半制品的重量不匀,是影响细纱重量不匀的主要原因。

一、细纱重量不匀率降等的分类

根据生产实践,细纱重量不匀率降等有两大类,第一类是野重量降等,第二类是普遍不匀降等。

(一)野重量降等

野重量降等,即细纱一组试样中有一两个或数个特轻或特重的纱,去掉这几个纱,重量不匀率则正常。野重量的重量一般超出标准重量的±10%左右,其特征是突发性强,持续时间短,影响因素较明确,追踪分析较方便(试验人员可按取样记号追踪),处理纠正迅速。但是这类降等后果严重,往往由上等降为二等,甚至等外。

野重量降等是由极少数特轻或特重的纱造成的。梳棉的生条一般不大可能造成这类降等,而主要发生在末并、粗纱、细纱工序。

1. 并条工序

末并断头自停失灵、缺条纺纱造成熟条重量减轻。

2. 粗纱工序

(1)粗纱飘头,双纱不自停,造成重特纱。

(2)粗纱机锭翼严重不良,压掌重量差异大,弧度不一致,回转不灵活造成意外伸长,并且在正常卷绕中不能有效地在径向产生压力使粗纱紧密卷绕,从而产生松纱、胖纱。这类纱一般较正常粗纱轻7%~10%,落纱后可在车顶板上目测到直径明显增大的胖纱、松纱。

(3)粗纱个别机台张力严重失控,伸长达7%~8%,造成轻特纱。

3. 细纱工序

(1)前胶辊严重缺油,使其转动的摩擦阻力增大,输出速度变慢,使纱的重量增加10%~30%。

(2)加压失效。采用弹簧摇架加压的机台,由于个别弹簧年久失压更换不及时或摇臂未压下而造成;重锤杠杆加压的机台,由于大铁辊失磁、偏心,加压扎钩碰车面,重锤搭靠等形成加压失效,使纱条变粗。

(3)磁性大铁辊开档卡死,吸住导纱板,使后钳口输入速度变慢,实际牵伸增大,造成轻特纱。

以上几种情况,现场追踪可发现较明显的外观特征:重特纱成形大,纱硬,有的管纱还会磨钢领;轻特纱则成形小而松软。

(二)普遍不匀降等

普遍不匀降等,即细纱重量试验数据并无野重量,但大多数重量都不同程度地偏离标准,综合影响的结果造成重量不匀率降等。这种降等大量地表现为上等降一等。有时,两类降等也会交叉发生,使重量不匀率迅速恶化,降为二等或等外。这类降等的特征是影响周期长,影响因素较隐蔽,追踪分析复杂,往往需要大量的试验分析才能弄清原因。

普遍不匀降等原因比较复杂，当细纱发现重量不匀率降等时，一般应组织力量逐工序逆向追踪，力求找到发生问题的工序或机台。但纺纱厂是流水线生产，细纱发生降等时，前纺造成的因素有时已经消失，这时只能根据各工序半成品流入细纱所需的时间及各工序半成品质量报表作初步分析判断。

二、棉卷重量不匀率的控制

(一)棉卷重量不匀率与细纱重量不匀率的关系

据巴甫洛夫介绍，苏联50家工厂联合试验研究的结果表明，棉卷不匀率与成纱重量不匀率的关系如图3-48所示。

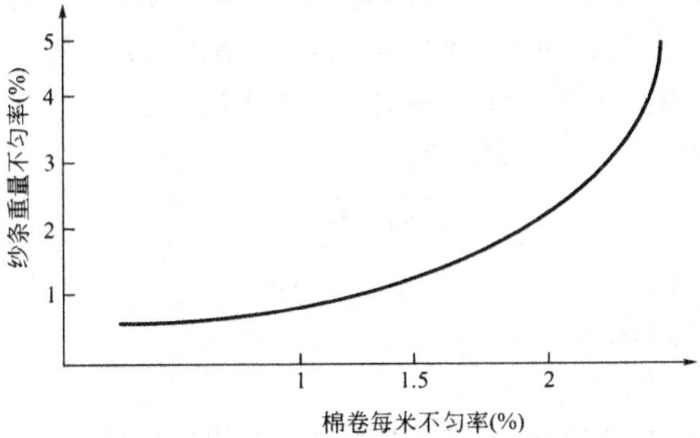

图3-48　棉卷重量不匀率与成纱重量不匀率的关系

国内也有研究结果，认为棉卷40cm和1码两项不匀率与细纱重量不匀率之间的相关程度也是显著的，其相关系数为0.628，它们对细纱重量不匀率的影响占纺纱工艺全部过程影响的39.4%。研究中还指出，棉卷重量不匀率与生条重量不匀率相关系数为0.782，对生条不匀率的影响程度为61.1%。

由此可见，要降低成纱的重量不匀率，首先应从降低棉卷重量不匀率(即提高棉卷均匀度)着手。

(二)棉卷重量不匀率的控制方法

1. 棉卷重量不匀率传统控制方法的缺陷

传统控制棉卷重量不匀率的方法是控制单个棉卷均匀度，其在指导生产和质量管理上存在以下缺陷：

(1)无法知道棉卷与棉卷之间的重量不匀情况，即不知道棉卷的外不匀情况，而成纱重量不匀率不仅与单个棉卷的重量不匀率相关，而且与棉卷重量总不匀率有关，因此，棉卷间的外不匀应引起足够的重视。传统的棉卷重量不匀率实质上只是重量内不匀率,它只考虑了不匀率的一个方面。

(2)棉卷伸长率作为棉卷均匀度的附加指标不能引起质量管理人员的足够重视,往往被一些厂家忽视。用棉卷均匀度来考核棉卷重量,一定要考虑棉卷伸长率。

(3)正卷率只有在伸长率受到严格控制的情况下,才具有实际意义。

2. 棉卷重量不匀率的新控制方法

针对传统控制方法的缺陷和实际管理工作中的需要,可采用下列新方法、新指标来控制棉卷重量不匀。

(1)重量总不匀率是内不匀率和外不匀率的综合指标。重量由不匀率是指同一眼或同一卷装内单位长度重量之间的不匀。它反映了棉条重量与时间的关系,可用条干均匀度测试分析仪测得。重量外不匀率是指棉卷与棉卷之间平均每米干重量的不匀程度,而不是卷与卷之间重量的不匀程度。统计的方法是将同品种各个棉卷的实际平均每米干重量列出来,再按一般计算不匀率的方法,算出棉卷重量外不匀率。

重量总不匀率可按下列公式计算:

$$U_0 \approx \sqrt{U_1^2 + U_2^2} \tag{3-53}$$

式中:U_0——总不匀率;

U_1——内不匀率;

U_2——外不匀率。

(2)卷头1m的重量控制。在实际生产过程中,发现卷头1m重量的波动性很大,且通常情况下比该棉卷的平均重量大,如果操作不良,有时造成严重超重,其主要原因是由于生头时棉卷辊处于加速滞后状态,造成棉卷的负伸长。为了有针对性地解决这一问题,在棉卷均匀度的测试中,将各品种卷头1m重量单列出来,考核其重量偏差。通过对卷头1m重量的控制,降低棉卷重量不匀率,同时提高了棉卷工操作水平。

3. 两种控制方法的对比分析

在工艺流程完全相同的情况下,采用传统方法和新方法控制生产的棉卷重量不匀率的测试数据见表3-20、表3-21。

表3-20 传统控制法棉卷不匀情况

纱线线密度	实际干重	伸长率	卷头1m干重	内不匀率	外不匀率	总不匀率
tex	g/m	%	g	%	%	%
J14.5	394.4	2.22	403.1	1.04	1.21	1.60
16.2	395.2	2.33	410.9	1.10	0.83	1.33
24.3	394.5	3.03	405.4	0.98	0.92	1.34
28	393.1	3.01	405.8	1.18	0.99	1.54

表3-21　新控制法棉卷不匀情况

纱线线密度	实际干重	伸长率	卷头1m干重	内不匀率	外不匀率	总不匀率
tex	g/m	%	g	%	%	%
J14.5	395.8	2.72	399.7	0.89	0.84	1.22
16.2	397.3	2.78	403.2	1.01	0.78	1.28
24.3	395.1	3.11	399.8	0.90	0.85	1.24
28	394.9	2.97	401.2	0.93	0.91	1.30

从表3-20可见,尽管各品种的内不匀率较好,但总不匀率普遍高于1.3%。由表3-20和表3-21比较可知,新控制方法棉卷总不匀率明显优于传统控制方法。

采用新方法进行棉卷重量不匀率的控制,应着重解决好以下几个方面的问题。

(1)伸长率大小的确定。伸长率波动较大,将导致外不匀率增大,通过长期测试和统计分析,确定棉卷伸长率控制在3.0%左右时,棉卷内不匀率最低,伸长率过大或过小,棉卷的均匀度都会恶化。因考虑到伸长率与喂入棉层密度、机械状况等因素有关,因此,要首先保证上包原棉回潮率相近,控制好小车下降动程,以便既能保证机台供应,又能取得较小的抓取棉块;其次,要求自停装置安装良好,棉卷罗拉直径磨灭程度及棉卷压钩加压等要一致。

(2)卷头1m重量控制。卷头1m重量波动最大,由表3-20可见,卷头1m重量要比实际平均干重大5~15g。在专门性的卷头1m重量测试中,发现好的水平一般都控制在5g以内,而严重不良的甚至高于20g,显然卷头1m重量严重影响棉卷内不匀率。控制好卷头1m重量首先要防止棉卷辊处于加速滞后状态,生头时,操作工可用手转动棉卷辊帮助加速,使快速达到平衡速度,同时要避免棉卷辊带花。

传统的棉卷重量不匀率控制方法与新方法在测试上没有多大区别,测试方法虽然相同,但统计方法不一样。新方法着重强调各指标间的内在联系,便于有目的、有重点地进行系统控制,因此,更加科学和严谨。

4. 控制棉卷重量不匀率(棉卷均匀度)的措施

(1)喂入原棉密度力求一致。紧棉包应先松解;处理过的回花、再用棉必须打包后使用;棉包排列须将松紧密度的棉包均匀搭配。

(2)控制储棉箱内储棉高度和密度。储棉箱内应尽量减少棉量的波动,双棉箱给棉机的棉箱储棉量经常保持在2/3,在棉箱中充分发挥光电和摇栅作用,双棉箱的前棉箱采用振动棉箱,使棉纤维在箱内自由下落,棉层横向密度均匀。

(3)确保天平装置动作正确灵敏。清棉机的天平调节装置,是对出棉量进行积极控制的均匀机构。天平调节装置作用的好坏,直接影响棉卷的均匀度和正卷率,务必保证它工作正常、准确灵敏。在运转中,应根据棉卷的轻重、原棉和温湿度等变化进行正确的调节。另外，天平调节装置如有变形或磨灭要及时修理，支点位置和重锤的位置要调整适当。皮带张力要适中，以减少运转中的滑溜和跑偏现象。皮带不能过宽，以保证传动正确。各连杆间的连接要灵活，不允许天平罗拉弯曲或与天平杆的隔距不当以及天平罗拉轴与轴承的磨灭松动。

天平调节装置的均匀调节作用是建立在棉层密度稳定的基础上的，若密度波动过大，会明显恶化棉卷均匀度。因而，要把抓棉机的棉包排列、工艺调整、提高混棉机的效能及各机的开棉作用等方面的工作一起抓好，保证混合均匀，使棉层密度波动降到最低程度，确保天平调节装置的调节效能。

(4)配置适当工艺参数，提高机器运转效率，保证定量供应。整套开清棉联合机在单位时间内，所有机台的出棉量必须与制成棉卷重量保持一定的关系，一般是喂入量略大于输出量。除应考虑后面机台的落棉量外，再加上5%～10%的安全系数，尽可能提高棉箱机械的运转率。当清棉机产量、棉卷定量、原棉密度改变时，需调整各机产量使其与清棉机产量相平衡。例如，在满足产量条件下，抓棉机应“勤抓少抓”，运转率在80%～85%；调节混棉机角钉帘速度，棉箱角钉帘与均棉罗拉采用较小的隔距，运转率在90%以上；调节豪猪开棉机储棉箱厚度、给棉罗拉速度等。这些措施都有利于提高棉卷均匀度。

(5)防止粘卷和棉卷的横向不匀。要对操作和运转管理给予足够的重视。挡车工要提高操作技术水平，严格执行规定的巡回路线，注意混棉和生头的操作及棉卷轻重的调节工作。根据车间温度的变化及时调整磅秤砝码。

在运转中，采用棉卷逐只称重，一般要求不相差±200g。超过范围作为退卷，退卷率要求不超过1%，这是衡量清棉生产是否稳定的指标之一。棉卷的每米重量不匀率一般应控制在1%以内，最大不超过1.3%，方能保证细纱重量不匀率符合国家标准。

(6)采用清棉变频自调匀整仪，能有效地控制棉卷重量不匀率。该匀整仪由位移传感器、匀整仪控制器和减速电动机三大部分组成。当棉层厚度发生变化时，天平杠杆总吊钩处的重锤相应地发生上下位移，位移信号通过传感器转化为电信号，经放大送到匀整控制器。匀整控制器对电信号进行放大运算，输出一个电压值去控制变频器。变频器是减速电动机的电源，通过改变变频器频率，控制异步电动机的转速，再通过减速器等传动机构传动天平罗拉，使其进行快慢速的变化，从而使单位时间内输出棉量恒定，达到匀整的目的。

三、生条重量不匀率的控制

(一)生条重量外不匀率的控制

生条重量外不匀率的大小主要受下列两个因素的影响：

(1)棉卷间的定量差异，即棉卷重量外不匀率。

(2)梳棉机台落棉率差异。

在梳棉工序控制生条的重量外不匀率应着重控制机台落棉率差异。在控制梳棉落棉差异时,应首先综合考虑确定落棉率的大小。一般情况下,要保证后车肚落棉含杂率为30% ~40%,斩刀花含杂率为5% ~10%,总除杂效率为85% ~95%。以上三项指标与棉卷含杂率有关,棉卷含杂率高,相应的数值就大一些。经过统计分析,确定各品种落棉率的大小及落棉差异率的内控指标。

某厂几个品种的落棉率和落棉差异内控指标见表3-22,供参考。

表3-22　落棉率与落棉差异率指标

纱线线密度/tex	棉卷含杂率/%	落棉率/%	落棉差异率/%	落棉含杂率/%
J14.5	≤0.8	4~5	≤6	≥30
16.2	≤1.0	4~5	≤8	≥30
24.3	≤1.2	4~5	≤8	≥30
28	≤1.2	4~5	≤8	≥30
OE58	≤4.0	10~12	≤10	≥30

由于近几年原棉的加工状况变化,各种原棉的含杂率均有下降趋势,而短纤维率有上升趋势,因此,落棉率应偏小掌握。在后车肚花与斩刀花的落棉分配上,后车肚落棉率趋于减小,而斩刀花落棉率趋于增大。因此,可采用适当增加分梳工艺长度,增大除尘刀安装角度,减小第一落杂区等手段来适当减少后车肚花,同时降低前罩板安装位置,增大其同锡林间的隔距来适当增加斩刀花。

通过对梳棉机台落棉差异率的控制,生条的重量外不匀率大大改善。几个品种的落棉差异率与生条重量不匀率的对比分析见表3-23。

表3-23　落棉差异率与对应的生条重量外不匀率对比统计数据

纱线线密度/tex	落棉差异率/%	生条重量外不匀率/%
J14.5	8.43	4.21
	5.35	3.28
16.2	9.82	5.33
	7.41	3.56
24.3	11.58	4.75
	6.63	3.35
28	9.36	5.17
	7.12	4.09

(二)生条重量内不匀率的控制

生条重量内不匀率的大小主要受两个因素的影响:棉卷均匀度;梳棉机机械

状态。

传统控制生条重量不匀率着重于控制外不匀率，一般不在单台机上取若干子样进行内不匀率的测算，即使对单一机台进行专门试验也难以避免棉卷均匀度等因素的影响，使得测试的数据波动性很大。

采用“极差统计法”有利于找到机械状态差及产生生条重量不匀率的机台。我们知道极差不匀率与平均差不匀率有一定的关系。在测试生条重量不匀时，一般每台机每次取样4个，每个长度5m，最重的一段与最轻的一段的差值称为重量极差，我们把重量极差分成5个等级，即小于0.5g，0.5～1.0g，1.0～1.5g，1.5～2.0g，大于2.0g；相应的分数为5，4，3，2，1。用此方法建立机台档案，将每次测试的各机得分情况填入统计表格，每月进行统计，算出各机台平均分数。平均分数在4～5分，表明机械状况良好；平均分数在3～4分，表明状况一般；平均分数在2～3分，表明机械状况较差；平均分数小于2分，表明机构状况很差。这样，很容易找出机械状况差的机台，有重点地解决生条的重量内不匀问题。

对于机械状态差的机台应立即安排平车或进行重点检修，并着重注意以下问题：

(1)锡林、道夫的圆整度，特别是锡林的圆整度对重量的影响极大。

(2)针布状况与吸、放纤维的能力。

(3)隔距的校正，隔距小对降低重量内不匀率有利。

(4)除尘吸风状况，风力不足时，单机台的重量极差增大。

(三)生条重量不匀率的系统控制

棉卷重量不匀率的控制为改善生条重量不匀率打下了良好的基础；通过对生条外不匀率的控制，提高了落棉质量，减小了落棉差异；通过对生条内不匀率的控制，改善了机台本身的机械状况。系统控制生条重量不匀率，可使各品种生条重量不匀率基本上控制在3.5%以内。

系统控制法能有效地降低生条重量不匀率和改善细纱重量 *CV* 值。具体情况见表3－24。

(四)降低生条重量不匀率的措施

产生生条重量不匀的主要原因：一是受棉卷重量不匀的影响，二是梳棉工序各单机台之间机械状况存在着差异，三是挡车工操作中产生操作疵点。为了降低生条重量不匀率，应做好以下几方面的工作。

(1)严格操作规程，防止在换卷和生条接头时造成接头不良和落网、粘卷造成的粗细条，按时换筒，严防条筒过满或压紧。

(2)控制好车间温湿度，防止粘卷、棉网破边、破洞等。

表 3-24 清梳重量不匀率与成纱重量 CV 值的对比分析

成纱线密度/tex	控制方法	棉卷总不匀率/%	生条重量不匀率/%	细纱重量 CV 值/%
J14.5	A	1.60	4.21	2.00
	B	1.22	3.28	1.38
16.2	A	1.33	5.33	2.31
	B	1.28	3.56	1.70
24.3	A	1.34	4.75	2.12
	B	1.24	3.36	1.34
28	A	1.54	5.17	2.18
	B	1.30	4.29	1.51

注 A—清梳传统控制；B—清梳系统控制。

(3)统一工艺，同一品种做到机型统一，隔距、齿轮及针布型号统一。

(4)定期平揩车，确保机械状态良好，在保证同品种针布状态相接近的原则下，特别要注意同一机台各根盖板针齿的高低、锋利度的一致程度，保证按工艺上车。

(5)各机台的落棉差异直接影响生条外不匀的大小，必须定期逐台试验其落棉率，及时调整，使各机台落棉率基本保持一致。

(6)抄针前后的生条重量有很大变化，当采用金属针布与连续真空抄针装置时，适当减少抄针次数对改善重量不匀率是有效果的。

(7)合理配置压辊处的张力牵伸。

(8)生条重量下匀率一般应控制在 4% 以内，最大不要超过 4.5%。

(五)清梳联重量不匀控制

在清梳联工艺中是筵棉喂入梳棉机，因此其重不匀与清梳系统及其连接的设计，清梳系统的静压和动压、气流、风速、除尘及其联动的运行状态、生产管理水平能否保证开清棉单机连续均匀地供给后续机台、棉箱系统纵横密度均匀地供棉给各梳棉机台机密相关。控制清梳联重不匀，应根据纺纱品种、配棉情况、产质量要求，综合采取如下措施：

(1)稳定连续均匀喂棉。提高单机运转率，抓棉机的运转效率达到 90% 以上，使棉仓、棉箱、管道压力均匀，保持棉箱内一定储棉量，并使其纵横向密度一致，喂棉箱喂棉罗拉 100% 运转，以保证上下棉箱均匀连续喂棉，降低生条重量不匀。

(2)设定好多仓压力参数，控制好各棉箱的储棉梯度，提高混棉效果，保证棉流密度的均匀性和一致性。

(3)合理选择上棉箱输棉管道和下棉箱静压参数，确保喂棉箱的上棉箱向下棉箱连续均匀喂棉,保持下棉箱储棉稳定、密度均匀、输出筵棉纵横向均匀。

(4)均衡上棉箱落下率。在运转调试中,注意调节上棉箱排风口,使各机上棉箱落下率趋于一致。注意梳棉管道中风压、风速的变化,风速不易过大,首末台压差控制在150Pa左右。

(5)定期检查梳棉管道和棉箱,其内部应保持光洁无挂花现象。加工化纤(如涤纶)应定期清擦管道内部和棉箱,去除油渍。

(6)充分发挥自调匀整装置的作用。清梳联是筵棉喂入梳棉机,生条重量受温湿度影响和筵棉喂入移动张力影响较大,台、班间生产重量漂移难免,调校好自调匀整仪传感器位置并保持清洁、灵敏,以提高棉条重量均匀度。

(7)保证机械状态良好。尤其要保证给棉与剥棉部分的主要机件状态良好,正确安装,给棉罗拉加压可靠,以保持喂给和输出稳定。

(8)严格控制梳棉机各机台之间的落棉差异。

a. 必须做到各台梳棉机的主要工艺参数符合工艺设计的要求,尤其要保证与落棉有关的工艺参数的一致性。例如,除尘刀的高低、除尘角的大小、与刺辊的隔距,小漏底入口隔距以及前上罩板的高低、前上罩板与锡林之间的隔距,以保持各机台落棉稳定并基本一致。

b. 每周做一次落棉试验并及时调整超标机台,落棉标准和台差标准由各厂根据原棉质量和产品质量自定。

(9)控制好温湿度,加强运转操作管理,做好防疵捉疵工作。

四、熟条重量不匀率和重量偏差的控制

并条机的作用,除使纤维伸直平行、均匀混合外,主要依靠并合原理,降低棉条的重量偏差和重量不匀率。如果熟条的重量偏差和重量不匀率太大,在粗纱和细纱工序几乎无法得到改善。因此,要降低成纱的重量不匀率和重量偏差,必须严格掌握熟条的重量偏差和重量不匀率。

为了降低熟条的重量不匀与重量偏差,除要求前工序有较好的半制品供应以及本工序的合理工艺配置和良好的机械状态外,还应切实做好以下两方面的工作。

(一)轻重条搭配

目前生产中所测试出的重量不匀率,实际上多属外不匀率。外不匀率同内不匀率有一定的联系,但又不是完全相关的。例如,在两眼并条机上,如果以6根或8根轻条集中在一眼喂入,重条集中在另一眼喂入(或分别集中于同特纱的两台并条机上)。结果,两根输出棉条的内不匀率有所改善,外不匀率却没有任何改善。如果两眼同样以轻条、重条和轻重适中的棉条相互搭配(生产上叫轻重条搭配法)喂入,两

根输出棉条间的重量差异可达到较小的程度，使外不匀率得到显著的改善。

目前各生产厂都根据各台梳棉机产生的生条5m重量间的变化规律，以并条机的眼为单位，由若干台梳棉机固定供应生条，使头道并条机每眼喂入的6根或8根生条同样有轻有重，以减少头道并条机各眼输出条子的重量差异。喂入二道并条机时，同样必须遵循轻重条搭配的原则，将头道各眼生产的条子均匀地搭配喂入二道各眼或采用“巡回换筒”的方法，使二道并条机同台各眼间生产的熟条轻重差异控制在较小的范围内。此外，在运转操作方面，还须注意里外排条筒、远近以及满筒和浅筒条的搭配问题。

（二）控制熟条重量偏差

棉条的定量控制和调整范围有两种，一种是单机台各眼棉条定量的控制，另一种是同一品种全部机台棉条的定量控制。全机台棉条的定量控制是为了控制细纱的重量偏差，使细纱在少调或不调牵伸齿轮的情况下，纺出纱的线密度符合国家规定的标准。单机台的定量控制能及时消除并条机各台间纺出棉条重量的差异，既有利于降低棉条和细纱的重量不匀率，又有利于降低细纱的重量偏差。棉条的重量控制范围，可根据细纱重量偏差的允许波动范围±2.5%作为参考。生产实践证明，如果单机台棉条干重的差异百分率控制在±1%左右，则全机台棉条干重（即各单机台棉条的平均干重）的差异百分率一般可在±0.5%左右，此时的细纱重量偏差和重量不匀率就有把握稳定在国家规定的范围之内。细特纱则应更严一些，控制范围可根据各厂的实际情况给予确定。

为了便于并条机及时调整纺出条子重量，控制好熟条重量偏差，总牵伸的变换齿轮设计成一对，即牵伸变换齿轮（轻重牙）和牵伸微调变换齿轮（冠牙）。

轻重牙在机器传动系统中居主动位置，其齿数与总牵伸倍数成反比，与纺出棉条定量成正比；冠牙在机器传动系统中居被动位置，其齿数与总牵伸倍数成正比，与纺出棉条定量成反比。

$$\text{轻重牙增减 }1^{T}\text{能调整的棉条干重} = \pm\frac{\text{实际纺出棉条干重(g)}}{\text{机上使用轻重牙齿数}} \tag{3-54}$$

$$\text{冠牙增减 }1^{T}\text{能调整的棉条干重} = \pm\frac{\text{实际纺出棉条干重(g)}}{\text{机上使用冠牙齿数}} \tag{3-55}$$

1. 控制棉条干重的调换齿轮方法

（1）只调换冠牙。重量偏差较小，略超过±1%时，可只调换冠牙。如偏差为正时，纺出棉条干重比设计标准干重重，需减轻棉条定量，因此冠牙可增加1^{T}；若偏差为负，则纺出棉条干重比设计标准干重轻，需增加棉条定量，因此冠牙可减小1^{T}。

（2）只调轻重牙。重量差异较大，略超过±2%时，可只调换轻重牙。如偏差为正时,纺出棉条干重比设计标准干重重,需减轻棉条定量,因此轻重牙可减 1^T;若偏差为负,则纺出棉条干重比设计标准干重轻,需增加棉条定量,因此轻重牙可增加 1^T。

(3)冠牙和轻重牙同时调整。因冠牙品种少,当调整干重受到限制时,两种变换齿轮可同时调整。

调整末并棉条定量例题:FA303 型末并棉条设计干重为 20g/5m,纺出棉条干重为 20.25g/5m,机上轻重牙 50^T,冠牙 90^T,问是否需要调换齿轮齿数?如何调整?(FA303 型轻重牙有 $45^T \sim 59^T$ 15 种齿轮,冠牙有 $89^T \sim 91^T$ 3 种齿轮。)

解:纺出棉条千重差异的控制范围:$20 \times (\pm 1\%) = \pm 0.2g$。

纺出棉条干重的实际偏差:$20.25 - 20 = +0.25g$,已超出允许范围,现需减轻棉条干定量。

$+0.25g$,偏差略超过 $1\%(+0.2g)$,因此可调换冠牙。按方法(1),将冠牙增加 1^T。

冠牙增加 1^T,纺出棉条干重变化是 $-\dfrac{20.25}{90} = -0.225g$,调整后纺出棉条干重为 $20.25 - 0.225 = 20.025g$,这时偏差已在控制范围 $\pm 0.2g$ 以内,因此应将冠牙 90^T 调整为 91^T。

又问,若本例机上冠牙为 91^T,如何调整?

解:冠牙增减 1^T,纺出棉条干重变化是 $\pm\dfrac{20.95}{91} = \pm 0.2225g$。

轻重牙增减 1^T,纺出棉条干重变化是 $\pm\dfrac{20.25}{50} = \pm 0.405g$。

可以看到若将冠牙增加 1^T,则纺出棉条干重是 $20.25 - 0.2225 = 20.0275g$,这时偏差已在控制范围 $\pm 0.2g$ 内,但机上冠牙是 91^T,已不能增加齿数,这时应将轻重牙、冠牙各减 1^T,调整后,纺出棉条的干重是 $20.25 - 0.405 + 0.2225 = 20.0675g$,这时偏差已在控制范围 $\pm 0.2g$ 内。因此应将轻重牙 50^T 调整为 49^T,冠牙 91^T 调整为 90^T。

2. 调牙注意事项

为了不给生产中造成人为的重量波动,在调牙时应注意以下问题:

(1)在单机台调牙时,应控制同一品种各机台间牵伸变换齿轮的差异不能多于冠牙 1 个齿,即机台间的差异控制在 ±1% 以内。也就是说重量差异应接近 1 个冠牙所能控制的重量范围内。

(2)在测试与数据分析中,应结合工艺及原棉变动情况,证实确有偏重、偏轻倾向时方能进行调牙。严防因某种特殊情况(如野重量或温湿度波动)而误调,引起人为的重量波动。如遇温湿度波动则应在其正常后进行复试，视其情况决定调牙与否。

(3)为了保证细纱的月累计重量偏差不超出标准，当累计偏差过重或过轻时，应在并条机上调整，使之校正细纱累计偏差。应注意的是，在并条机上调牙不能过于频繁或幅度过大，以免引起细纱重量不匀的恶化。

五、粗纱重量不匀率的控制

除改变品种外，粗纱的牵伸变换齿轮一般是不调整的。因此，粗纱对于由并条带来的重量偏差和重量不匀率是不易改变的。在粗纱工序要做的工作，就是力求巩固熟条的各项指标要求。为此，可从下列几个方面加以注意。

(一)控制粗纱伸长率

1. 粗纱伸长率与粗纱重量不匀率的关系(表3-25)

表3-25　粗纱伸长率与粗纱重量不匀率的关系

粗纱伸长率/%		粗纱重量不匀率/%
大　纱	小　纱	
-0.36	+0.11	0.69
+0.43	+0.54	0.85
+0.43	+0.56	0.86
+0.23	+0.31	0.95
+0.62	+0.62	0.95
+0.68	+0.84	0.98
-0.20	+0.29	1.00
+0.84	+0.79	1.04
+1.37	+1.37	1.04
-0.22	+2.17	1.21
+0.94	+2.68	1.62

从表3-25可以看出，随着粗纱伸长率的增大，粗纱重量不匀率也随之增大。

2. 减少前后排粗纱张力的差异

由于粗纱机前后排锭子距前罗拉钳口的距离及纺纱角的不同，因而造成前后排粗纱的伸长不等。伸长差异过大时，会使粗纱长片段不匀增加，直接影响细纱的重量不匀率。实践证明，锭翼顶孔加装假捻器效果较好，前后排假捻器上的槽数不等，前排多于后排，使前排假捻数多于后排。纺粗纱时前后排分别用不同色头的粗纱管，到细纱机架上将上下排分色头排列，粗纱机前排的放在细纱机下排(意外牵伸较小)，也可收到互补的效果。

3. 减少锭间粗纱伸长的差异

由于筒管直径大小的差异以及筒管孔径或底部磨灭,锭子凹槽与锭翼销子配合不良,压掌的弧形或位置不当以及粗纱压掌的卷绕圈数不一,锭子高低不一,或因其他原因引起锭子运转不平稳等,都会造成同一排锭子粗纱的伸长率不等。为了降低粗纱重量不匀率;应该加强经常性维修工作,实行锭子与锭翼对号制度,不合规格的筒管应修理或报废。

4. 减少大纱、中纱、小纱之间的伸长差异

就同一个锭子来说,也可能因卷绕条件的不当,使大纱、中纱、小纱间的伸长产生很大差异。为了正常纺纱,前罗拉钳口至筒管间的纱条要有适当的张力。按照正常的卷绕条件,应当使一落纱中的张力保持恒定。但是,由于种种原因,如成形齿轮齿数不当时,会使粗纱的张力随卷绕直径的变化而增大或减小,从而造成大纱、中纱、小纱间的伸长不一,致使重量不匀率增加。

由上所述,无论是前后排,还是锭与锭间,或是大纱、中纱、小纱之间,都会因某种原因造成粗纱伸长不一,因而使重量不匀率增加。生产厂设有专门的试验人员,按一定周期对粗纱伸长率进行测试与调整工作。粗纱最大伸长率不应超过3%;同一台机器的大小纱间、前后排间,以及同品种台与台间的伸长率差异都应控制在1.5%以内为宜。新型粗纱机上采用张力微调机构,对稳定粗纱张力具有良好的效果。

(二)控制好粗纱牵伸差异率

粗纱牵伸差异率也能反映粗纱伸长率的大小。粗纱的牵伸差异率(反映定量牵伸与机械牵伸的差异)与牵伸、加捻、卷绕部分都有关,且在很大程度上取决于粗纱在卷绕过程中的伸长、喂入部分意外牵伸和粗纱加捻后的捻缩,与化纤的弹性回缩也有关系,一般不包括导条的张力牵伸。粗纱牵伸差异率还能反映喂入部分意外牵伸的情况。一般粗纱牵伸差异率应为负值,即实际牵伸小于机械牵伸,若出现正值均属不正常。胶辊加压不统一、胶辊缺油、胶圈塞花而运转不灵,都会造成个别锭子的牵伸差异率。粗纱牵伸差异率,纯棉为 -(0.5% ~1.5%),涤/棉为 -(1% ~2%)。

六、降低细纱重量不匀率

细纱工序和粗纱工序一样,主要的问题是防止重量不匀的恶化。为此应注意做好以下工作。

(一)同一品种使用同一机型

同一品种应使用同一机型,尽可能做到所有变换齿轮(包括轻重牙)的齿数统一。

(二)合理使用粗纱

挡车工加强巡回,将不合格的粗纱(过粗或过细、接头不良等)及时换下。并正确使用粗纱机上前后排的粗纱,即将粗纱前后排不同色头的管纱,到细纱机纱架上按上下排分色头排列,粗纱机前排的放在细纱机下排(意外牵伸较小),可收到互补的效果。

(三)加强设备维修和保养工作

(1)在大小平车时,对摇架弹簧压力进行全面测试,保持摇架压力的统一。

(2)胶辊制作或保养时,要认真做好加油工作,防止少加或漏加;日常保养工作中应该巡回检查,发现有缺油胶辊及时更换。

(3)认真做好细纱锭子的保养工作,对锭杆弯曲或锭尖磨灭超过限度的,要及时修复或更换,定期进行锭脚清洗,加油要适当,保持锭子的高速运转。

(四)适当配置粗纱捻系数

细纱机(特别是老机)加压过轻,而粗纱捻系数又过大,在细纱后区解捻不充分易造成重特纱;细纱机的粗纱吊锭回转不灵活,粗纱捻系数又配置过小,粗纱退绕时产生意外伸长,使细纱重量不匀率恶化。在工艺上配置适当的粗纱捻系数,对降低细纱重量不匀率也十分重要。

七、自调匀整装置的应用

随着棉纺设备连续化、自动化的进展以及对纺纱质量越来越高的要求,自调匀整装置在梳棉机和并条机上已广泛应用,目前在梳棉机上的应用比并条机更普遍。

自调匀整,就是根据条子的粗细变化,相应调整可变牵伸区的瞬时牵伸倍数,以改善条子的均匀度。所以,从原理上讲,它是一种积极的均匀方法。自调匀整装置不但能匀整随机不匀和负相关下的不匀,而且对正相关下的不匀(或同步不匀)具有同等的匀整能力,同时,能控制条子的定量,降低条子的重量偏差。因此,通过并合和匀整装置相结合,就能获得重量一致和符合定量要求的条子。

(一)自调匀整装置的组成

自调匀整装置一般由以下几部分组成:

(1)检测部分:对喂入和输出品在运转中测定其不匀的变化。它有机械式凹凸罗拉、电气式(如电容式)或气流式(如气压喇叭口)等之分。

(2)转换部分:把检测到的信号转变成所需要的信号(如电信号)。

(3)调节部分:将信号按比例放大或加以积分累计并与标准值比较,决定调节量。

(4)执行部分(即变速机构):利用调节部分送来的信号及时使可变牵伸区的前罗拉或后罗拉发生相应的速度变化,自动地调节瞬时牵伸倍数。

(二)控制系统的组成

按自调匀整原理,控制系统可以分为开环、闭环、混合环三种。

1. 开环系统

开环系统指自动调整系统中的控制回路是非封闭的。检测机构在喂入部分,即检测在控制之前用以控制较短片段的不匀率,如图3-49所示。开环系统只能进行调节,不能核实调节结果。开环系统为针对性匀整,消除不匀针对性强,主要匀整短片段不匀率。

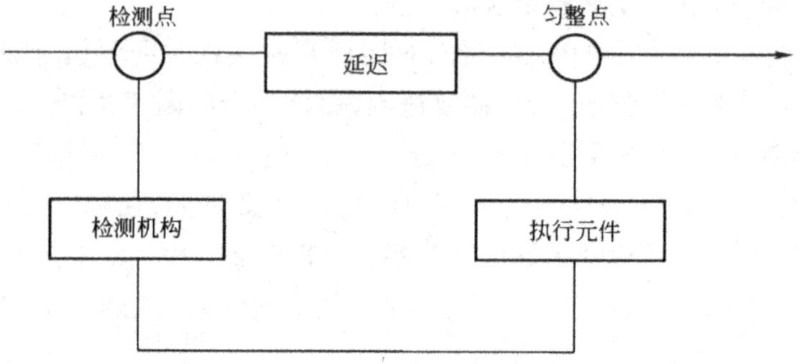

图3-49　开环系统自调匀整装置框图

2. 闭环系统

闭环系统指自动调整系统中的控制回路是封闭的,有反馈回路。检测机构在输出端,即检测在控制之后,但不能解决输出到输入之间已喂入机器的不匀波,这段距离称为匀整死区,如图3-50所示。由于匀整死区的存在,闭环系统主要匀整长片段的不匀率。根据闭环回路的长短,可以决定能匀整的最小片段长度。

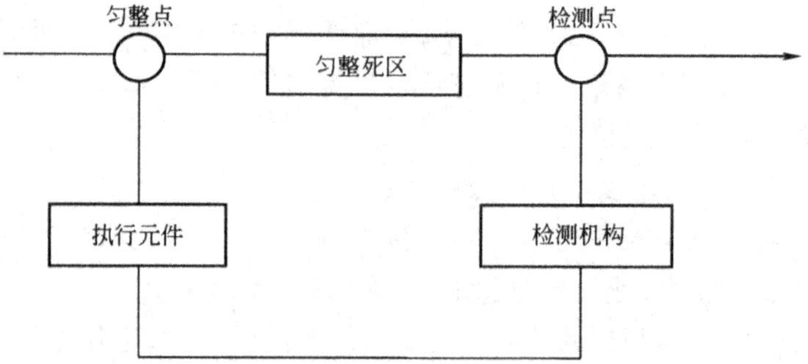

图3-50　闭环系统自调匀整装置框图

3. 混合环系统

开环和闭环两个系统的结合,既能保持匀整效果,又能自动修正由各种因素波动所造成的偏差;不仅能匀整中、短片段不匀,也能匀整长片段不匀;但设备费用较高。

(三)梳棉机上使用自凋匀整装置的效果

梳棉机上使用自调匀整装置后,可降低生条定量偏差、重量不匀率,降低并条和细纱重量不匀率试验情况见表3-26~表3-28。

表3-26　涤生条定量在"标准重量(1±5%)"的合格率

项　　目	合格率/%
无自调匀整	47.26
有自调匀整	89.72

表3-27　梳棉使用自调匀整装置后,对降低JT/C棉条重量不匀率的效果

项　　目	涤生条无自调匀整	涤生条有自调匀整	降低百分率
混头并重量不匀率/%	2.353	1.552	34.04
混三并重量不匀率/%	0.679	0.548	19.29

表3-28　固定供应对比试验项

项　　目	生条重量偏差/%	生条台间不匀率		细纱支数不匀率/%
		重量不匀率/%	标准差	
无自调匀整	1.6	4.62	1.25	2.14
有自调匀整	-0.2	2.71	0.63	1.90

(四)并条机使用自调匀整装置的效果

并条机自调匀整技术在纺纱系统中发挥着重要的作用,大大提高了纱线在线监测和控制的水平,使熟条的重量偏差和短片段、中片段、长片段的不匀得到极大的改善,促进了纺纱质量的提高,降低了粗纱、细纱的重量不匀率和重量偏差。

在FA326型并条机上进行纺纱试验,BYD自调匀整系统为开环短片段匀整系统,采用凹凸罗拉监测。开、关自调匀整装置的纺纱试验的结果见表3-29,从表中可看出开自调匀整比关自调匀整并条重量不匀率降低了0.45个百分点,说明加装自调匀整装置后的并条机,能自动且有效地检测喂入纱条不匀并能实现在线检测、在线调节牵伸倍数,修正喂入纱条的重量偏差,使输出纱条达到均匀的目的,因此可以很好地改善条子的重量不匀率。

表 3-29　开、关自调匀整装置纺纱试验

项　　目	开自调匀整	关自调匀整
A 眼重量不匀率/%	0.2	0.6
B 眼重量不匀率/%	0.3	0.8
平均值/%	0.25	0.7

八、稳定牵伸效率

牵伸效率直接影响成纱重量不匀率。牵伸效率高，成纱重量偏轻；牵伸效率低，成纱重量偏重。稳定牵伸效率是控制成纱重量不匀率的措施之一。

如果因原棉唛头调换而影响牵伸效率，则成纱重量不匀率增高。一般来讲，对成纱强力好的原棉，在牵伸过程中所需牵伸力大，在同样的工艺条件下，牵伸效率降低，使成纱重量偏重；反之，对成纱强力差的原棉，成纱重量就偏轻。如果牵伸力大，当握持力不足时，往往使牵伸效率降低，使成纱重量偏重；反之则偏轻。为了控制成纱重量不匀率，锯齿棉的混合百分率和对成纱强力有影响的原棉性能不要波动太大。

此外，车间温湿度或半制品回潮率的波动，会使纤维间的摩擦因数发生变化，影响牵伸效率，使成纱重量不匀率波动。半制品回潮率高，纤维间摩擦因数增大，牵伸效率降低，使成纱偏重；反之则偏轻。半制品回潮率的波动会造成各工序定量不易控制，同样造成成纱重量偏差和重量不匀率的波动。

九、实行前后工序定台供应

认真做好定台供应工作，是发现问题、查找原因和降低细纱重量不匀率的有效措施。从清棉至细纱各工序坚持定台供应工作，器材也实行专用，以工号纸、工号章或标记符号进行明显标志，认真加强控制，对降低细纱重量不匀可收到较好的效果。这样，一是便于控制各机台之间的重量差异；二是一旦出现问题，便于查找原因，能在较短的时间内解决问题。

第四章　纱线强力

第一节　概　述

纱线强力是衡量产品质量的重要指标。纱线的强力高，使后加工过程中断头率降低，有利于纱过程、后加工和织造工艺的顺利进行，且织物具有较高的强力和坚牢度，使产品耐穿耐用，延长使用寿命，因此纱线强力高，不仅产品质量好，而且能降低工人的劳动强度，提高企业的经济效益。

"2008 标准"采用纱线断裂强力变异系数和纱线断裂强度作为纱线评等的技术指标。单纱断裂强力不匀是影响后道加工的关键，是纱线内在质量的一个重要指标。由于纱线强力不匀是原料成分混合不匀、条干不匀、线密度不匀、加捻不匀等诸多不匀的综合反映，因此，单强 *CV* 值更能反映纱线实际内在质量，体现织造对纱线的要求。

一、表示纱线强力的基本指标

（一）绝对强力

绝对强力是指纱线受外力直接拉伸到断裂时所需的力，也叫断裂强力。单位是牛顿（N）或厘牛（cN）。

拉断一根单纱所需的力，叫单纱强力，用厘牛（cN）表示。目前测试单纱强力的仪器，多用摆锤式单纱强力仪或自动单纱强力仪。GB 6529—1986 规定的调湿和试验用标准大气的温带二级标准：温度为 20℃ ±2℃，相对湿度为 65% ±3%。

（二）最小强力

最小强力一般指强力拉伸试验中的强力最小值，在后加工过程中，要减少纱线的断头，必须要保证纱线的最小强力大于织造工艺强力。因此对织机效率的提高，最小强力起决定性的作用。目前尽管国家标准没有此项，但国内一些大型织造企业和日本企业，把最小强力作为一个重要的质量指标，这给纺纱厂提出了更高的要求。

（三）相对强力

纱线强力的大小不仅与纱线中纤维性能有关，而且与试样的状态特别是与纱线的粗细有着密切的关系：为了便于不同特数（支数）纱线之间进行强度方面的比较，可将绝对强力折算为相对强力。

1. 单纱断裂强度

目前大多采用自动的电子式强力仪测试,每批试样取20只管纱,每管试5次,共试100次。试验结束后,一般应将样纱称重(不少于50g),测试其回潮率,供计算修正强力用,若调湿后在标准恒温恒湿条件下测试,则断裂强度不需要进行修正。

$$\text{平均断裂强力(cN)} = \frac{\text{断裂强力总和}}{\text{试验次数}} \tag{4-1}$$

$$\text{修正断裂强力(cN)} = \text{平均断裂强力} \times \text{强力修正系数} \tag{4-2}$$

$$\text{平均断裂强度(cN/tex)} = \frac{\text{修正断裂强力}}{\text{平均纱特(tex)}} \tag{4-3}$$

2. 单纱断裂强力变异系数

$$\text{单纱断裂强力变异系数} = \frac{S}{\overline{X}} \times 100\% \tag{4-4}$$

式中:S——标准差(即均方差),计算式同式(3-12);

$\overline{X}$——平均断裂强力。

二、纱线拉伸断裂机理和纱线强力构成

当单纱受到拉伸时,纤维本身的皱曲减少,伸直度提高。这时,纱线截面开始收缩,增加了单纱中层、外层纤维对内层纤维的压力。环锭纱任一小段都是外层纤维的圆柱螺旋线长,内层纤维圆柱螺旋线短,中心纤维呈直线。因而在纱线受到拉伸时,外层纤维伸长多,张力大;内层纤维伸长少,张力小;中心纤维可能并未伸长,仍处原状态。所以各层纤维的受力是不均匀的。又由于细纱外层纤维螺旋角大,内层纤维螺旋角小,因而纤维张力在纱线轴向的有效分力外层小于内层,所以细纱在拉断时,最容易断裂的是最外层的纤维。这是初始阶段的伸长变形情况。

短纤维纺成的细纱,任一截面所握持的纤维,沿纱轴方向的伸出长度都有一个分布。这些纤维中,向两端轴向伸出的较长纤维被纱中两端其他纤维抱合和握持,由于纤维间的摩擦力大于纤维断裂强力,拉伸中这些纤维在此截面上只会被拉断,不会滑脱。但沿此截面向两端轴向伸出的较短纤维,由于纤维间摩擦力小于纤维断裂强力,因此,这些纤维将被从纱中抽拔出来而不被拉断,称为滑脱纤维。当纤维间的摩擦力恰好等于纤维的断裂强力时,此时纤维之间的接触长度,称为滑脱长度,用 L_0 表示。

在单纱继续受拉伸的过程中,单纱外层纤维中小于 $2L_0$ 的短纤维被抽拔滑脱,大于 $2L_0$ 的长纤维受到最紧张的拉伸,当这些纤维受力达到拉断强度时,将逐步断裂。外层纤维断裂后,单纱中承受外力的纤维根数减少,纱上的总拉伸力将由较少的纤维

根数分担，纱中由外向内的第二层纤维的张力猛增。又由于外层纤维滑脱和断裂后，解除了对内层纤维的抱合压力，内层纤维间的抱合力和摩擦力迅速减小，造成更多纤维滑脱。未滑脱的纤维随之将更快地增大张力，因而被拉断，如此直至单纱完全解体。这样被拉断的细纱，由于有大量纤维滑脱而抽拔出来，其断口极不整齐，呈松散的毛笔头状。

由纱线拉伸断裂机理可知，纱线的强力是由两部分组成的，一部分是断裂纤维的强力之和，一部分是滑脱纤维的滑动摩擦力之和，即：

$$P = Q + F \qquad (4-5)$$

式中：P——单纱强力；

Q——全部断裂纤维所构成的部分强力；

F——全部滑脱纤维所构成的部分强力。

从式(4-5)可以看出，要提高纱线强力，首先要选用单纤维强力高的纤维原料。对于某一原料的纱线来说，应该设法提高 Q，减小 F，即增加纱线断裂时的断裂纤维根数，减少断裂时的滑脱纤维根数，也就是提高纤维断裂强力的利用系数。

要减少滑脱纤维数量，可从两方面着手，一是选用较长的纤维，使纤维长度 $L > 2L_0$；二是提高纱线中纤维间的抱合力和摩擦力，这可从增加纱线捻度、提高纱线中的纤维伸直度、选用细度细的纤维以增加纤维间的接触面积来实现。

第二节 提高纱线强力

一、原料的选配是提高成纱强力的重要环节

(一)纤维长度、整齐度、短纤维率对成纱强力的影响

成纱强力不仅与纤维长度相关(图4-1)，而且与纤维整齐度的关系更加密切。

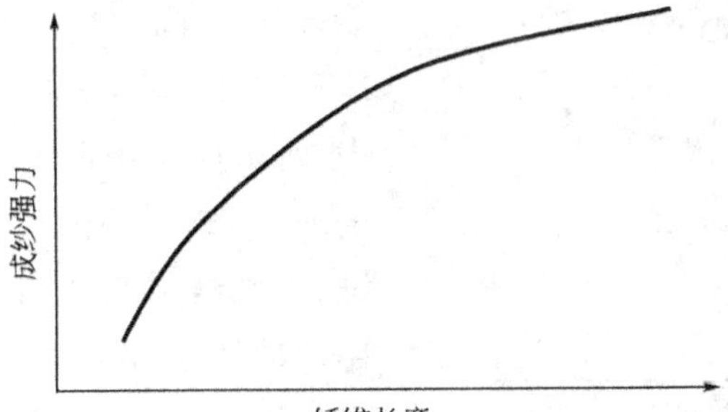

图4-1 纤维长度与成纱强力的关系

同产地、同时期、同品种纤维长度及整齐度与成纱强力的关系见表4－1。

表4－1　同产地、同时期、同品种纤维的成纱强力

长度/mm	27	29	31	33	35	37
整齐度(HVI模式)	85.8	86.9	87.9	88.5	89.2	89.9
强度/cN·tex^{-1}	16.3	17.5	17.9	20.5	21.1	21.6
强力*CV*值/%	7.13	6.83	6.69	10.27	8.79	8.63

注　27～31mm纤维纺JC 14.6tex；33～37mm纤维纺JC 7.3tex。

从图4－1可以看出，纤维长度越长，由于纱线断裂时滑脱纤维数量的减少，成纱的强力越高。而且当纤维长度比较短时，长度的增加对成纱强力的提高比较显著，当纤维长度足够长时，长度对强力的影响就不很明显。所以，应根据纱线强力的不同要求、质量、成本综合考虑，选用最适合的纤维长度。

从表4－1可知，原棉在相同成熟度条件和地理环境下，纤维长度越长，纤维整齐度越好，成纱强度越高，强力*CV*值越小。

当纤维长度$L<2L_0$时，这些纤维在纱线断裂时都成为滑脱纤维，而且短纤维（<16mm）本身不但在长度上小于滑脱长度的2倍，同时由于其长度短，在罗拉牵伸中不易控制，因而造成成纱条干及其各种不匀增加，同样会对强力不利。据统计，棉纤维中短纤维率平均增加1%，成纱强度下降1%～1.2%。因此，配棉时不仅要选用合适的纤维长度，而且要控制短纤维率，细特纱短纤维率为9%～10%，中特纱为13%～14%。

（二）纤维线密度对成纱强力的影响

在纺同特纱线时，纺纱所用纤维线密度越小，纱线截面中纤维根数就越多。线密度小的纤维一般较柔软，在加捻过程中内外转移的机会增加，各根纤维受力比较均匀，且在纱中互相抱合较紧密，增加了纤维间的接触面积，从而提高了纤维间的抱合力和摩擦力，滑脱长度可能缩短。由于上述原因，纱线在拉伸断裂时，滑脱纤维数量减少（即提高了纤维的强力利用系数），成纱强力提高。理论计算，纤维线密度在1.7～2.1 dtex（4800～6000公支）的范围内，每增加0.035 dtex，则10tex经纱的强力增加2.7%。但应注意成熟度差的薄壁纤维，虽然线密度小，因其单纤维强力低，使用这种纤维纺纱时，成纱强力反而降低。

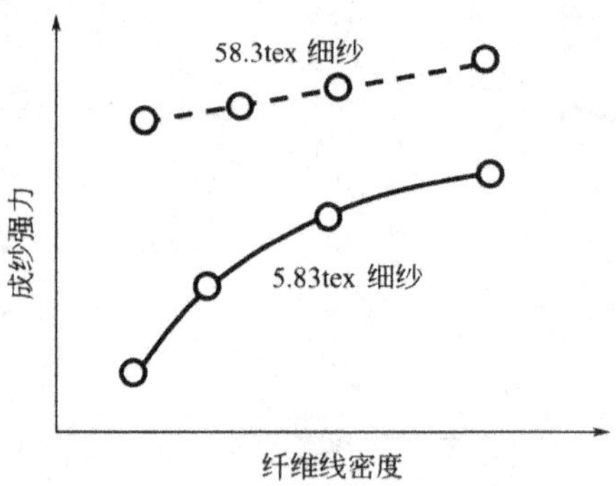

图4－2　纤维线密度与成纱强力的关系

从图4－2，可以明显看出，对于细特纱来说，纤维线密度对成纱强力的影响甚大，粗特纱无明显影响。

纤维线密度不匀率对成纱强力的影响也很大，一般线密度不匀率高，成纱强力下降，这一点在配棉时也应予以重视。

（三）纤维单强对成纱强力的影响

其他条件相同，单纤维强力高者，成纱强力也高，但当纤维单强增加到一定限度时，由于纤维线密度增大（纤维单强高者，成熟度好，线密度大，纤维柔软性下降，且纱条截面内纤维根数减少），成纱强力不再显著上升。

单纤维强度特别差时，在纺纱过程中纤维容易折断，增加短纤维，恶化成纱条干均匀度，从而使成纱强力降低。

成纱强力很大程度上取决于纤维的线密度，因此纺纱生产多以棉纤维的断裂长度（纤维的断裂强力与纤维特数的比值）来比较不同线密度的纤维强力。当纤维的断裂长度大时，必然是纤维的线密度小或单强高，因此成纱强力就好。

二、混棉均匀是提高成纱强力的必要条件

增强纺纱流程的混合作用，力求使各原料成分在纱线的轴向和径向分布均匀，使纱线在拉伸过程中每根纤维受力均匀，要从开清棉的棉箱容量、多仓混棉的使用等考虑，增强清棉工序混合效果；提高梳棉机的梳理度，增加单纤维的混合效果；精梳、并条、粗纱工序应适当增加并合数，使原料成分在进入细纱之前得到充分混合。具体措施参见第九章中混合均匀度控制。

两种纤维混纺时，混纺纱的强度与两种纤维的单强、断裂伸长率、纱线结构、纤维的混纺比有关。当混纺纤维和纱线结构确定后，选配不同的混纺比，就会使混纺纱的强度性能有明显改变。

任何混纺纱的强度总比混纺纱中强度大的那种纤维的纯纺纱低，但却不一定比强度小的那种纤维的纯纺纱高；当两种纤维的伸长差异 $\Delta\varepsilon \geqslant 5$ 时，混纺纱的强度曲线（随混纺比变化的强度曲线）出现下凹点，因此从纱线强度考虑，当伸长差异大的纤维混纺时，应选择合适的即能避开强度曲线下凹点对应的混纺比[计算机辅助处理得到棉/涤（普通型）混纺纱强度曲线下凹点对应的混纺比为棉 61.19/涤 38.81；棉/涤（低强高伸型）混纺纱强度曲线下凹点对应的混纺比为棉 55.17/涤 44.83；棉/涤（高强低伸型）混纺纱的强度曲线无下凹点，因此其最低强度对应的混纺比为棉 100/涤 0]。强度曲线下凹点对应的混纺比即是高强度纤维的最低混纺比，为了充分利用混纺纱中高强度纤维的强力，设计混纺比时，必须高于高强度纤维的最低混纺比。

另外，控制和稳定混纺比，不仅应考虑混纺比的平均值，更应控制各段纱内混纺

比与设计混纺比的差异，一般控制在设计混纺比的 ±1.5% 范围内。

三、前纺工艺、设备状态、半制品质量与成纱强力的关系

清棉工序应合理选择工艺参数，提高各机的开松效率，充分排除大杂和有害疵点；合理减少打击点或以梳代打，减少对原棉的猛烈打击，以防损伤和打断纤维，降低纤维的原有强力。

梳棉工序要充分发挥梳理作用，排除短纤维和结杂，减少产生新棉结的机会，并减少对纤维的损伤。应选用新型针布和加强“四锋一准”的基础工作；设计好刺辊、锡林速度，刺辊部分工艺。梳棉机的分梳机件主要是刺辊、锡林，增加其速度可提高分梳度和减少结杂，但速度过高易损伤纤维。也可通过选用不同规格齿型和齿密的针布来提高分梳效果。锡林与盖板区可采用“紧隔距、强分梳”的工艺原则，以达到加强分梳、充分排除结杂与短纤维的效果，利于成纱强力的提高。良好的漏底状态，合理的刺辊速度、给棉板形状与工作面长度，适当放大小漏底第四点隔距和大漏底出口隔距，可减少短纤维的产生和加强对短纤维的排除。对要求高的产品应采用精梳系统，以充分排除一定长度以下的短纤维和结杂。不同生条短纤维率对成纱强力的影响见表 4－2。

表 4－2　生条短纤维率对成纱强力的影响

生条短纤维率/%	25.4	20	17.7	14.5
成纱断裂强度/cN·tex^{-1}	11.2	12.4	12.8	13.3
强力 *CV* 值/%	14.3	11.9	10.5	9.7
细纱断头率/根·(千锭·h)$^{-1}$	40	31	27	25

表 4－2 可以看出，随着生条短纤维率的增加，成纱强度下降、强力变异系数和细纱断头率增加。

并条工序应降低末并棉条重量不匀率和改善末并棉条条干均匀度，以有效地降低粗纱和细纱的重量不匀率，进而提高成纱强度和降低强力 *CV* 值。并条机采用自调匀整，对降低成纱单强 *CV* 值有显著效果。如某厂在纺 J 14.5tex 纱的流程内采用瑞士立达公司生产的 RSBl 型附自调匀整的并条机后，细纱重量 *CV* 值由 2.3% 降为 1.2%，这时成纱单强 *CV* 值由原无匀整并条机时的 9.8% 下降到 8.5%。

粗纱工序应适当提高其温湿度，使粗纱回潮率掌握在 7% 左右。回潮率大时，棉纤维强力有所增加，并利于牵伸后纤维内应力的消失，使纤维保持伸直平行状态，有利于细纱条干均匀度的提高，从而降低成纱单强 *CV* 值。但回潮率过高会因生产中缠胶辊、缠罗拉现象而使产品质量下降。

粗纱工序的重点应为改善短片段重量不匀。试验表明，棉纱单强 *CV* 值与粗纱 5m 片段重量 *CV* 值的相关系数 $r=0.8167$，在 99% 置信度下，两者呈强相关。粗纱短片段不匀率与单纱强力的关系见图 4－3。单纱强力随粗纱短片段不匀率的增加而降低，而粗纱的周期性不匀使细纱强力的降低更为明显，这说明改善粗纱短片段不匀，对降低细纱单强 *CV* 值、提高单纱强力有着重要的意义。因此，在实际生产中应严格控制末并重量，降低台差、眼差，减少因棉条重量差异形成的粗纱卷绕伸长锭差，合理控制粗纱伸长率，并加强胶辊、胶圈、摇架及牵伸传动系统的检修和保养。

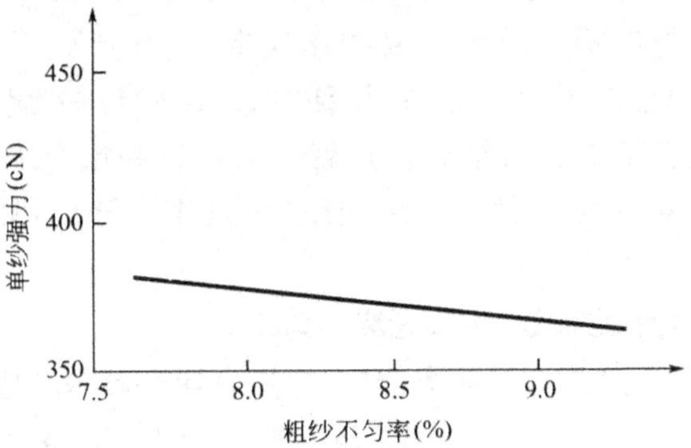

图 4－3　粗纱短片段不匀率与单纱强力的关系

另外，要加强基础管理工作，减少强力弱环的产生。如末并自停装置失灵或反应迟钝，将造成细条清除不彻底；粗纱机后条子因粘连而撕损，集合器跑偏挂花，粗纱机开关车防细节装置失灵等情况均可产生强力弱环，生产中应严加防范。

四、细纱质量与提高成纱强力的关系

实验表明，纱线断裂发生在纱线弱节部位，减少弱节的产生，就达到了提高最小强力日的。因此，提高成纱强力、降低单纱强力 *CV* 值、提高最小强力是提高细纱质量的关键。

（一）条干均匀是降低单纱强力 *CV* 值的基础

成纱条干均匀度好，细纱单纱强力 *CV* 值就会下降。通过大量实验得出，其相关系数在 0.7 以上，是高相关。如 13tex 涤棉纱的条干 *CV* 值在 16.5% 以下，单纱强力 *CV* 值才有可能稳定在 12% 的水平；14.5tex 纯棉精梳纱的条干 *CV* 值在 15.0% 以下，单纱强力 *CV* 值才有可能稳定在 10% 的水平。

（二）百米重量不匀率对单纱强力 *CV* 值的影响

细纱百米重量不匀率是造成管纱之间强力不匀的重要因素。一般细纱重量不匀率必须稳定在2%以内，才能避免突发性的 CV 值超过标准（清棉棉卷不匀率应做到1%以内，精梳条短纤维率在10%以内，注意并合根数是否正确，控制粗纱大小纱张力均在1.5%以内，防止粗细纱的飘头和粘连）。有时单纱强力 CV 值高，而百米重量不匀率并无表现，这是由于出现“突发强力”的纱段，往往只有0.5m左右，这就要求在降低细纱长片段不匀的同时，也要降低0.5m左右的片段不匀。

（三）减少人为和设备所造成的粗节、细节、棉结

纯棉纱易在细节和大棉结地方断头，涤棉混纺纱易在粗节或粗细节拐点处断头。从试验和分析得知，这些地方是应力集中点。纯棉纱大棉结是梳不开的纤维，涤/棉纱粗节处的棉纤维大于混纺比规定。纱的粗节导致捻度分布不匀，粗的地方捻度小，相应的强力偏低，在拉伸时，捻度的传递远慢于拉伸速度，在传来的捻度尚未到达粗节处就被扯断。这就是大棉结和粗节之所以成为成纱强力的薄弱环节和发生断头的原因。为此，要求在操作上严格执行操作法并注意把关捉疵。

（四）合理选择细纱捻系数，降低捻度不匀率

细纱捻系数的大小及捻度不匀率，对成纱强力均有影响。捻度与强力的关系如图4－4所示。可以看出，随着捻度的增加，细纱强力逐渐增加，但达一定值后，继续增加捻度，强力反而下降，对应于最高强力的捻度称为细纱的临界捻度。这说明捻度对细纱强力的影响也是一分为二的。有利的一面是随着捻度的增加，纤维间摩擦阻力增加，使纱条在断裂过程中增加了滑脱纤维的滑脱阻力，增加了断裂纤维的根数，即在 $P=Q+F$ 的公式中，因 Q 和 F 的增大，而使 P 值增大；不利的一面是随着捻度的增加，纤维的捻度角也增加，使纤维强力在纱条轴向承受的有效分力降低。捻度过大会增大纱条内外纤维应力分布不匀，加剧纤维断裂的不同时性，Q 值大大地降低，使细纱强力下降。在临界捻度以下，有利因素占主导地位；超过临界捻度以后，不利因素变为占主导地位。

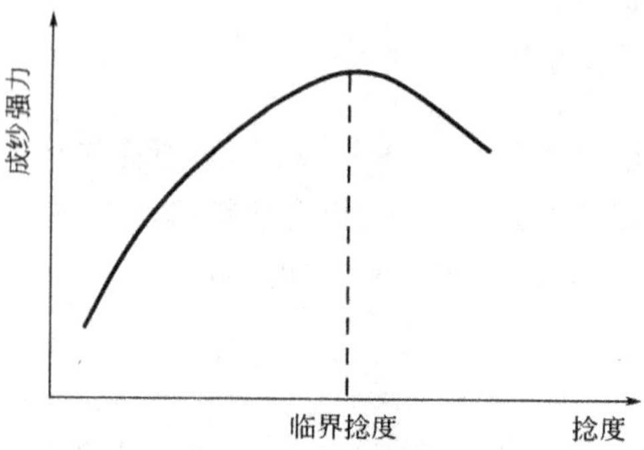

图4－4　捻度与成纱强力的关系

临界捻度所对应的捻系数称临界捻系数。一般情况下，生产中所选用的捻系数均应小于临界捻系数。适当加大捻系数，对提高强力是有利的，但较大的捻系数，必然导致细纱机生产率的下降。所以，在保证细纱强力符合要求的前提下，应选用较小的捻系数，以提高细纱设备生产率。锭带张力的大小是影响锭速差异和不稳定的直接因素，选用合格适当的锭带及其接头方式，调节好锭带张力盘，保证锭速稳定，减小锭间捻度不匀，是降低成纱强力不匀的基础。

（五）加强细纱车间温湿度管理，提高成纱强力

温湿度调节不当或不稳定，将会引起粗纱和细纱回潮率不稳定，从而影响成纱强力并增加断头，因为棉纤维吸湿后横断面膨胀，延伸性增加，纤维柔软，粘附性和摩擦系数增加，纤维容易被牵伸机构控制，致使纱条均匀，纤维平行伸直度提高，从而增加纤维间的抱合力和摩擦力，这是棉纱强力提高的主要因素。另外，由于棉纤维在回潮率增大时，绝缘性能下降，介电系数上升，纤维的电阻值下降，有利于消除纤维在纺纱过程中因摩擦而引起的静电排斥现象，从而增加纤维间的抱合力。所以，在纱条回潮率适当偏高的情况下进行纺纱，不但能提高棉纱的强力，而且能改善细纱条干和外观，但回潮率如果太大，棉纤维会因温度高、湿度大而使棉蜡融化，须条易缠胶辊和罗拉，增加纺纱中的断头，同样会使强力下降。当细纱纺出回潮率在7.2%以上时，纱条丰满、光滑、圆润、毛羽少、光泽较好；当回潮率在6%以下时，纱条成形松散，毛羽增多、光泽差、成纱强力也低。因此，在适当提高粗纱回潮率条件下，应使细纱车间的温湿度能保证在加工纱条处于放湿状态。一般细纱回潮率要求在6%以上，车间温度以26～30℃、相对湿度在55%～60%（或65%）为宜。同时，应使车间各个区域的温湿度分布均匀，做到车间温湿度适宜而稳定。

五、提高纱线强力的经验措施

1. 严格按配棉排包图上包，落实检查考核制度

2. 本支回花使用率不超过6%

3. 严格控制短绒的增加

清钢工艺选择合适的打击梳理速度。达到清花棉卷短绒的增加和排除相平衡。梳棉生条短绒比棉卷增加3%以内。清钢联机短绒增加5%～7%以内。否则要优化清梳工艺。

4. 提高半成品质量

粗纱质量是细纱的基础，决定成纱质量。

5. 减少成纱弱节

混合不匀、条干不匀、重量不匀、捻度不匀等是产生弱节的因素。此处重点叙述防止捻度不匀的措施。

（1）锭子定期清洗加油和校正，锭子速度差异控制在100r/min以内。

（2）不同机型加捻效率有差异，高档品种尽量安排同机型、同工艺。

（3）锭带张力、长短、高低、松紧一致。

(4)锭带张力重锤加压刻度一定,要定期检查确保一致。

(5)磨毛烂边锭带要及时更换。

(6)烫手发热的锭子要及时换下来。

(7)杜绝锭带打扭。

(8)做锭带清洁后,要检查以防锭带滑落。

(9)发现跳管,及时拔出作报废处理,定期对筒管进行检查维修。

第五章　棉纱的棉结、杂质和白星

第一节　棉结、杂质

一、减少棉结、杂质的意义

1g 棉纱内棉结杂质总粒数和棉结粒数是棉纱评等的技术标准。棉纱上的棉结杂质不仅直接影响成纱外观，也影响成纱条干质量。须条中的棉结杂质在牵伸过程中会带动周围的纤维成束或成团地变速，使条干恶化，还会和周围的纤维集聚而形成粗节，棉结杂质在现代高速整经机、无梭高速织机工作时易产生断头，并易在坯布上产生棉结疵点，易在印染加工中因染色不匀而产生白星等疵点。因此，研究和讨论棉结杂质形成的原因和规律，采取相应措施来减少棉结杂质，是提高产品质量和机器生产效率的一个重要方面。

二、棉结、杂质的定义

根据 GB/T 398—2008 标准，成纱棉结杂质试验方法为：在不低于 400lx 的照度下，光线从左后射入；检验面的安装角度与水平成 45°±5°的角度，检验者的视线与纱条成垂直线，检验距离以检验人员的目力在辨认疵点时不费力为原则。检验时，先将浅蓝色底板插入试样与黑板之间，然后用如图 5－1 所示的深色压片压在试样上，进行正反面的每格内棉结杂质检验，应逐格检验并不得翻拨纱线，棉结、杂质分别记录。将全部样纱检验完毕后，算出 10 块黑板的棉结杂质总粒数，再根据式(5－1)计算 1g 棉纱线内的棉结杂质粒数。

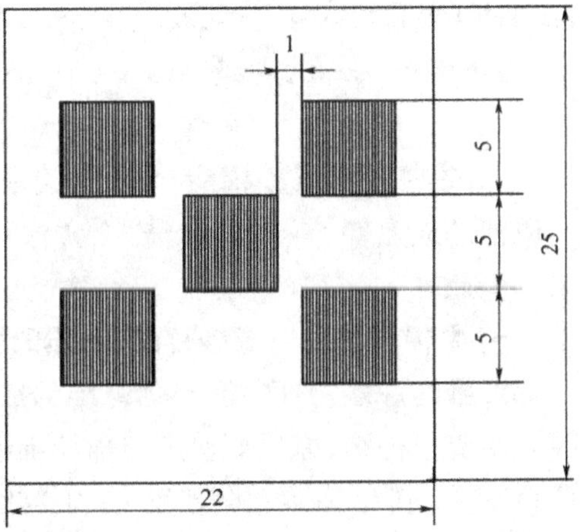

图 5－1　深色压片放在试样上

$$1\text{g 棉纱线内棉结杂质粒数} = \frac{\text{棉结杂质总粒数}}{\text{棉纱线公称线密度}} \qquad (5-1)$$

（一）棉结的确定方法

棉结是由纤维、未成熟棉或僵棉，因轧花或纺纱过程中处理不善集结而成的。

（1）成纱中棉结不论黄色、白色，圆形、扁形，或大或小，以检验者的目力所能辨认的即计入。

（2）纤维聚集成团，不论松散与紧密，均以棉结计。

（3）未成熟棉、僵棉形成棉结（成块、成片、成条），以棉结计。

（4）黄、白纤维虽未成棉结，但形成棉束且有一部分缠于纱线上的以棉结计。

（5）附着棉结以棉结计。

（6）棉结上附有杂质，以棉结计，不计杂质。

（7）凡棉纱条干粗节，按条干检验，不算棉结。

（二）杂质的确定方法

杂质是附有或不附有纤维（或毛绒）的籽屑、碎叶、碎枝杆、棉秆软皮、毛发及麻草等杂物。

（1）杂质不论大小，凡检验者目力所能辨认的即计。

（2）凡杂质附有纤维，一部分缠于纱线上的，以杂质计。

（3）凡1粒杂质破裂为数粒，而聚集在一团的，以1粒计。

（4）附着杂质以杂质计。

（5）油污、色污、虫屎及油纱、色纱纺入，均不算杂质。

如标准GB/T 398—2008规定梳棉纱1g棉纱内棉结杂质总粒数/棉结粒数，8～10tex的棉纱：优级不多于45/25，一级不多于95/55，二级不多于145/95，11～30tex纱：优级不多于55/30，一级不多于105/65，二级不多155/105。

三、纤维性能与成纱棉结、杂质的关系

原棉的成熟度、有害疵点、轧工方法和加工质量是影响成纱棉结、杂质的主要因素。

（一）原棉成熟度对成纱棉结、杂质的影响

棉纤维的许多物理性能与棉纤维的成熟度有关，据分析27.8tex（21英支）纬纱单唛试纺资料得知，原棉成熟度与棉纤维细度、原棉中的短纤维及软籽表皮僵棉疵点间成负相关，其相关系数分别为：-0.9881，-0.9842，-0.9562，均为极相关；成熟度、细度、短纤维率、软籽表皮僵棉与成纱棉结的相关系数分别为：-0.9002，+0.9508，+0.9607，+0.8195，均为极相关和高相关。以中腔胞壁对比法可得成熟系数与成纱棉结粒数的关系如图5-2所示。在一定的成熟系数范围内，成熟度越正常，单纤维强力越好，天然卷曲越多，手感纤维弹性、刚性也越好，且吸湿性越小，在纺

纱工艺处理过程中抗压、抗弯等能力越强，纤维在受表面摩擦而搓、卷、纠缠成棉结的可能性越小。另外，纤维在开松、打击、分梳、牵伸过程中承受机械力作用而产生损伤、断裂也少，短纤维增加少，因此棉结形成的机会就少，所以成熟系数越好，成纱棉结粒数越少。

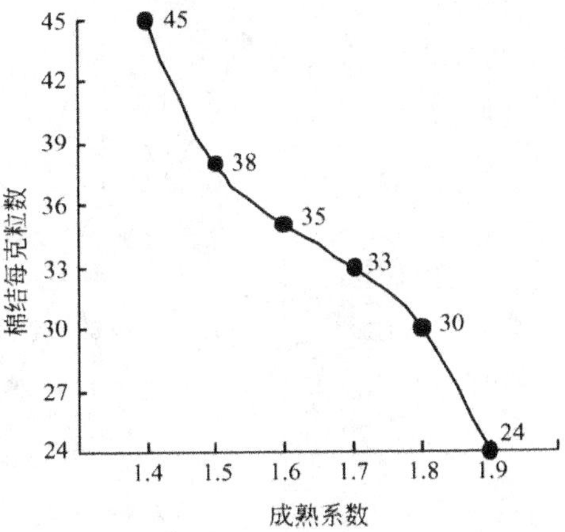

图 5－2　成熟系数与成纱棉结粒数的关系

(二)原料的不同轧工对棉结形成的影响

原棉的轧制方法，在我国有皮辊和锯齿两种。在锯齿轧花机中，又有大锯齿、小锯齿和土锯齿之分。不同类型的轧花机所轧出的原棉品质是不同的，对棉结影响程度也不相同。生产实践证明，由于锯齿轧花机锯片的高速回转，对籽棉的打击比较剧烈，纤维易于被切断和揉搓形成棉束、棉结等疵点。这类疵点在清梳工艺处理中不易被排除。同时，由于纤维在锯齿轧棉中经受过分打击而疲劳，易纠缠，原始棉结占棉网棉结总数的5%～20%，棉网的清晰度差，所以锯齿棉在纺纱过程中易产生棉结。试验结果表明，锯齿棉经清棉后，钩型棉束比皮辊棉多3～4倍。但因锯齿轧花机中有排僵装置，因此，排僵能力较皮辊轧花机好，皮辊轧花机对籽棉的作用比较缓和，对纤维的损伤较小，棉结、棉束类的疵点极少，原始棉结仅占棉网棉结总数的0～5%，棉网清晰，同时，由于皮辊棉经清棉后的棉束多为紧棉束，在梳棉机上易于排除，对减少棉结有利，但皮辊轧花机无排僵装置，因而皮辊棉中僵棉、软籽表皮等疵点多于锯齿棉。这类疵点形成的棉结虽占比例较少（约为10%），但大多为不成熟的死纤维，不易吸色，反映在印染加工质量上，呈现白星的显现率比纤维扭结而形成的棉结高。因此，这类死纤维的白星棉结数量虽不多，但仍应给予重视，特别是在加工深色布的配棉中要注意。

四、各工序棉结的演变情况

棉结粒数和每粒棉结重量在各工序中的演变情况：棉结粒数与各工序成正相关，每克试样内，棉结粒数由前到后逐渐增加；每粒棉结的重量与各工序成负相关，每克试样内棉结粒数与每粒棉结重量成负相关，如图 5－3 所示（图中数据为 27.8tex 单唛试纺资料）。这是由于棉结在各工序中扭结和棉结中成熟的好纤维被抽出所造成的。由于加捻过程中使部分棉结被包覆，因此，细纱工序棉结粒数大幅度下降。

棉结中纤维成熟系数随工序前进逐渐降低，如图 5－4 所示。这主要是因为未成

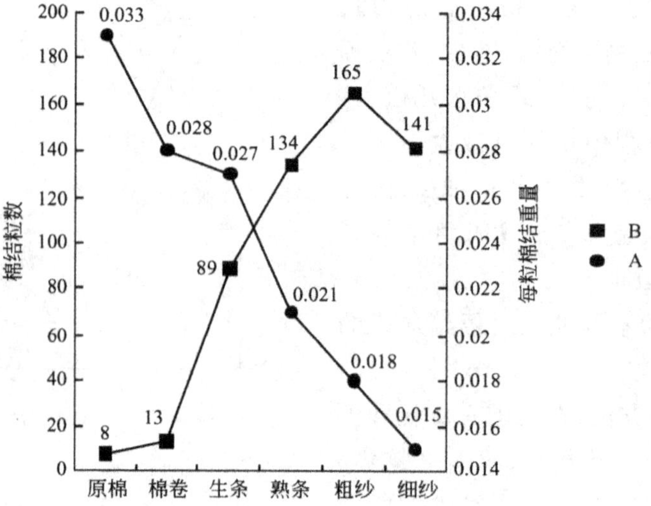

图5－3 棉结与各工序相关图

A—棉结每粒重量与工序相关图 B—棉结粒数与各工序相关图

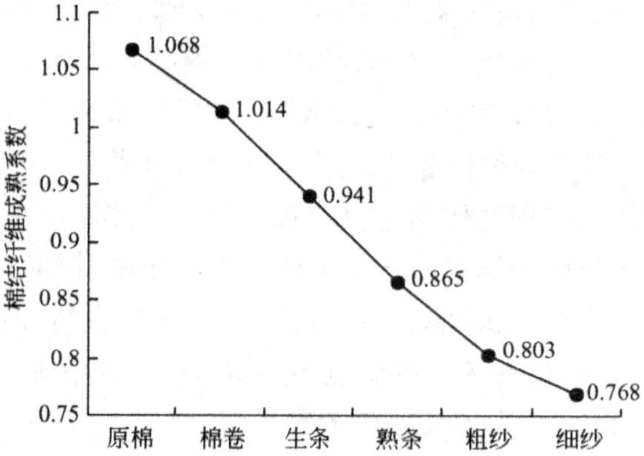

图5－4 各工序的棉结与棉结中原棉成熟系数相关图

熟的纤维弹性小，吸湿性强，容易扭结，而成熟好的纤维恰好相反，在各工序的牵伸过程中容易被抽出来，因此棉结中原棉成熟系数由前到后有逐渐降低的趋势，而未成熟率逐渐增大。形成棉结的纤维成熟系数主要是在1.0以下的未成熟纤维，它的分布图主峰在0.25左右，这个主峰随着工序的前进有逐渐升高的趋势，而次峰在2.5左右，随着工序的前进而逐渐有降低的趋势，如图5－5所示。

通过以上分析可知：

（1）自前至后各工序中，每克试样内的棉结粒数逐渐增多，而棉结中纤维成熟系数逐渐降低，每粒棉结的重量则逐渐变轻。

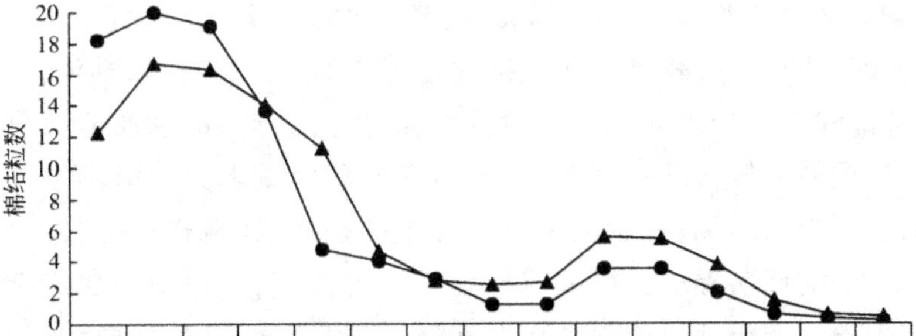

	0	0.25	0.5	0.75	1	1.25	1.5	1.75	2	2.25	2.5	2.75	3	3.25	3.5
▲ A	12.2	16.7	16.3	14	11.2	4.65	2.72	2.52	2.65	5.6	5.39	3.79	1.56	0.68	0.51
● B	18.2	19.9	19.1	13.7	4.77	4.07	2.86	1.3	1.23	3.55	3.52	1.97	0.6	0.41	0.31

成熟系数

图 5－5　棉结中原棉成熟系数分布图

A—原棉中棉结　B—成纱中棉结

(2)梳棉工序是产生棉结的主要工序。从图 5－3 可知,生条比棉卷增加的棉结数为 89－13＝76 粒,增加率为 584.62%。这是由于原棉在清梳工序中,虽能除去部分疵点和杂质,但在开松和分梳时受到搓、揉而产生新的棉结,受到撕扯、打击使杂质和疵点破裂,因而杂质疵点数增加。清棉工序主要产生棉束,而梳棉工序则因单纤维的扭结而形成大量的棉结。

(3)从图 5－5 成纱棉结的纤维成熟系数分布曲线 B 可知,成熟系数低于 1 的区域为棉结形成区。因此,应重点控制原棉中成熟系数低于 1 的未成熟纤维。

五、降低成纱棉结、杂质的措施

(一)合理配棉

合理利用锯齿棉、皮辊棉。由于皮辊棉在棉花加工中僵棉、软籽表皮等疵点较多。不成熟的死纤维形成棉结,深色坯印染时易造成白点。深色坯一般用锯齿棉,浅色坯用皮辊棉。棉花轧花质量也是造成棉结的重要因素。轧花差的原棉要降级使用,不能用在深色坯上。在原棉的使用上使混合棉做到"一缩小,三稳定",即缩小原棉性能之间的极差,稳定产地、轧工及原棉主体的物理性能。在控制成纱棉结的配棉指标上,控制原棉成熟系数在 1.56～1.75,控制低成熟和超细纤维含量;原棉中软籽表皮、僵棉的含量,细特纱不能超过 0.5%,中特纱不超过 1%,这类疵点形成的棉结易转化为白星,影响染色坯布质量;还应控制原棉中的含杂率、短纤维率和带纤维籽屑等指标;合理调配锯齿棉、皮辊棉比例;控制混合棉中回花和再用棉的比例。

(二)清梳工序

清梳工序的主要目标是提高棉网清晰度、降低生条短纤维率和减少生条棉结。

1. 合理分配清梳落棉，改善棉卷结构，提高棉卷质量

所谓合理分配落棉，就是指各类杂质在哪个部位落最有利，即清棉与梳棉以及梳棉本身各部除杂的分工问题。一般较大而易分离排除的杂质应该早落，以免受打击而破碎；但粘力较大的带纤维杂质，若在它和纤维未分离时落下，就必然带走好纤维，引起用棉量增加；特别是带有长纤维的杂质，在梳棉机上排除是比较有利的。也就是说，清梳落棉的分配视原棉含杂内容而定，若原棉中含大杂质多，清棉应多落；原棉中含细小杂质或带纤维杂质多，清棉可适当少落，而相应增加梳棉机的除杂和落棉。一般情况下，棉卷含杂应控制在1%左右，清棉机的除杂效率（对原棉含杂）控制在40%～60%。也可采用第二章中棉卷含杂率指标和除杂效率、落棉率作为参考指标。

减少棉网棉结、杂质，除对棉卷含杂数量及含杂类别有要求外，对于棉卷的结构即棉卷中原棉的开松程度、含纤维束数量及其类别也都有要求。棉网纤维分离度随棉卷中各类纤维束数量的增加而降低，棉网棉结则随其增加而增加，特别是钩形棉束最易形成生条棉结，而紧棉束则因结构紧密，表面比较光洁而质量较重，在分梳过程中不易被锯齿抓牢，因离心力被抛入后车肚的机会较多，一般不易形成生条棉结。与此相反，松棉束则会受到较大的影响。因此，应注意减少棉卷中的钩形棉束，特别是松棉束。

2. 清棉工序的措施

清棉工艺设计应注意充分开松，合理除杂，适当打击，减少棉束的产生和纤维的损伤断裂，并应保证前后供应平衡。

（1）减少棉束的措施。抓棉机宜少抓勤抓，棉块小而匀。各棉箱整顿各种帘子，调整输棉速比，防止返花，调节出棉量，达到均匀输棉，提高运转率。储棉不能过满，剥棉罗拉速度不宜过高，减少翻滚摩擦。开清棉机械应选择作用缓和的自由开松打击，防止带纤维籽屑的形成。多滚筒开棉机开松好，除杂面大，打手速度宜由慢到快，打击适度，避免筵棉过熟。豪猪打手速度过高，易造成紧棉束，打手与尘棒隔距不宜过小，使纤维滞留在打手室受到阻击的时间过长，使摩擦增加。打手与剥棉刀隔距不宜过大，避免导致返花。打手室的气流流速和分布必须均匀适当，防止重复打击，造成束丝或轧刹各种工艺部件，如打手、刀片、梳针、尘棒、角钉、皮翼、尘笼等应保持光洁，完好无损。摇栅、水银开关、光电控制和电器控制要灵敏，确保原棉在清棉工艺处理中不缠、不挂、不噎，保持前后气流畅通。

（2）减少纤维损伤的措施。加工棉纤维宜用无握持打击与握持打击相结合的办法。一般含杂2.5%～3%的棉纤维宜用两个无握持打击点和三个握持打击点（一个豪猪，两个梳针）；化纤宜用两个握持打击点（两个梳针打手）。无握持打手最好采用针状打手,不要采用豪猪状打手。打手速度与隔距形成打击力,故速度与隔距要适当,隔距太紧、打手速度太快是纤维损伤的主要原因(使用化纤时要特别注意)。

开清棉机的均匀喂入及均匀输出很重要,在现有条件下,清棉机宜采用电气配棉而不宜采用气流配棉的方法。一条开清棉线宜采用两台清棉机,其产量每小时在400kg 左右为宜。

产量高且打手出口凝棉器内风压风力不足(不匹配)时,使纤维吸不出来,在打手室内反复打击造成小棉束,经过梳棉时易形成棉结及增加短纤维。

(3)加强运转管理,定时掏出落杂落棉。划定落棉警戒线(红线)。防止落棉过多导致杂质排除不畅,造成杂质棉结增加。对含杂高的原棉要缩短掏落棉周期时间。防止凝棉器、剥棉刀隔距走动,造成返花生成棉结。

(4)采用新工艺技术。豪猪打手改为鼻形打手,采用锯齿开棉机减少打击,加强分梳。

3. 梳棉工序的措施

梳棉工序是棉结形成的重点工序,提高棉网质量、减少棉结是梳棉工序的主要着力点。

(1)加强分梳,充分排杂。梳棉机的强分梳可使纤维呈现单根状态,从而使杂质和纤维分离。这不仅有利于杂质的排除、减少纤维的相互纠缠,又可松解棉卷中带来的部分棉结,因此对锡林→盖板、锡林→道夫、给棉板→刺辊这些部位的主要分梳隔距以偏小为宜。隔距小可增强分梳,有利于减少结杂,而纤维在大隔距间则因相互揉搓而产生大量棉结,锡林、盖板、道夫、刺辊针布宜选分梳效果好的新型针布。如某厂纺 14.5tex 纱,在 A186D 型梳棉机上使用仿格拉夫针布后,生条结杂和成纱结杂都大幅度降低(表 5-1)。针布的平整度是小隔距的基本条件,针齿的锋利度是提高分梳效能的有效保证,因此,针布的包卷和磨砺质量也十分重要。

表 5-1　梳棉针布对生条和成纱棉结、杂质的影响

针布类型	生条棉结/杂质	成纱棉结/杂质	生条不匀率
	粒	粒	%
仿格拉夫针布	36/79.8	36/56	13.7
普通针布	49/94.2	62/87	17.8

四锋一准、确保准工艺上车、保持良好的设备状态是减少棉结的关键。采用新工艺技术,增加预分梳元件,如锡林刺辊间的预梳辊、前后罩板处固定分梳板、小漏底入口处的分梳板等,也是增强分梳、减少结杂的有效措施。

充分排杂必须以合理分配梳棉机各落杂区的负担为基础。梳棉机刺辊部分应排除破籽、僵瓣和带有短纤维的细小杂质，盖板部分应排除带纤维的细小杂质和棉结、短纤维等。在一般情况下，为了减少盖板花，节约用棉，后车肚部分应多落一些。刺辊部分的除杂效率（对棉卷含杂）应控制在50% ~60%，盖板除杂效率控制在3% ~10%的范围内，生条含杂率一般控制在0.15%以下。

梳棉机后部除杂工艺对充分排杂十分重要。如FA201型梳棉机具有高产优质、生产稳定的特点，但由于该机后部落杂区偏小，落棉率偏低，纺中特、细特纱较适合。而纺粗特纱就显出后部除杂功能的不足，常使生条结杂偏高，影响产品质量。FA201型梳棉机后部除杂区采用两块分梳板、两把除尘刀、两块托棉板和一只三角漏底，并有三处不同长度的落杂区（图5 -6）。纺中特纱如C27.8tex和C29.4tex，因用棉等级较低，含杂高、短纤维多，当纤维进入两块分梳板及三处落杂区后，不能有效地排除硬棉块和杂质，又因两分梳板各点隔距较小，所配置分梳板针齿锋利度较低，纤维易在刺辊与分梳板间产生揉搓现象，起不到相应的梳理效果，且生成较多棉束，致使大量棉束及杂质进入锡林盖板间，大杂质破碎生成许多小杂质，棉束分解导致较多小棉结。因此，生条结杂增多，产品质量恶化，因而必须对其结构进行改进。首先，对落杂区各部分分梳除杂元件工艺进行调整，增大三处落杂区长度。其次，调节两分梳板左右主托脚进出位置，把第三落杂区绝对长度定为14mm，固定后，按优选工艺调节第一分梳板角度，实现第一除尘角度形成 -85°位置，刀口高度低于机框平面8mm。之后，用半径工具精校分梳板前后点、除尘刀及托棉板工艺，这样可相对增加第一、第二

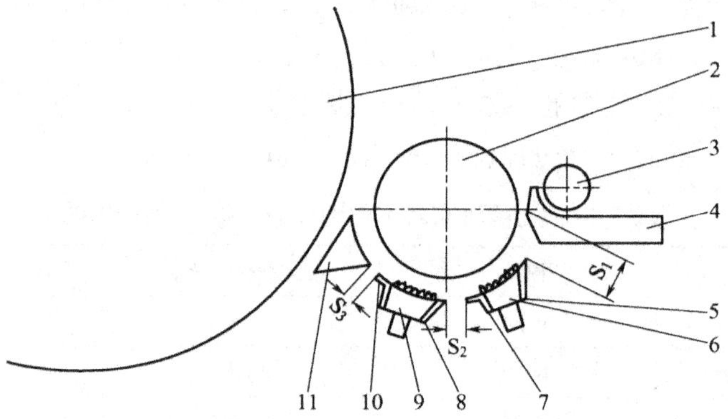

图5 -6　FA201型梳棉机后部除杂区结构图

1—锡林　2—刺辊　3—给棉罗拉　4—给棉板　5—第一除尘刀　6—第一分梳板
7—第一托棉板　8—第二除尘刀　9—第二分梳板　10—第二托棉板　11—三角漏底
S_1—第一落杂区　S_2—第二落杂区　S_3—第三落杂区

落杂区长度。同理，第二分梳板也采用调节其角度及前后点工艺，获得第二除尘刀角度位置和第三落杂区相对长度。同时，改用5mm工作面托棉板，目的是尽量增加第二、第三处落杂工艺长度和防止第二、第三处落杂区口挂棉帘。此小工作面托棉板可用1mm厚镀锌钢板按原机配托棉板角度规格自配加工。结构改进前后的工艺见表5－2。

表5－2　后部落杂区工艺改进前后对比　　单位：mm

项　　目	改进前工艺	改进后工艺
第一落杂区长度	65	70
第二落杂区长度	20	相对50
第三落杂区长度	8	相对20
第一除尘刀隔距	0.3	0.3
第二除尘刀隔距	0.3	0.3
第一分梳板前点隔距	0.5	0.6
第一分梳板后点隔距	0.5	5
第二分梳板前点隔距	0.5	0.6
第二分梳板后点隔距	0.5	2
第一托棉板工作面长度	15	5
第二托棉板工作面长度	10	5
第一托棉板隔距	0.6	5.5
第二托棉板隔距	0.6	2.5

改进后后部落棉率由原来的1.5%增至2.8%，生条棉结、杂质明显减少（表5－3）。其原因在于改变第一、第二分梳板及除尘刀的工艺后，增大了第一落杂区长度，增强了第一除尘刀的除杂作用，有效地排除了大杂和硬棉块。又因第一、第二分梳板缩小入口隔距，放大出口隔距，使分梳板与刺辊间形成一个较大的三角空间，并利用刺辊高速回转气流形成较厚的附面层，可有效增加第二、第三落杂区的相对长度，增加落棉、除杂。放弃分梳板较差的分梳作用，从而改善了刺辊与分梳板之间的纤维揉搓现象，减少了棉束形成，减小了锡林盖板间反复分梳压力，使纤维受到充分梳理。

表 5－3 生条棉结/杂质试验对比

棉结/杂质/粒·g⁻¹ 品种/tex 项目		C27.8		C29.4	
		改进前	改进后	改进前	改进后
车号	1	98/62	57/49	102/72	70/45
	2	92/65	60/48	132/59	77/52
	3	108/64	53/55	99/78	68/56
	4	122/66	68/48	89/79	70/54
	5	93/73	56/60	88/78	71/56
	6	105/67	60/51	101/74	73/53
平均		103/67	60/51	101/74	73/53
改进后减少粒数		43/16		28/21	
减少率/%		41.7/23.9		27.7/28.4	

(2)加强纤维转移,减少返花和对纤维的搓揉。梳棉机上新棉结的形成,主要是返花、绕花和纤维搓揉。当锡林→道夫、锡林→盖板间隔距过大且针齿又较钝时,纤维受到过分揉搓,就会形成大量棉结。如刺辊向锡林、锡林向道夫转移不良以及刺辊返花、锡林缠绕,也会使棉结明显增加。锡林针布如果有毛刺、倒齿、油渍锈斑、光洁度较差等现象也会产生绕花,致使棉结增加。再如给棉罗拉出口隔距过大,握持不良,分梳部件平整度、圆整度差,漏底安装不良,表面毛糙挂花,弹性针布底布松动、起浮,针形变化,金属针布磨砺不良,嵌破籽,分梳元件规格不合适,配置不恰当,也都会使生条的棉结增加。因此应加强设备维修和保养工作,保持良好的机械状态,做到准工艺上车。

为了加强纤维转移,减少返花现象,对刺辊与锡林、锡林和道夫的速比应慎重选择。一般锡林刺辊线速比,棉(1.4～1.7)∶1;化纤(1.8～2.0)∶1;中长纤维(2.1～2.4)∶1。对于刺辊齿条以及锡林、道夫、盖板的针密配置,宜使抓取或凝取部件密于输送件,如锡林针布号数从100号向120号发展,而道夫、盖板针布则向120号或130号发展。一般以道夫针布号大于锡林20号为宜,以达到加速纤维转移、减少棉结的目的。

(3)改善棉网清晰度,减少牵伸过程产生的棉结。棉网中结杂(即棉结杂质)粒数与成纱结杂粒数的关系如图5－7所示。由图可见,成纱结杂随棉网结杂的增加而增加。

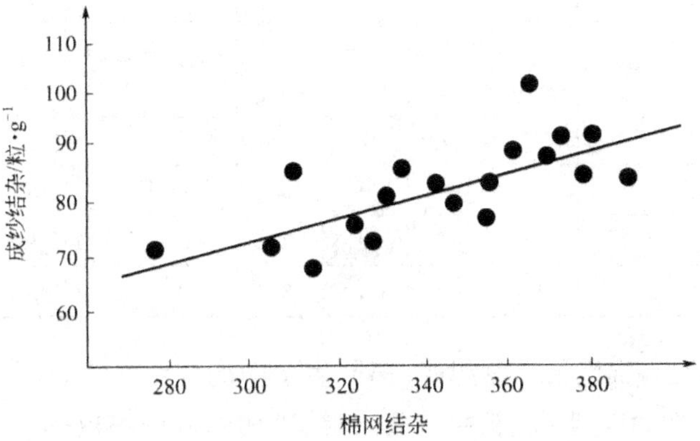

图5－7　棉网结杂与成纱结杂的关系

棉网清晰度实质上是棉网结构的反映。一般检查方法是检查人员目光垂直于棉网,按正常道夫速度开车,检查时间不低于10s。主要检查内容是棉网清晰、棉网厚薄均匀程度及有无破洞、云斑、破边等。一般分为三类棉网,其中二类棉网又可分为上、中、下三等。如某厂棉网评类标准如下:

一类棉网:棉网清晰、厚薄均匀,无破洞、破边、云斑和其他疵点。

二类上棉网:棉网清晰、厚薄均匀,稍有轻微云斑、破洞;或棉网较清晰,无破洞,破边、云斑等。

二类中棉网:棉网较为清晰,无严重破洞、云斑、破边;或棉网有混浊感,但无破洞、云斑、破边等。

二类下棉网:棉网有混浊感,但无严重破洞、云斑、破边等;或棉网较清晰,但有严重破洞、云斑、破边、掉网现象之一者。

三类棉网:棉网混浊、厚薄很不均匀;或不管棉网清晰如何,伴有两处及以上严重破洞、严重云斑、严重破边等。

严重破洞:面积超过$4cm^2$。

轻微破洞:面积小于$2cm^2$。

严重云斑:云斑在棉网横向长度超过1/3,或有三处以上明显云斑。

轻微云斑:不明显云斑或一处较明显云斑。

严重破边:棉网一边严重破损、掉网或连续明显挂花。

棉网清晰度对并条棉条棉结数的影响见表5－4。

表 5－4　棉网清晰度对条子棉结数的影响

棉网清晰度 / 棉结 / 类别	一类			二类			三类		
	粒/g	下工序比上工序(±)		粒/g	下工序比上工序(±)		粒/g	下工序比上工序(±)	
		粒/g	%		粒/g	%		粒/g	%
生　条	63	—	—	68	—	—	74	—	—
头　并	70	+7	+11.1	79	+11	+16.2	90	+16	+21.6
末　并	76	+6	+8.6	88	+9	+11.4	104	+14	+15.6

由表 5－4 看出，棉网清晰度越好，棉网生条中的棉结越少，经牵伸后头并、末并棉条的棉结也越少，相对生条、头并棉条、棉结增加的百分率也小。这是因为棉网清晰度越差，意味着生条中的纤维分离度、伸直平行度越差，且有许多相互交叉、纠结的纤维。大量的松散纤维交叉和扭结，尽管在生条中未形成棉结，但在牵伸过程中由于牵伸力的作用，促使这些松散的扭结抽紧后就形成了新的棉结。对于这些表面为松散扭结而实际为棉网中的潜在棉结，必须给予足够的重视。对于降低成纱结杂来说，在梳棉工序除重视生条结杂粒数外，还必须重视棉网清晰度这个质量指标。

改善棉网清晰度措施，也就是改善分梳效能的措施。因此，在正常的机械状态下，紧隔距、强分梳、四锋一准，可保持足够的分梳度，是提高棉网清晰度的有效措施。

(4)控制生条短纤维率。从解剖棉结的纤维构成而得表 5－5。

表 5－5　棉结解剖分析

类　别	数　量		重　量		成熟系数
	根	%	mg	%	
9mm 以下的纤维	135	21.0	0.3	15	0.7
9～16mm 的纤维	252	39.2	1.2	60	1.0
16mm 以上的纤维	256	39.8	0.5	25	1.2

由表 5－5 可见，构成棉结的纤维长度有 60%～70% 是 16mm 以下的短纤维，这是由于短纤维本身在纺纱过程中不易控制而扩散形成毛羽，经摩擦后易形成棉结。短纤维还易黏附在机件上，被带入须条后扭成棉结。另外，从表 5－5 中还可以看出，短纤维一般为低成熟纤维，薄壁纤维本身就已具备成为棉结的条件，强力低易断裂而成为短纤维，更易形成棉结。

从对各工序半制品中的短纤维分析可得表 5－6 和图 5－8。

表5－6　各工序半制品短纤维分析

项　　目	原棉	棉卷	生条	头并	末并	粗纱	细纱
短纤维率/%	12.63	12.96	17.46	18.38	18.66	18.67	19.72
后工序与前工序比较	—	+0.33	+4.5	+0.92	+0.28	+0.01	+1.05
后工序短纤维增加率/%	—	2.61	34.72	5.27	1.52	0.05	5.62

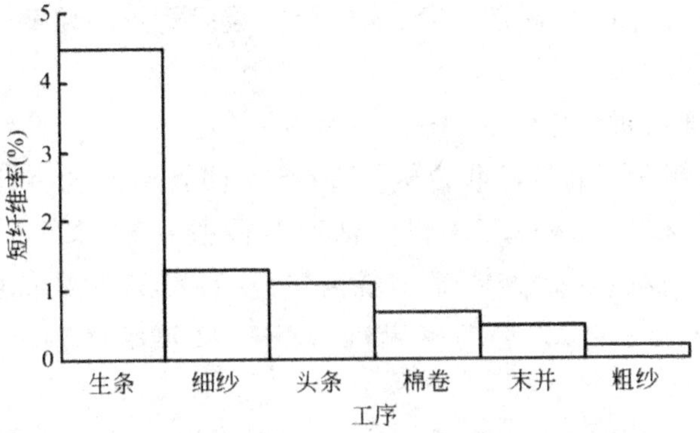

图5－8　各工序短纤维率主次排列

表5－6和图5－8的数据说明，梳棉工序是产生短纤维的主要工序。为厂减少生条短纤维，一要减少纤维的损伤、断裂，二要加强短纤维的排除。

梳棉机损伤纤维主要是给棉板与刺辊部位。防止措施如下：

① 不同长度纤维要选择不同长度给棉板工作面。梳棉机上使用五种不同工作面长度的给棉板，28mm长度工作面纺小于29mm纤维，30mm长度工作面纺29～31mm纤维，32mm长度工作面纺33mm以上纤维和38mm棉型化纤，46mm双工作面给棉板纺51～60mm中长化纤，60mm双工作面给棉板纺60～75mm中长化纤。

② 刺辊速度与其对纤维的损伤成正比，降低刺辊速度，配合降低除尘刀高度，使第一落杂区增长，有利于大杂早落少碎；第二落杂区缩短，落小杂机会相应减少，但总落杂增多。这样既减少了纤维损伤，有利于降低成纱棉结，又有利于减少杂质。

③ 刺辊金属锯条的规格：棉纤维采用80°，30mm以上长纤维宜采用85°～110°。

④ 化纤应有一定油剂含量。

⑤ 纤维应有一定回潮率。

生条短纤维的增加应控制在棉1%～2.5%、化纤0.5%～1%（比棉卷短纤维率增加）的先进水平；一般水平也应在4%以内（比棉卷短纤维率增加）。

(5)加强设备基础。梳棉机分梳元件的状态和主要梳理工艺隔距是减少棉结产生的关键。规范针布制度管理,针布的型号选择、质量把关必须建立在生产试纺的结论上。从严进行把关,建立分区使用针布登记,定期动态更换,落实磨针保养制度,确保分梳元件达到设备良好标准。做到准工艺上车,落实定期检查工艺隔距考核制度。对机台实行棉结超标封车整改制度,确保所有机台棉结达标。

(6)加强运转管理,减少棉结的产生。运转管理工作是减少棉结的保证,必须要按操作工作法落实清洁项目周期内容,确保梳棉吸风管道不堵塞,后车肚不挂花,除尘吸风正常。

4. 降低国产清梳联短纤维和棉结

以 FA 系列郑州—青岛清梳联合机[FA006 型往复抓棉机→TF28 型桥式吸铁装置(附 A045B 型凝棉器)→FA103 型双轴流开棉机→FA022—8 型多仓混棉机→FA106 型锯片打手开棉机(附 A045B 型凝棉器)→ZFA031 型中间喂棉机→ZFA108E 型锯齿滚筒开棉机→FT202B 型输棉风机→ZFA172 型喂棉箱 ×8→FA203 型梳棉机 ×8]加以说明。

(1)FA006 型往复抓棉机应勤抓、少抓、轻打、少打。调整前后工艺见表 5-7。

表 5-7　FA006 型往复抓棉机工艺调整

工艺调整内容	调整前	调整后
肋条与打手相对位置/mm	-2	-8
抓棉机打手转速/$r \cdot min^{-1}$	1250	950

分别在 TF28 型桥式吸铁装置附的 A045B 型凝棉器出口取样,称 300 只棉块重量得频率分布图,如图 5-9、图 5-10 所示。

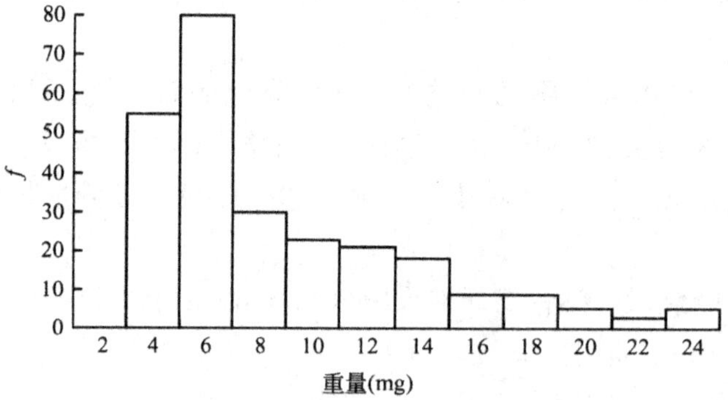

图 5-9　频数分布图(调整前)

图 5-9 中,f 表示 300 只棉块中出现“2,4,6,8,…”各种重量的频数。后文同此。

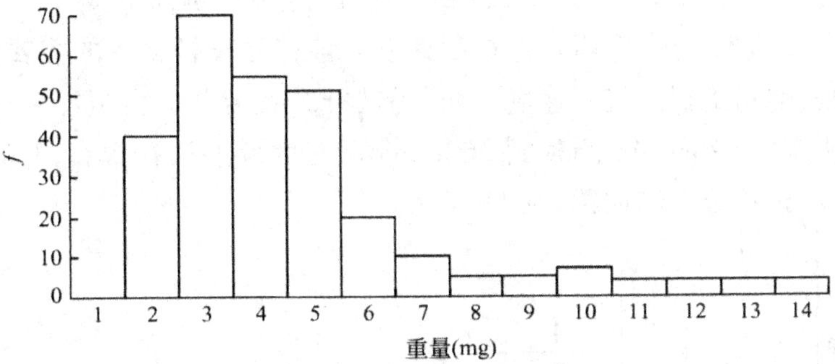

图 5－10 频率分布图(调整后)

由试验数据(略)和图 5－9、图 5－10 可得调整前后数据,见表 5－8。

表 5－8 调整前后数据比较

项 目		调整前	调整后
棉块最大重量/mg		22.8	13.58
棉块最小重量/mg		0.47	0.20
棉块平均重量/mg		5.53	3.31
棉块重量均方差		14.91	6.91
棉块的主体重量/mg		2～4	1～2
6mg 以下棉块	数量	206	268
	占试样百分率/%	68.7	89.3

(2)在原棉含杂较低的情况下,可跳过 FA106 型锯片打手开棉机,减少一个打击点。由于在 FA106 型锯片打手开棉机前有 FA103 型双轴流开棉机,主要大杂已基本清除;在其后又有 ZFA031 型中间喂棉机和 ZFA108E 型锯齿滚筒开棉机,还有对原棉进行开松除杂的机会,因此在原棉含杂 1.2% 左右时,就跳过了 FA106 型锯片打手开棉机。

跳过 FA106 型机后,在 ZFA108E 型锯齿滚筒开棉机后取棉样试验筵棉的短纤维率、手拣棉结和含杂率,同时试验生条含杂率,得表 5－9 对比试验结果。

表 5－9 跳过 FA106 型机前后对比试验结果

项 目			调整前	调整后
筵 棉	短纤维	%	12.7	12.1
	手拣棉结	粒/g	15	12
	含杂率	%	0.67	0.7
生条含杂率		%	0.07	0.07

表5－9说明跳过FA106型锯片打手开棉机对生条含杂无影响。

（3）降低ZFA172型喂棉箱开松打手速度。该棉箱开松打手的主要任务是对筳棉进一步开松、均匀给棉。打手速度太快，易使纤维疲劳并产生短纤维、棉结、索丝，因此将打手速度由820r/min调整到560r/min。速度调整后在棉箱出口处取样300只棉块，称重得频数分布图如图5－11所示。

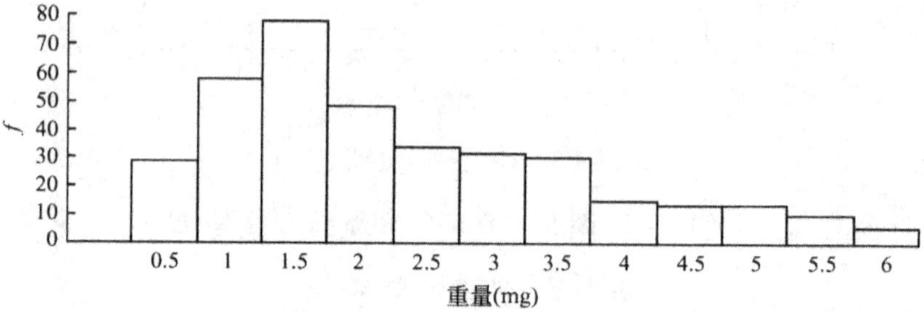

图5－11　频数分布图

由试验数据（略）和图5－11可得，棉块重量最大值为5.81mg，棉块重量平均值为1.99mg，均方差为1.59，从频数分布直方图可以看出，棉块主体为0.5～2mg，效果较好，并未因减小打手速度而影响纤维开松度。

速度调整前后，棉箱出口处筳棉的短纤维率、手拣棉结等情况见表5－10。从表5－10可以看出，速度降低后，短纤维率、棉结、索丝都有减少。

表5－10　短纤维率、手拣棉结等情况

项　　目		调整前	调整后
短纤维率	%	12.9	12.5
手拣棉结	粒/g	18	14
索丝	粒/g	7	3

（4）降低锡林、刺辊速度。锡林转速由520r/min降低到436r/min，刺辊转速由1040r/min降低到858r/min。锡林、刺辊速度调整前后质量水平见表5－11。

表5－11　调整前后质量对比

项　　目		调整前	调整后
生条短纤维率	%	20.5	15.9
生条手拣棉结	粒/g	45	26
生条条干*CV*值	%	4.96	4.40
生条重量不匀率	%	2.22	2.32

从表5－11可以看出，降低锡林、刺辊速度后，生条短纤维率降低率达22.44%，手拣棉结粒数减少了19粒/g，仅对生条重量不匀率略有影响。

（5）优选FA203型梳棉机出条速度。将出条速度设计为五档，即分别为125m/min、140m/min、155m/min、170m/min、185m/min，相应道夫速度分别为34r/min、39r/min、43r/min、47r/min、50r/min，试验生条棉结和条干*CV*值，出条速度与生条棉结的关系如图5－12所示。

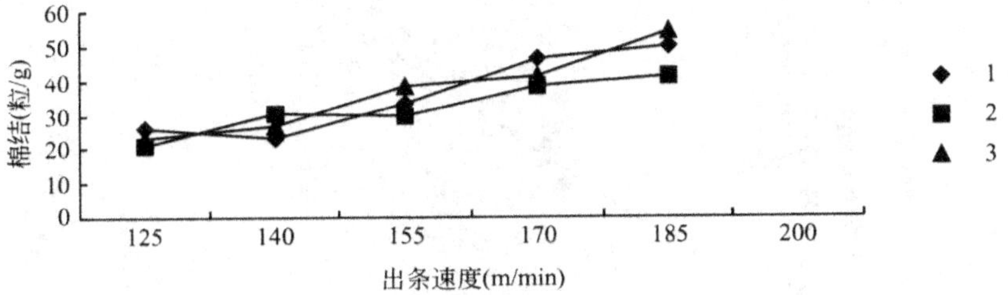

图5－12　出条速度与棉结相关图

1,2,3—三次手拣棉结的情况

从图5－12可以看出，出条速度（即道夫速度）快，棉结增加。

由于生条条干*CV*值以出条速度140m/min时为最好(4.57%)，故选用道夫速度为39r/min。

（6）清梳联工艺调整后的成纱质量见表5－12。

表5－12　工艺调整后成纱质量

项　目		CJ18.2K			CJ13K		
		调整前	调整后	前后差	调整前	调整后	前后差
黑板棉结	粒/g	24	18	－6	35	27	－8
条干*CV*值	%	13.49	13.24	－0.25	14.80	14.67	－0.13
细节（－50%）	个/km	6	4	－2	23	18	－5
粗节（＋50%）	个/km	44	36	－8	119	104	－15
棉结（＋200%）	个/km	62	50	－12	151	130	－21
断裂强度	cN/tex	15.18	15.25	＋0.07	14.57	14.82	＋0.25

从表5－12可看出，经工艺调整后，成纱黑板棉结、千米棉结数均有不同幅度的降低，成纱条干、单强也略有改善。

(三)减少精梳条棉结

1. 精梳条棉结与成纱棉结的关系

精梳条棉结与成纱棉结的关系如图5-13(J14.5tex纯棉精梳纱)所示。从图中可知,成纱棉结随精梳条棉结的增加而增加,因此必须对精梳棉结合理控制,以免影响成纱外观质量和评级。

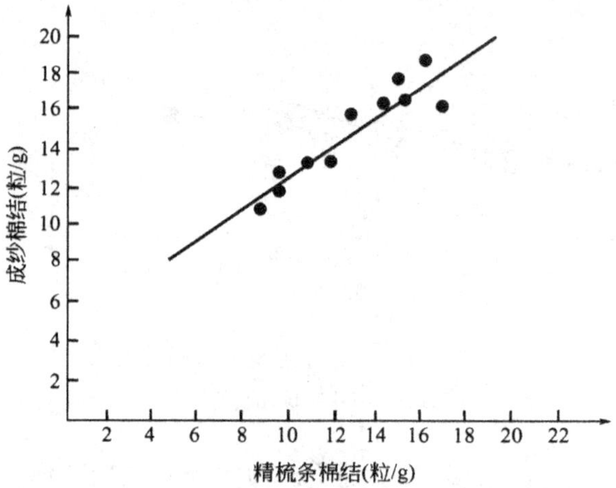

图5-13 精梳条棉结与成纱棉结的关系

2. 生条至精梳条棉结的变化

生条至精梳条(J14.5tex)棉结变化情况见表5-13。

表5-13 棉条经精梳准备和精梳工序后棉结变化情况

工 序	棉结数	增减情况		棉结重量
	粒/g	粒/g	%	mg/粒
生 条	10.8	—	—	0.018
预并条	29	+18.2	+168.5	0.006
小 卷	43.5	+14.5	+50	0.008
精梳条	21.2	-22.3	-51.3	0.012

注 棉结数为10次试验的平均值;棉结重量为百粒棉结称重后折算值。

从各工序百粒棉结重量和实际手拣情况看:

(1)生条中的棉结较大,多数棉结形状呈球形,结核饱满,纤维扭曲成团较紧,单根纤维成熟度较差。

(2)预并条、小卷中除生条中的大棉结外,一部分棉结形状比生条中大棉结形状有所减小，且结核显得较松（这部分棉结主要是由精梳准备工序产生），因而棉结平均重量减轻。

(3)精梳条中的棉结多数为小棉结，由于精梳条中已排除了一定数量的短纤维，因而棉结周围多数带有长纤维，所以棉结平均重量较预并和小卷中的略有增加。

百倍显微镜下各工序棉条中多数棉结形状如图5－14所示。

(a) 生条中的棉结 (b) 准备工序条中的棉结 (c) 精梳条中的棉结

图5－14 各工序棉条中多数棉结形状

3. 减少精梳条棉结的措施

(1)控制生条棉结是减少精梳条棉结的保证，应提高清梳除杂效率，掌握原棉性能，锯齿棉用量一般掌握在60%以下，以减少棉结的产生。

(2)精梳准备工序会增加棉结粒数，因此棉条通道应力求光洁，避免锈迹，减少对纤维的摩擦。如提高条卷成卷罗拉光洁度后，成卷过程中棉结由原8粒/g减至0.28粒/g。

(3)进一步提高精梳机的梳理和除杂能力。

① 适当加密顶梳植针密度，使它对分离纤维丛后端分梳得更为细微，对细小结杂排除得更充分。顶梳植针密度可提高到274枚/100mm。

② 毛刷应使用进口墨西哥白鬃，因其鬃毛洁净、细度均匀、弹性好、耐磨、不易断裂，使用年限为5年，使用寿命是猪鬃的5倍、黄鬃的2～3倍。白鬃毛刷对锡林针面的清刷效果好，锡林底部嵌花量较使用黄鬃毛刷明显减少，对减少结杂有较好效果。

③ 锡林、顶梳采用合理的植针规格，不断针、缺针，保持梳针工作状态良好。

④ 质量要求高可增加落棉2%～3%，以提高排除短绒和棉结的能力，提高质量。

⑤ 合理控制精流落棉率。中国香港地区纺织界的要求见表5－14，瑞士立达纺机公司的规定见表5－15，国内纺纱厂一般规定见第二章中第三节。同时应减少落棉台差和眼差。

表5－14 中国香港地区纺织界对精梳落棉率的要求

精梳纱类别	精梳落棉率/%	精梳纱类别	精梳落棉率/%
半精梳纱	13～15	特种精梳纱	22～24
全精梳纱	18～20		

表 5－15　瑞士立达纺机公司对精梳落棉率的要求

所纺细度/tex(英支)	19.44(30)	14.58(40)	9.72(60)	5.83(100)	4.17(140)
原棉长度/mm(英寸)	25.4(1)	26.9(1.06)	28.7(1.13)	38.1(1.5)	47.8(1.88)
精梳落棉/%	15	17	19	20	21

⑥ 防止锡林嵌花，及时清理排除嵌花，保证棉条通道光洁。避免锈迹罗拉运转不灵活，产生棉结。

⑦ 温湿度是精梳条生产的条件，应确保其在一定范围内。湿度偏大，棉结增加较多，要力求避免。

⑧ 正确掌握精梳工艺。如合理调整分离罗拉顺转定时、锡林弓形板定位、钳板闭合定时、顶梳安装尺度和梳理隔距等。

（四）并粗工序

通常许多工厂重点放在清梳工序减少棉结的产生，而忽略了并粗工序，实际上并粗工序控制不好，也会产生一定量的棉结。并粗工序以提高纤维的平行伸直度、加强对浮游纤维的控制、减少牵伸过程中的棉结增长为主。适当放大梳棉机道夫与压辊间的张力牵伸倍数、减少生条中的弯钩纤维数量，可减少头并棉条棉结的增长，如将张力牵伸放大到 1.5 倍时，头并棉条中的紧棉结数减少 20%，松棉结数减少 10%；采用重加压、紧隔距使纤维伸直平行，稳定纤维变速点，控制短纤维正常位移；选用密集程度较好的集棉器、喇叭头，防止须条扩散；头道、二道并条牵伸分配宜采用头并总牵伸倍数小（略小于并合数），有利于喂入生条中前弯钩纤维的伸直，二并总牵伸倍数大（略大于并合数），有利于喂入半熟条中后弯钩纤维的伸直，提高纤维平行伸直度；适当减小头并总牵伸倍数和并合数，使牵伸力减小，对纤维作用柔和、纤维疲劳损伤小，也有利于减少棉结的增长；粗纱采用皮圈牵伸和较大后牵伸，选用与定量相适应的集合器，做好纱条通道光滑、清洁工作，可减少毛羽和棉结的形成。

（五）加强温湿度管理

原棉回潮率超过 11%、棉卷回潮率超过 8.5% 时，将使除杂困难、棉结增加，在原棉等级低、低成熟纤维含量多时更为明显。这是由于低成熟纤维本身细度细、刚性甚差、腔孔大（有更大的毛细管效应和更大的吸湿性能），因此纤维柔软、塑性大、抗弯性差，受到机械部件作用时易变形，而且纤维之间易粘连，致使棉结增加。即使是成熟纤维，在回潮率较大时也有上述情况。另外，回潮率大，使杂质、疵点与棉纤维间的附着力增加而增加除杂困难，带纤维杂质更难清除。

因此，清棉和梳棉工序应有较低的相对湿度，使纤维处于连续放湿状态，以控制清梳工序半制品的回潮率。这样可使纤维间抱合力减小，保持较好的弹性和刚性，有利于开松、除杂、分梳和转移，从而减少粘连和扭结，降低棉结杂质粒数并提高棉卷与生条的结构质量。一般情况下，清棉工序相对湿度控制在 60% 左右，棉卷回潮率在 7% 左右为宜；梳棉工序相对湿度在 55% ~60%，生条回潮率在 6.5% 左右为宜。

第二节　白　星

一、减少白星的意义

白星是在印染加工后显现在布面上的白点。加工深色织物时，吸色较浅的白星对布面外观的破坏更为显著。白星在纱线本身尚未列出具体的考核内容，但对印染加工中成品率影响较大，如对纯棉薄型绸和高密涤/棉织物等质量要求高的印染坯布成品率的影响更大。因此，降低白星是提高成纱质量的又一个重要问题。

二、产生白星的原因

对坯布上的疵点标以记号并做染色试验，情况见表 5-16。从中可知，产生白星的主要原因是死纤维密集于布面上，导致染色不匀或染不上，形成白星。布面上的棉结和带纤维籽屑也会使布面在染色后产生白星。合理配棉是使染色布面白星小而少的一个根本措施。

表 5-16　坯布上的各种疵点染色后的显现率

疵点显现 / 疵点	坯布布面疵点数/粒	染色后布面显现率/%		
		白星	棉结	不呈现
不孕籽	20	0	0	100
死纤维	20	85	0	15
棉结	20	10	75	15
带纤维籽屑	20	15	55	30

三、白星与棉结的结构区别

白星和棉结是两种不同类型的疵点，是两个概念，它们的结构区别可以从可见性、形状、附着情况、印染后的情况四个方面来说明，见表 5-17。

四、各工序白星的演变情况

各工序白星的演变规律与棉结基本相同。纯棉 14.58tex（40 英支）纱各工序白星的演变情况见表5－18和图5－15。

表5－17　白星与棉结的结构区别

项目＼类别	白星	棉结
可见性	在白坯布上难以看到	在白坯布上可观察到
形状	有圆形的、长形的、丝状的	表面是圆形
附着情况	有的附着在纱的表面；有的平平整整嵌在纱和织物的组织里，用手不能剥掉	突出在织物的表面，用手去刮布面，部分联系较弱的棉结可被刮掉
印染后情况	印染后布面上显现明显的白点，其显现率随染色深度的加深而增加	印染后大部分为吸色较深的点子，只有小部分（10%）紧棉结转化为白星

表5－18　白星的演变规律

工序＼项目	白星	与前工序对比		平均重量	与前工序对比	
	粒/g	±（粒/g）	±（%）	mg/粒	±（mg/粒）	±（%）
清棉	9.67	—	—	0.0483	—	—
梳棉	18.33	+8.66	+89.56	0.0093	－0.039	－80.74
头并	25.00	+6.67	+36.39	0.0091	－0.0002	－2.15
二并	18.50	－6.50	－26.00	0.0110	+0.0019	+20.88
粗纱	16.67	－1.83	－9.90	0.0059	－0.0151	－137.27
细纱	13.35	－3.32	－19.92	0.0050	－0.0009	－15.25

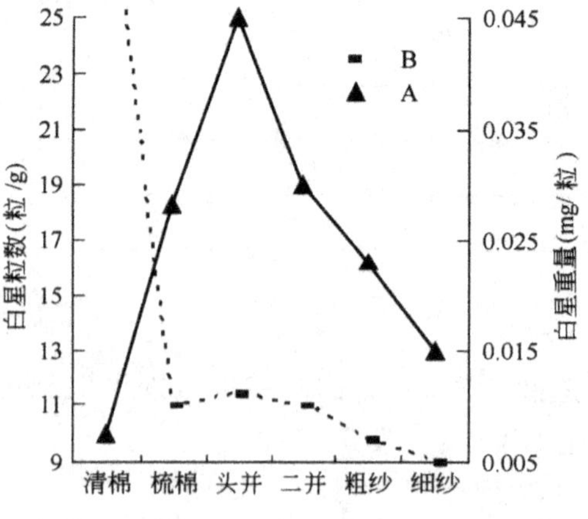

图5－15　白星粒数、重量在各工序的变化

A—白星粒数　B—白星重量

从表5－18和图5－15可以看出，各工序中的白星变化，从清花到头道并条，其粒数逐步增加，质量和颗粒大小逐渐减轻和变小。其原因是：在清棉加工过程中虽能排除部分僵棉死纤维，但经梳棉强烈分梳作用后，残留在棉卷中的僵棉死纤维被打碎成为不同形状大小的白星存在于棉网中，由于白星的质量很轻，所以在以后的工序中排除较少；由于它容易碎裂，所以在梳棉工序中数量增加而颗粒变小；由于棉结的增加和形状较大的僵棉死纤维被罗拉挤

压破裂,因而使头并棉条白星粒数进一步增加。二道并条至细纱白星粒数逐步减少,这是由于在粗纱、细纱加捻时,部分白星被包覆在纱条中。

五、减少白星的措施

白星在纱线和坯布上不容易检验到,主要是由于未成熟纤维潜伏在纱线和坯布的组织里,经染色和印染加工后,才明显地显现出来。减少白星的措施可从如下几方面着手。

(一)原棉选择

对白星有特殊要求的高档产品,应严格控制原棉的疵点内容,包括僵片、软籽表皮、病虫害棉和低成熟度纤维等。原棉中僵棉、软籽表皮等疵点应控制在:细特纱≤0.5%,中特纱≤1%,以保证深色布布面上白星的呈现率小。

轧工形式对白星的影响恰与棉结相反。由于锯齿轧棉作用剧烈,易损伤纤维,棉束多,对减少棉结不利,但锯齿轧棉机有排僵设备,故对减少白星有利;而皮辊棉则对减少白星不利,对减少棉结较为有利。因此,对不同产地的原棉应考虑是否使用排僵设备,注意原棉是否有混级成包或掺杂等,应加强逐包逐层检查,并综合考虑质量上存在的问题,合理选用不同轧工的原棉。

(二)落棉率

针对白星多由死纤维(不吸色)造成,在安排落棉分配时可在清花早落,适当多落1~2个百分点。梳棉后车肚第一落杂区要多一点,多落大杂和死棉,减少后道工序白星的产生。

(三)清棉工序

采用先松后打、松打间隔、逐步增强的工艺,达到早落少碎、多落少回收、未碎先落、排除僵棉。抓棉机宜加密刀片,调节小车运行和升降速度,做到薄喂细松。棉箱的帘子角钉改细加密,角钉帘与压棉帘隔距宜小,保持出棉量稳定,提高开松效果,为排僵创造条件。选用排僵效果好、除杂面积大的多滚筒或豪猪开棉机,各打手下的尘棒隔距宜适当放大,以利除杂。应使用排僵效果好的A035型混开棉机及气流除杂机。尘棒下不宜补风,以扩大落杂区,尽量减少僵棉的回收。

(四)梳棉工序

掌握适时落杂的工艺,防止僵片类疵点的碎裂,发挥刺辊下后落棉的除杂作用。适当提高刺辊转速和加重给棉罗拉,以利纤维束分离和伸直,使之具有较好的单纤维状态。除尘刀采用低刀大角度,缩短小漏底弦长,缩小漏底进口隔距,放大漏底网眼直径,增加后落棉,达到早排僵的目的,避免充塞针布而影响分梳效果。适当增快盖板速度,采取紧隔距措施,使僵片进一步得到控制。增强分梳和排杂的能力:缩小后落棉机台间差异；正常进行刷漏底和出车肚花工作，以利减轻漏底糊塞和轻微杂质的回收；擦光大小漏底，前后铁板做到通道光洁；擦清漏底毛糙、锈斑、油污，以利排杂；适当降低梳棉工序回潮率，以减少纤维间联系力。

总之，清梳工艺原则与减少棉结杂质的措施类同，并应加强僵棉的排除。

六、布面白星的染料遮盖

白星在纺纱生产中难以避免，为减少成本，可在印染时采用染料遮盖的方法，这对普通的品种是一种可行的措施。

白星对府绸和细特纱卡、纱贡等纯棉织物以及涤棉混纺卡其等的布面外观质量影响很大，尤其是在咖啡、藏青、枣红、蟹青、翠绿、宝蓝、品蓝等深杂色及鲜艳色布上，白星显露更为突出。通常纺织厂都是选用品级高的原棉来控制成品上的白星，但品级高的原棉有时也会含有僵辫等杂质，同时还提高了产品成本。而采用染料遮盖途经解决布面白星是一种较有效的方法，只要适当选择遮盖白星的染料品种，变换一下处方，就可以在其他条件不变动的情况下改变布面白星的状况。

白星的遮盖实质是染料渗入薄壁纤维内部的结果，遮盖的白星是耐洗涤的。一般把染料对白星的遮盖能力分为五级，以 A、B、C、C－D、D 表示。A、B 二级标志着遮盖级已合格，可以出厂。

大分子结构和卤化结构的染料对死棉有遮盖力。平面结构、长分子、大分子形态的染料对棉纤维有较好的亲和力，其中有一部分染料是多分子染料中间的缩合物，相对分子质量在 700 以上，对布面白星具有较好的遮盖力。在还原染料大类中，结构上有卤素基，通常指的是氯基和溴基。相对比较，溴化结构比氯化结构对死棉更具遮盖力。卤化是增加染料结构的吸电子基团，同时也是增大染料分子量的一种化学反应，其中最大相对分子质量不超过 700。染料结构含溴量高，其遮盖力大，含溴低的则小。还原染料在深色纯棉织物的染色中，一个配方往往需用 4～5 个品种的还原染料。因此，在选用品种中必须掌握有效遮盖配比。

第六章　纱线的毛羽

第一节　概　述

一、毛羽对纱线质量和织造工艺的影响

纱线毛羽是指纤维伸出纱线基体表面的纤维端或圈，即在须条加捻的过程中，部分纤维的头端或尾端，没有全部捻入纱线的主干部分，这些外露的部分即成为毛羽。

毛羽是衡量纱线质量好坏的标志之一。纱线毛羽较少，使得织物表面光洁，手感滑爽，且具有较好的透明性和清晰度。

毛羽影响纱线条干均匀和表面光洁；影响纤维的强力利用系数，使成纱强力降低。毛羽多使纱线的耐磨性差。毛羽对织造影响极大，其数量是高速无梭织机中影响织造的重要参数，如喷气织机会因纬纱毛羽多，使喷射受阻而造成引纬失败。过多的毛羽会影响纱线上浆后正常分绞。织造过程中因相邻毛羽粘贴缠绞，使织机开口不清，产生“假吊经”、“三跳”疵点，或造成经纱断头。毛羽多的纱线在后加工工序中表面容易受磨损而使布面起球。毛羽不匀会导致染色不均匀，毛羽多的地方颜色较深，少的地方颜色较浅。若两根纬纱上的毛羽不同，会因为反光程度的差别在布面上形成横档。毛羽的长短、数量及其分布影响机织、针织等后工序的生产效率，并影响最终产品的外观质量。织物需烧毛处理时，会增加烧毛损耗率、影响烧毛质量。

二、毛羽的产生

毛羽主要形成于细纱，增长于筒子卷绕部分。在纺织工艺过程中，仅在筒纱上蜡及浆纱过程中减少毛羽。从纱线至布的各生产工序，只要纱线在运行中存在张力，在通过导纱和卷绕部件时均会产生毛羽。

在环锭细纱机上产生毛羽主要有两大原因：一是经牵伸后[图 6－1(a)图]，从前罗拉钳口 AOB 送出的扁平纤维丛，在加捻三角区 $A'CB'$ 受加捻作用包卷成纱时，未受加捻力矩控制的大量纤维端和少数纤维中段不能卷入纱体而露在外面形成毛羽；二是通过始捻线 $A'O'B'$（纤维丛与前罗拉脱离接触的线），离前罗拉钳口线有一距离，即图 6－1(b) 中的弧段 AA'，在 C 点基本成纱后（C 点可称成纱点），纱线受导纱钩、隔纱板和钢丝圈等的摩擦，使一些原包卷入纱体的纤维端或纤维中段被刮、擦、

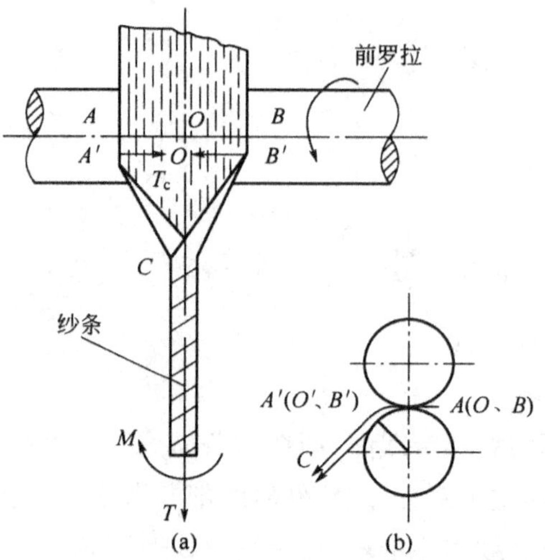

图6－1　纤维丛的加捻

拉、扯露出纱体，或一些纱线表层纤维被擦断浮出纱体，形成新的毛羽。

三、毛羽的基本形态和动态分布

毛羽的形态是错综复杂的，不同的纺纱原料、纺纱形式、纱线结构、工艺状况等，会出现不同的毛羽形态。总体来说，纱线表面的毛羽状态一般都是呈复杂的空间分布。毛羽的形态一般可按纱线的断面进行分类。

从纱线的断面看，纱线四周都存在长短不一、状态不同的各种毛羽，一般可分为三种基本形态，如图6－2所示。

(1)端毛羽：纤维的一端伸出纱线表面，伸出端呈复杂的弧形，纤维的其余部分则位于纱线内部。

(2)圈毛羽：纤维的两端都埋入纱线内部，纤维中间的部分片段呈弧形暴露在纱线表面。

(3)浮游毛羽：指附着于纱线表面的松散纤维或野纤维。

图6－2　纱线的断面形态

按其纤维端的伸出方向与纱线运动方向的关系，又可将端毛羽细分为头向毛羽和尾向毛羽两种。若纤维端的伸出方向是顺延纱线的运动方向，这种端毛羽则为头向毛羽；若纤维端的伸出方向是背离纱线的运动方向，这种端毛羽则为尾向毛羽；若在顺延和背离纱线的运动方向的两个方向上均存在少量伸出的纤维端，这种端毛羽即为双向毛羽。

采用间歇式高速摄影系统对纺27.8tex纯棉纱毛羽的动态测量得到：纺纱段纱线的动态毛羽统计，端毛羽占82%～87%，圈毛羽占9%～12%，浮游毛羽占4%～6%。纺纱段毛羽在一落纱中的变化情况，毛羽根数一般是卷绕小直径部位多于卷绕大直径部位，毛羽平均长度的变化趋势在卷绕大小直径时是相同的。纺纱段毛羽根数与动态捻度的变化趋势相反，毛羽平均长度与纺纱张力的变化趋势相反。纱线与导纱钩间的摩擦作用对纱线毛羽产生显著影响，毛羽平均根数增长率达14.3%。纱线经过钢领、钢丝圈后，毛羽平均增长率达33.7%。在纺纱过程中纱线毛羽形态的变化情况是：在纺纱段呈现三种基本形态，在气圈段呈伸直平行的端毛羽状态，在卷绕段又恢复三种基本形态。气圈段纱线毛羽中圈毛羽仅占 0.1%，说明环锭纱线中真正两端同时伸入纱芯而中段拱出形成的圈毛羽是极少的，多数是“假圈毛羽”，这是由于纤维伸出端因预应力的作用发生卷曲和相互缠结而产生的。

四、纱线毛羽的评价

对纱线毛羽的评价可用纱线单位长度内纱体单侧面的毛羽累积总根数 A（根/m）、毛羽平均长度 B（mm）、毛羽总长度 $L=A\cdot B$（mm）来评价。纱线的细度与毛羽总根数呈负相关，与毛羽平均长度呈正相关。一般认为长度超过 2mm 的棉纱毛羽才会发生相互缠结，危害纱线的可织性。

纱条单位长度上“毛羽长度达到某一长度（x）”的毛羽平均根数（y）与毛羽长度（x）的关系为负指数函数，见式（6－1）。如用 YG171A 型毛羽检测仪得到 14.5tex 原纱的毛羽平均根数与毛羽长度的对应值，经分析得到关系式（6－1）和对应函数曲线图 6－3。

$$Y=A\cdot e^{\left(-\frac{x}{B}\right)} \qquad (6-1)$$

式中 A、B 为反映毛羽情况的特征参数，本例 $A=652.62$，$B=0.85$。

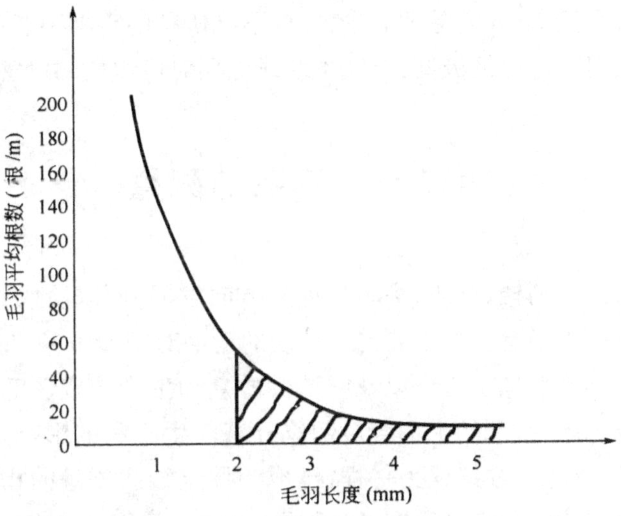

图 6－3　C14.5tex 毛羽平均根数分布函数曲线

从图 6－3 可以看出，毛羽长度分布中，毛羽越长，毛羽数量越少，但毛羽越长，越容易发生缠结，对纱线可织性造成的危害越大。因此可借助于毛羽平均根数的长度分布函数，用 $x>2$mm 范围内曲线下的阴影面积来衡量，面积越大，纱线毛羽对可织性的危害越大。

毛羽长度 $x>2$mm 范围内曲线下的阴影面积计算式为：

$$S=\int_{2}^{\infty}A\cdot e^{-\frac{2}{B}}dx=A\cdot B\cdot e^{-\frac{2}{B}} \quad (6-2)$$

五、织造前纱线毛羽的变化

用BT—2型智能在线毛羽检测仪对细纱、络筒、浆纱工序进行毛羽的在线检测，从20次纱线的毛羽测试结果分析得表6－1。

表6－1　管纱、筒纱、浆纱的毛羽分布

类别 \ 长度/mm	<2	2～4	>4
管纱(%)	80～90	10～20	<3
筒纱(%)	70～75	25～30	3～5
浆纱(%)	80～85	10～25	<1

从表6－1中可以看出，络筒后大于2mm的毛羽增加，而小于2mm的毛羽下降，这是由于络筒过程中纱线退绕时的摩擦剥离作用使部分短毛羽变成了长毛羽。浆纱后毛羽得以伏贴，大于2mm的毛羽减少，部分不能伏贴的毛羽则变成短毛羽，浆纱后大于4mm的长毛羽所占比例极低，降低了纱线毛羽对可织性的危害。

第二节　毛羽的测量

目前，纺织品正向高档、优质、高附加值的方向发展，而以质取胜、制订严格的质量控制标准，对企业来说是至关重要的。纱线的毛羽对纺纱工艺、布面外观具有不可忽视的影响，而且影响后加工工序以及织造的质量和生产效率。毛羽会造成纱线外观毛绒，降低纱线光泽，杂乱的毛羽会对织物外观产生不利的影响。因此，纱线毛羽已经像纱线均匀度、纱疵、纱线强力一样，已成为评定纱线质量的指标之一。纺织企业、研究所及高等院校实验室必须配备毛羽测试仪，由熟练的技术人员对纱线毛羽进行常规的试验，及时将毛羽的检查结果反馈给生产企业，以便尽早查明毛羽产生的原因，及时采取相应的措施来减少纱线毛羽。因此必须重视纱线毛羽的测试工作。

按测试的物理原理，毛羽的测试方法可归纳为：目测评定法、光学法、烧毛失重法、光电法、导电法、光电计数法、扫描法，还有诸如激光法、光学衍射法和气压差法等。

目前工厂常用的毛羽测试仪器有 BT—2 型纱线毛羽测试仪、YG171A 型纱线毛羽测试仪、乌斯特 UT—3 型条干均匀度仪的毛羽测试仪。

一、BT—2 型纱线毛羽测试仪

该仪器是用于生产现场检测纱线毛羽数量的专用仪器，主要用于浆纱机上测试纱线上浆前后毛羽数量的变化情况，是改进浆料配方、浆纱工艺和降低经纱断头，使浆纱质量达到较高水平，提高布机效率的理想测试仪器，也是准备工序进行质量管理的有力工具。它不仅适用于生产机台上直接检测纱线毛羽的数量，而且可在运转的机台上进行多点测试，并可直接用于络经机、整经机、制线机、烧毛机等生产机台上的毛羽测定。该仪器体积小、使用方便，代表性强，测试精度高，并能报告均方差、平均值及不匀率等，各种类型的纺织厂均可使用。

1. 工作原理

该仪器主要是应用光电原理，采用了检测纱线单侧面毛羽的方式，当纱线导入导线片后，一侧的毛羽就会经过一束定距离的光束，引起光通量的微弱变化，经接收放大转变成电信号后，最后计数显示。

需要引起注意的是：由于毛羽在纱线表面上是呈立体分布，其长短扭结形态各不相同，因此运用该仪器检测时纱线表面形态不能受压以维持其自然状态。另外，测试时纱线运行速度及所受张力的变化对纱线毛羽的数量的影响较大。

2. 测试条件

测试速度、测试长度、纱线线密度及材料、测试时温湿度条件等影响着测试结果。

① 测试速度：一般取 30m/min。测试速度一经选定就不要更改，以增加实验结果间的可比性。因为有实验表明，在不同测试速度下的测试结果有所不同。

② 测试长度：一般为 2mm、3mm。

③ 对纱线施加的张力：测试纱线毛羽时，根据纱线的线密度来调节，以便确定一个合适的取值。

④ 测试试样放置的时间：由于纱线毛羽的稳定性极差，不同温湿度条件下会使纱线毛羽的实测长度和频数分布发生变化，所以毛羽的测试应在标准温湿度条件下进行，以便使测试的数据具有实际的价值，而且纱线放置时间不宜过长，时间越长，测出的毛羽数波动越大，一般以放置 24h 为宜，温度为 25℃、相对湿度为 60% 较为合适。

⑤ 取样：一般每组取 10 个管纱进行测试，每个纱管上连续测 10 次，每次测试纱线长度为 10m，所提供的毛羽指数为根/10m，在做对比试验时，同台同锭取样，而且纱线线密度的大小也要具有可比性。筒纱毛羽的测定则为同锭管纱，且试样大小基

本一致,以保证数据的来源一致性。

二、YG171A 型纱线毛羽测试仪

YG171A 型毛羽测试仪采用微型计算机控制,属于光电投影计数的仪器。其测试结果表示的是在一定长纱线上伸出纱线主体表面超过一定长度的纤维数量的总和。

1. 工作原理

该仪器测试一个侧面的毛羽数,测试结果与纱线实际存在的毛羽数成正比。当连续运行的纱线在通过检测区时,凡大于设定长度的毛羽就会相应地遮挡光束,红外光电传感器利用毛羽挡光现象、光电转换原理,把毛羽挡光引起的光敏管接收的光信号,再经过放大整形处理,形成毛羽脉冲信号进行计数测量,并可显示和输出结果。

2. 主要技术性能指标

① 可检测毛羽长度:0.5 ~6mm 连续可调。

② 测试速度:有 30m/min、60m/min 两档可供选择。

③ 观察速度:4.8m/min。

④ 纱线测试长度:1mm、2mm、5mm、10mm 等七档。

⑤ 连续测试次数:单管纱连续测试次数有 1、3、6、10 等六档可供选择;十管纱测试,每个管纱连续测试次数固定为 10 次。

3. 测试条件

毛羽的测试应在温度为 25℃、相对湿度为 60% 的恒温恒湿条件下进行,而且测试前应将测试样品在上述恒温恒湿条件下放置 24h 左右,以使测出的毛羽数波动小、有效性高。

三、乌斯特 UT—3 型条干均匀度仪的毛羽测试仪

近年来,乌斯特公司在乌斯特 3 型条干仪上配备一个毛羽测试的附加组件(即乌斯特 UT—3 型条干均匀度仪的毛羽测试仪)后,能在测试纱线条干不匀的同时测量纱线毛羽。

1. 测试原理

乌斯特 UT—3 型条干均匀度仪测试毛羽的方法是由纱条表面毛羽在红外光照射下的遮光量,间接地测量出单位长度纱条表面毛羽累计长度。这种仪器上均匀的平行光线形成纱线测试场。如果将纱线放到测试场内,当一束平行的红外光束照射到纱条上时,纱体遮挡了光束,在接收装置表面形成阴影,若纱条表面存在毛羽,则红外光便在毛羽表面发生反射并透过毛羽产生折射。只有散射光线才能到达检测器

上，这种散射光是由于毛羽形态的无规则性，凸出于纱线主体表面的纤维所引起的。并且毛羽在纱体表面配置方位呈随机性，散射光来自光线的折射、衍射和反射，好像每根单独纤维即凸出纤维都是发光的。散射的红外光在纱条周围形成一个辉亮区域，辉亮的程度与毛羽长度之和有关，将这些散射的光强转换成电信号，即散射光就是毛羽的测定指标，并且以电量的形式测定。经过标定，便能间接测量出单位长度纱条表面的毛羽累计长度。另一方面，直射光被位于检测器一边的一条小缝所吸收，如果测试场中没有纱线，就没有光线射在光电探测器上，因此就不会产生电信号。

2. 测试特点

乌斯特 UT—3 型条干均匀度仪其测试结果具有可重复性。测试自动化并可在高速情况下进行，其数据和图像均可在屏幕上显示和打印机上打印，因而测试时间短。测试不用考虑纱线本身的直径，且无须进行纱线体和伸出纤维的分离，测试方法不受油污、测试速度、杂质、导纱方法等干扰因素的影响，因此测试出的数据比较准确。另外它可记录下毛羽沿纱条纵向的变化曲线和频谱图，可帮助研究人员分析非正常毛羽分布的原因。

第三节　减少纱线毛羽

纱线的毛羽对整个生产工序的顺利进行以及成纱的质量均有很大的影响，改善纱线的毛羽，可以提高产品的质量，提高工作效率，降低生产成本，增加经济效益，增强市场竞争力。

纱线毛羽主要产生于细纱的加捻三角区，增加于络筒，而减少于浆纱。影响棉纱毛羽的因素是多方面的，如原料的性能与选配、前纺工艺、集合器、细纱捻度、细纱锭速、络筒速度和张力、纺纱器材等因素均对纺纱过程中形成毛羽有较大的影响。因此，减少纱线毛羽的主要措施可从以下几方面考虑。

一、合理选择原料

据统计，环锭纺棉纱中 80% 以上的毛羽是纤维头端、尾端外露形成的端毛羽。一般来说，主体长度对毛羽的影响是很大的，主体长度越长，毛羽越少，所以尽量控制原棉的主体长度，一般控制在 28. 5mm 以上。纤维越粗，柔软性越差，刚度越大，抱合性越差，纺纱过程中纤维间相互排斥，使毛羽数量增加；纤维越细，在纺纱过程中容易造成短绒，增加了毛羽产生的概率，所以纤维公制支数要控制在 6000 公支左右。纤维成熟度太大，刚度越大，抱合性越差，使毛羽数量增加；成熟度太小，纤维强力则越小,容易折断使短绒增加,所以成熟度要控制在 1.55 ~ 1.65 之间;原棉含短绒率、混棉中回花和再用棉比例偏高,意味着单位纱线长度上的纤维头端、尾端数量增多,它们露出纱体之外的概率增大,成纱毛羽势必增多。此外,纤维的摩擦性能、导电性能、抱合力、拉伸强度、横截面形状、卷曲度和抗压性能等对纱线毛羽也有一定的影响。

棉型化纤纯纺或与棉混纺时,合理使用抗静电剂。可减少纤维间的排斥作用,降低短纤维端伸出纱芯的概率,减少纱线毛羽的数量。

以不同长度和细度的原棉混合纺纱,与各该长度和细度的单一原棉纯纺纱相比,混用较长较细的原棉可使成纱毛羽量降低,但降低的程度并不与较长较细组分所占的百分率成比例,而是低于该比例,成纱毛羽量高于预期值。这是由于纺纱过程中纤维在纱线内外层转移时,较短较粗的组分优先向表层转移而露出纱体的概率大于与其混用比例相应的概率之故。其他不同性状的纤维混纺时,除各特定纤维的性能影响外,不同纤维在成纱内外层的分布趋势和对成纱毛羽的影响,均有类似情况。

二、改善半制品结构和光洁度

良好的半制品结构就是须条中纤维的分离度、平行伸直度好,短纤维含量少,干扰纤维运动的棉结杂质少,利于细纱牵伸装置对纤维运动的控制,从而减少毛羽的产生。

清梳工艺应尽量多排除短纤维,少损伤纤维。对精梳纱,适当增加精梳落棉率有利于精梳条中短纤维含量的降低和整齐度的提高。精梳落棉率对成纱毛羽的影响见表 6-2。由表可见,增加精梳落棉率,成纱毛羽数明显下降。精梳准备(预并、条卷)的总牵伸倍数与纱线光洁度成反比,如纺 CJ 14.5tex 纱,精梳准备总牵伸倍数由 11.84 降为 8.85,成纱 2mm 及以上毛羽根数由 163 根/10m 降为 116 根/10m,降低 28.83%。因此适当降低精梳准备总牵伸倍数,增加精梳落棉率,有利于减少成纱毛羽。

表 6-2 精梳落棉率对成纱毛羽的影响

项目		毛羽长度/mm					
		1			3		
精梳落棉率	%	14.36	15.98	17.53	14.33	15.98	17.53
平均毛羽数	根/10m	360.30	320.56	297.11	12.67	11.55	9.56

提高半制品光洁度,浮游在须条表面的乱纤维少,可以降低成纱毛羽。尤其是精梳产品,由于精梳条较熟,易碰毛,所以精梳、并条、粗纱各通道及棉条筒必须十分光

洁，挡车工操作时要注意不碰毛棉条。采用并条纤维伸直工艺，即头并牵伸倍数小于并合数，后牵伸倍数大，二并用集中前区牵伸的工艺，这样可提高纤维平行度，减少纤维弯钩，有利于改善粗纱结构，降低成纱毛羽。并条机吸、排风量不能过大，否则干扰牵伸区纤维运动。另外，合理选择喇叭口口径和集棉器开口大小及其几何形状，对成纱毛羽也有很大影响。如西德 FBll 型粗纱机牵伸装置中区喇叭口，由扁平形宽 12mm、高 5mm 改为 8mm 上开口式；前区集棉器由开口 13mm 改为 8mm，7.29tex（80 英支）纱 3mm 毛羽数由 62.7 根/10m 降至 44.82 根/10m。使用橡胶材料光滑圆锥面假捻器，利用圆锥面的高摩擦因数达到假捻目的，粗纱的光洁度明显改善。适当增加粗纱机前胶辊前冲量、增加粗纱车间的相对湿度，均对提高粗纱光洁度有利。最大可能地增加粗纱卷绕中的圈数（不要重叠），以降低粗纱毛羽，对降低纱线毛羽有利。

三、细纱工序措施

（一）适当提高粗纱捻系数，减小后区牵伸倍数

在细纱工序，有许多毛羽在纱条离开前罗拉时就已存在。因此，加强纤维在牵伸区内的凝聚作用，减少牵伸对纤维的扩散作用，对减少毛羽很有利。为此，适当提高粗纱捻系数，放大细纱后区罗拉中心距，减小后区牵伸倍数，让须条留有一定的捻度进入前牵伸区，有利于防止纤维的过分扩散以减少毛羽。不同后牵伸倍数的毛羽比较（纯涤 14.5tex）见表 6－3。

表 6－3　不同后区牵伸的毛羽比较

后区牵伸倍数/倍	1.38	1.33	1.25
3mm 毛羽数/根·$(10m)^{-1}$	43.08	33.58	28.96

由表 6－3 可见，当后区牵伸由 1.38 倍降至 1.33 倍后，纱线毛羽约下降 22%；当后区牵伸由 1.38 倍降至 1.25 倍后，纱线毛羽下降 33%。

（二）选用恰当开口的集棉器

在细纱机主牵伸区的胶圈与前罗拉之间使用集棉器，能压缩须丛宽度，使须条密集，减少边纤维扩散，有利于减少毛羽。但集棉器开口应与纺纱特数相适应，过小将不利于边纤维的密集，反之会使毛羽增加。纺 T/C 13tex 纱时，不同开口集棉器对成纱毛羽的影响见表 6－4。

表 6－4　不同开口的集棉器对成纱毛羽的影响

集棉器开口/mm	1.2	2.0	2.5	无集棉器
2mm 毛羽数/根·$(10m)^{-1}$	100.4	84.9	152.1	196.0

从表 6－4 可见，2mm 开口集棉器较合适，毛羽数为 84.9 根/10m，比无集棉器时的毛羽数降低 57%，比 2.5mm 开口集棉器时的毛羽数降低了 44%。而 1.2mm 开口集棉器由于开口过小，毛羽数反而有所增加，比 2mm 开口集棉器时的毛羽数增加了 18.26%。

缩小前区中心距和减小前钳口至胶圈钳口的距离，可减少纤维的扩散程度，有利于减少毛羽数。

（三）采用软胶辊和内外花纹胶圈

在纺纱过程中，胶辊、胶圈的直径、硬度及其表面性能直接影响须条的包覆控制作用及浮游纤维的运动。具有优良弹性、较小压缩变形、良好抗静电性及较低硬度的胶辊、胶圈能减少纺纱中的静电与缠绕，有利于减少纱线毛羽。

低硬度的胶辊，由于弹性好、受压变形后其表面覆盖的面积较大，增加了胶辊与罗拉的握持面积，缩小了加捻三角区，并且摩擦力界延伸，对牵伸区内边缘纤维的控制较好。同时低硬度的胶辊的横向握持力较均匀，对加捻三角区纤维的控制亦较完善，减少了浮游纤维头端伸出棉条的概率，有利于减少纱线毛羽。

采用邵氏硬度 65 度及 72 度两种规格胶辊纺纱的毛羽数比较结果表明，无论是涤/棉纱还是纯棉纱，毛羽数都比使用 72 度胶辊时有所减少。

不同类型的胶圈对毛羽影响见表 6－5。从中可见，使用内外花纹胶圈时，毛羽比平光胶圈少。

表 6－5　不同类型胶圈对毛羽的影响

试纺品种/tex	CJ 14.5		T/C(65/35)13	
胶圈类型	内外花纹	平光	内外花纹	平光
3mm 毛羽数/根·(10m)$^{-1}$	11.7	12.8	6.4	7.7

（四）前胶辊位置适当前移

国产环锭细纱机由于罗拉座呈一定的倾斜角度（新机一般设计为 45°），而加捻卷绕机构又垂直于机器台面，使得牵伸后的须条在前罗拉表面形成一定长度的包围弧，其弧长影响加捻三角区的无捻纱段长度，决定了罗拉钳口握持的须条中伸入已加捻的纱线中的纤维数量和长度，对细纱断头率和毛羽数量有极大的影响。国内专题研究结果表明，细纱前胶辊钳口线前移 0～3mm 时，可减少须丛在前罗拉上的包围弧，使加捻力矩更接近前罗拉钳口，对纱线毛羽有明显的改善；前移量过大时，一方面减少毛羽效果不明显，另一方面会加大浮游区长度，影响牵伸效果和前钳口对须条的实际压力。

目前有人将新型细纱设备上的前胶辊前移了 5mm，取得了更好的效果，但前移超过3mm后，毛羽数的减少幅度变小。表6－6说明了细纱前胶辊位移与成纱毛羽的关系。

表6－6　细纱前胶辊位移与成纱毛羽的关系

纱线线密度/tex	毛羽数/个·m^{-1}		
	前移0	前移3mm	前移5mm
29	19.9	15.8	15.0
24	19.4	14.2	13.1
17	16.7	11.2	10.2

因此，细纱机前胶辊适当前移，既减少了无捻纱段的长度，又加强了对加捻三角区纤维的控制效果，不失为一项降低纱线断头率和纱线毛羽的有效而简便的措施。但从综合效果来看，前胶辊的前移量一般控制在3mm以内。

(五)适当提高细纱捻系数

纺制T/C(65/35)13tex纱时，不同细纱捻系数与毛羽数的关系见表6－7。

表6－7　不同细纱捻系数与毛羽数的关系

细纱捻系数	348	357	366	375
3mm毛羽数/根·$(10m)^{-1}$	97.0	96.0	87.0	64.0

捻系数由348增至375时，毛羽数下降34%。但细纱捻系数的选择，主要取决于最后产品对细纱品质的要求。涤/棉纱采用较小的捻系数，对提高细纱机产量、改善涤/棉布条影和染色效果有一定好处，但捻系数减少后，纱条对纤维的密集作用减弱，使纱线在加工中容易产生毛羽，同时还应考虑纱线必需的伸长和强度。部分地区要求13tex涤/棉纱的实际捻系数经纱在350以上，纬纱在340以上。捻系数过大，会使纱线手感发硬，细纱机产量降低。因此必须在兼顾细纱品质和细纱生产率时，适当增加细纱捻系数，以利于降低细纱毛羽。

(六)合理选择锭速

在纺纱特数和纤维细度一定的前提下，锭速超出一定范围后，毛羽数随着锭速的增加而增加。特别是锭速从14500r/min增加至16000r/min时，毛羽数增加更快(钢领直径42mm)。这是因为锭速越高，纱条受到的离心力越大，离心力的作用促使已捻入纱中的纤维或正在加捻的纤维被甩出形成毛羽。对纤维的头尾端及中部往往因捻入不牢形成毛羽，且各种方向形态都有，以双向圈形居多，并受到各接触件光洁度的影响。通过试验，毛羽几乎与细纱机锭速成正比例增加，见表6－8。

表 6-8　锭速对成纱毛羽的影响

细纱机锭速/r·(min)$^{-1}$	19014	17847	16810
2mm 毛羽/根·(10m)$^{-1}$	77	74	65
3mm 毛羽/根·(10m)$^{-1}$	72	69	58

注　T/C 13tex 试验 30 只管纱 8 次平均数。

生产试验表明，纺制粗特纯棉纱，锭速每增加 1%，毛羽数以 2% ~3% 的速率增加；而纺制细特纯棉纱时，锭速每增加 1%，毛羽数则以 3% ~4% 的速率增加。在纺制合成纤维纱和混纺纱时，毛羽数随着锭速的增加而急剧增加，这除了离心力的原因外，还因高锭速造成的高发热导致了静电的产生，从而加速了毛羽的形成。

（七）合理选配钢领和钢丝圈

钢领和钢丝圈的选配对减少成纱毛羽有着极大的影响。其主要影响因素如下：

1. 钢丝圈的截面形状

不同截面形状钢丝圈的动摩擦因数不同，对纱线的摩擦情况也不一。钢丝圈截面形状与动摩擦因素的关系见表 6-9。

表 6-9　钢丝圈截面形状与动摩擦因数的关系

截面形状	圆形	长矩形	薄弓形	矩形
尺寸比（宽：厚）	1：1	3：1	5：1	2：1
动摩擦因素	0.27	0.31	0.34	0.29

若仅从减少摩擦来考虑，以圆形截面钢丝圈最好，有利于减少纱线毛羽。但其散热性能差，易磨损，运行的稳定性差，与降低断头相矛盾。有关资料表明，采用较大宽度的矩形截面钢丝圈对减少成纱毛羽与降低断头均有利，纺涤/棉纱时更为明显。

2. 钢丝圈圈形

圈形大，纱条通道宽畅，不易嵌入钢丝圈与钢领之间而刮毛纱条。钢丝圈的圈形须根据不同纱特，兼顾通道与钢丝圈运行稳定性进行合理选择。

3. 钢丝圈重量

用不同轻重的钢丝圈纺制 C/T(60/40)14.58tex（40 英支）纱时，钢丝圈轻重与毛羽的关系见表 6-10。

表 6-10　不同轻重的钢丝圈对毛羽的影响

钢丝圈型号	10/0	11/0	12/0	13/0	14/0	15/0	16/0	17/0	18/0
2mm 毛羽数/根·(10m)$^{-1}$	66.5	69.6	66.4	81.3	79.2	77.9	87.3	85.3	145.5

注　钢领为 ZM—6 型；钢丝圈为 ZB—8 型。

由表 6－10 可见，钢丝圈重量越重，毛羽数越少。这是因为采用较重的钢丝圈可以减少气圈凸形，减轻纱条与隔纱板的撞击，从而减少毛羽。不过钢丝圈过重，会使纺纱张力增加，导致断头率上升。因此应兼顾细纱断头率与细纱毛羽这一对矛盾来合理选择适宜重量的钢丝圈。

4. 合理掌握钢丝圈的使用周期，修复衰退钢领

在钢丝圈的走熟期（前 1～2 天），纱线毛羽最多，毛羽 *CV* 值最高；稳定期毛羽较少，毛羽 *CV* 值也较少；衰退期，毛羽数和毛羽 *CV* 值又回升。这是由于钢丝圈刚上车时，钢丝圈与钢领跑道尚未磨合，运行不平稳，钢丝圈纱线通道不够光滑，使纱线毛羽较多；稳定期内，钢丝圈运转平稳，纱线通道光滑，因而毛羽较少；钢丝圈衰退期，一方面钢丝圈重量减轻，使气圈凸形增大，导致纱圈与隔纱板摩擦；另一方面钢丝圈纱线通道被磨出沟痕，增加了对纱线的摩擦，从而使毛羽又有所增加。

普通钢丝圈使用周期一般为 7～10 天。德国塞拉姆（CERAM）工程陶瓷公司生产的陶瓷涂层钢丝圈和钢领是迄今使用寿命最长的钢丝圈，可使用 12 周才需更新，由于钢丝圈的陶瓷涂层相当硬，摩擦因数很低，所以纱线不易磨损。立达公司 Hi－per－spin 环锭细纱机采用的 ORBIT 高速钢领、钢丝圈是由特殊耐磨的材料制成，具有耐摩擦、使用寿命长的特点，在锭速高达 25000r/min 时纱线毛羽仍能维持相当的水平；陕西纺织器材研究所研制的镀氟钢丝圈，使用寿命 20～30 天，比一般钢丝圈要高 3～4 倍，大大延长了钢领和钢丝圈的稳定期，对稳定和降低细纱毛羽十分有利。目前 SUPER 滚动钢丝圈技术在国内很多棉纺织企业得到推广使用，由于它将钢领与钢丝圈的摩擦方式由滑动变为滚动，减少了钢领、钢丝圈的摩擦作用，对减少细纱毛羽十分有利。使用回转钢领可使成纱毛羽降低 25%～30%，但是使用回转钢领也会使成纱断裂强度降低 10%～15%。

钢领的新旧程度对毛羽也有影响，钢领使用时间与纱线毛羽的关系见表 6－11。

表 6－11　钢领新旧程度对毛羽的影响

钢领使用时间/月	新钢领	1	2	3	4
2mm 毛羽/根·$(10m)^{-1}$	149	81	79	106	127

注　T/C 13tex，每个月试验 30 锭 8 次的平均数。

由表 6－11 可见：新钢领及进入衰退期的钢领使纱线容易起毛，钢领在走熟期毛羽数比较稳定。钢领越衰退，不仅毛羽数增多，而且离散程度越大。因此，对即将衰退的钢领，应增加毛羽测试次数，发现毛羽剧增，立即更换。在日常生产中应安排检修工，及时剔除衰退钢领。钢领使用一定时间之后必须进行表面处理。

钢领表面处理方法对毛羽也有影响。无论水磨处理还是抛光处理，在使用 3 个月后，毛羽数呈显著增长趋势，故钢领上车 3 个月后，一定要处理。因为钢领长期使用后，其表面摩擦因数降低，失去控制气圈能力，致使气圈凸形变大而撞击隔纱板，从而使毛羽增加，这是钢领衰退的迹象，此时应该采用水磨、喷砂、镀陶瓷等技术对其表面进行理，以有利于缩短走熟期和减少纱线毛羽。经试验，纺 T/C 13tex 涤/棉纱用锥面钢领经水磨处理，毛羽比抛光处理减少 50.4 根/10m。另外，渗硫加涂 FBC—1 型减磨干膜剂达到提高钢领的抗磨性能，对降低成纱毛羽效果明显。

（八）影响毛羽的其他因素

1. 导纱角

导纱角大小影响纺纱段动态捻度大小和纺纱段的长度。导纱角大，使前罗拉包围弧增大，成纱三角区增大，成纱点处产生的毛羽长且多；导纱角大，使纱线在导纱钩上的包围减小，导纱钩处毛羽增加率减小。

从有利于捻度传递的角度考虑，细纱机的导纱角在 58°～63°较为合适。国内的调研和试验结果表明：在新型细纱机上纺纱时，适当放大导纱角度，可减少摩擦碰撞接触面积，明显减少纱线毛羽。

2. 导纱钩

导纱钩的孔径、材质、表面粗糙度、表面处理技术也在一定程度上影响着成纱毛羽。有实验表明，导纱钩对纱线的摩擦使通过导纱钩后的纱线毛羽平均增加 14.3%。特别是纺细特纱时锭速相对较低，但较细纱条与导纱钩接触面积小，使其单位面积承受摩擦力较大，导纱钩对纱条磨损程度显得更加明显。

纱线与导纱钩的摩擦随着导纱钩和钢领板的上下短动程升降和级升运动，以及纱线回转时所处在导纱钩的位置不同，纱线在导纱钩上的包围角呈周期性变化。当包围角处于较大的瞬间时（气圈大时或纱线处于导纱钩内侧），摩擦程度加剧，毛羽增加更甚。此时，导纱钩引起的捻陷导致纺纱段捻度的减少程度也大，这也是成纱毛羽增加的因素。

导纱钩使用过久，其表面磨损起槽，光洁度降低，会刮毛纱条而使毛羽增加，测定表明，导纱钩起槽时成纱毛羽数是正常状态时的 1.5 倍。因此，在生产中，应及时更换磨损起槽的导纱钩。

导纱钩偏心造成纱线的不正常运动和摩擦增加会使毛羽增加。据测试，导纱钩偏心 3mm，毛羽约增加 15%。因此，平车时必须保证导纱钩和锭子、钢领的同心度。

小孔径的导纱钩，可减小纱条在导纱钩孔内运行时的抖动幅度，从而减小纱条与导纱钩的接触面积，有利于纱条平稳运行及捻度的传递，减弱了因摩擦发热而导致的静电，故能降低成纱毛羽。导纱钩孔径越小，毛羽的数量越小。有实验表明，采用 2mm 孔径成纱毛羽比 3mm 孔径减少近 7%，毛羽比 5mm 孔径减少近 20%。

导纱钩的材质、表面粗糙度、表面处理技术影响其表面的耐磨性和表面粗糙度。一般情况下，玻璃钢导纱钩、镀陶瓷导纱钩、锰钢导纱钩、铝合金导纱钩及镀硬铬导纱钩等，对减少细纱毛羽也有一定的效果。

3. 隔纱板

隔纱板的主要作用是防止相邻两气圈相互干扰和碰撞。但当工艺条件使毛圈凸形增大时，由于隔纱板的间距一定，气圈段纱线会与隔纱板碰撞，使纱线擦毛或使气圈抖动造成钢丝圈运行不稳定。尤其是隔纱板安装不垂直，表面不光滑、有毛刺和油污时，其与气圈段纱线碰撞、摩擦加剧，产生更明显的静电积聚现象，从而大幅度地增加纱线毛羽。镀光薄铝板隔纱板由于表面光滑度高，加之静电逸散效果较好，因此，其产生的毛羽比普通薄铝板、塑料隔纱板和尼龙隔纱板都少。

隔纱板不光洁时，成纱毛羽数是正常状态的1.22倍。筒管上纱线气圈增大时，使纱线与隔纱板相接触。气圈碰隔纱板时，成纱毛羽是正常状态的1.06~1.25倍。

4. 气圈碰筒管头

钢领板下降到底时，纱线与筒管的头端相接触。测试表明，气圈碰筒管头时，成纱毛羽是正常状态的1.15倍。

5. 气圈控制环

气圈控制环的使用，原则上对减少毛羽是有利的，因为它可以约束气圈不致过大，其作用的大小与其直径有关，其关系如图6-4所示。

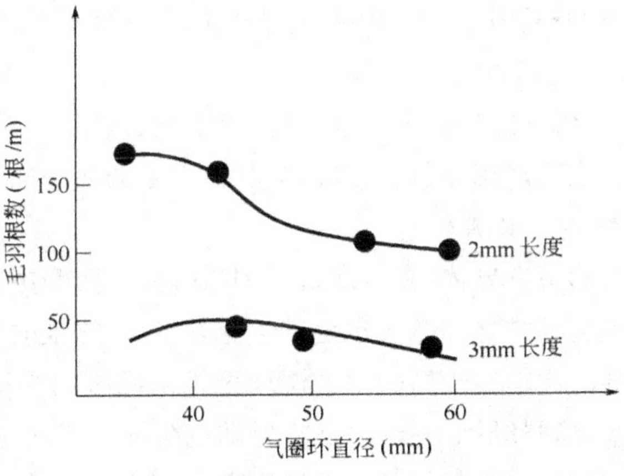

图6-4 气圈环直径和毛羽的关系

由图6-4可见，气圈控制环的直径以偏大为宜。

忽略其他纱线特征的影响，通常使用螺旋形气圈控制环，纺Z捻纱时螺旋线顺时针上升，节距掌握在22mm左右对减少成纱毛羽的效果较好。

纺纯涤纶及涤/棉纱不用气圈控制环，以免成纱中产生纤维熔融，在一定锭速下解决纱线强度的下降及纱线磨损量。

6. 锭子、筒管

锭子的偏心原因导致气圈偏斜而增加毛羽，偏心越大，毛羽增加率越大。锭子和筒管的振动会加剧钢丝圈运转的不稳定性，使毛羽增加。其关系如图 6 - 5 所示。

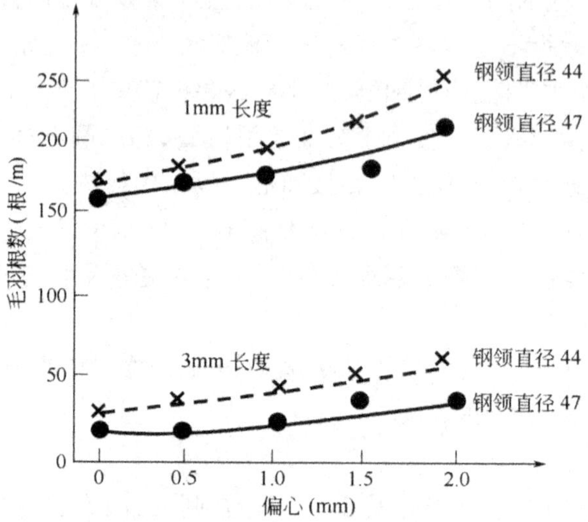

图 6 - 5　纱管振动和毛羽的关系

又有测定资料表明，歪锭子的管纱毛羽是正常状态的 3.3 ~ 6.5 倍，摇头锭子的管纱毛羽是正常状态的 1.5 倍。

因此，应加强卷绕机件的保养和检修，减少锭子偏心、弯曲，保证筒管与锭子的配合间隙，保证加捻、卷绕机件相互位置正确，以利减少毛羽的增加率。

7. 合理控制细纱车间温湿度

因为棉纤维是电的不良导体，在生产过程中与机件表面摩擦会产生静电，易被吸附于机件表面。纤维与纤维之间摩擦也会产生静电，致使纤维的平行度和抱合性差，影响牵伸过程中纤维的运动。较高的相对湿度可提高纤维的吸湿或减少放湿，增加或保持纤维的回潮率，增强纤维的导电性能，增加电荷散逸速度，减轻静电作用，减少车间飞花。同时，相对湿度大，纤维的柔软性提高，刚性降低。因此，较高的空气相对湿度有利于减少细纱毛羽。

清、梳、并、粗工序相对湿度应控制在 65% ~ 70%，温度在 25 ~ 30℃，达到吸湿的效果。细纱工序相对湿度应控制在 55% ~ 65%，温度在 30℃以下为宜，达到放湿的效果。若车间温度过高，相对湿度低于 45% 时，纱线毛羽量骤增。

因此，温湿度与半制品回潮、吸湿、放湿的控制应贯穿于生产全过程，其管理设施和方法必须满足现代化生产的要求，否则，成纱毛羽多、质量差。

8. 加捻过程中外来纤维附着形成浮游毛羽

这是由于清洁工作不良以及拍扫飞花造成的，不注意牵伸机构上的清洁工作，堆积短绒极易掉下附着于纱条之上而形成浮游毛羽。此外，细纱锭带盘的转动，往往形成一股气流向纱管方向喷射，这股气流中常常带着一部分短纤维冲向纱条，并附着其上形成不规则的毛羽。

9. 挡车工操作因素对毛羽形成的影响

实际生产中，有些管纱突发性的异常毛羽往往是因挡车工操作不当造成的。如挂钢丝圈不当、钢丝圈变形、漏换钢丝圈、用错钢丝圈、锭子缠回丝、跳管；坏纱管上机造成纱管抖动、跳动；不按要求掐粗纱纱尾；管底成形位置不一致；隔纱板位置放置不当；粗纱绕扣和细纱接头不执行操作法、锭带扭曲等都是造成单锭毛羽异常的原因。另外，运转管理、车间高空、机台、地面的清洁周期与方法不可疏忽，挡车工要保持各纱条通道光洁，杜绝各部位挂纤维的现象；杜绝条子及粗纱在运输和储存过程中被碰毛、黏附；避免粗纱存放过久，表面发毛；不允许条筒过满，避免棉条与圈条盘之间过度摩擦，以免条子发毛；不准任意将条筒中过高的条子挖出；棉条存放时加盖塑料罩，以免飞花附入；特别是机台通道的清洁工作要加强，以减少因飞花附入和纱路不光洁所产生的毛羽。

四、降低细纱毛羽的新技术

（一）纺纱段加装旋流器

细纱工序是产生纱线毛羽的源头。目前各种纺纱新技术研究主要集中在如何减少环锭纱线的毛羽，紧密纺技术是目前较为理想的减少环锭纺纱表面毛羽的一种新技术。国内不少纺织企业踊跃引进国内外的紧密纺纱的整机或改造装置，但成本仍然比较高。国内有学者利用旋流纺纱的原理设计出旋流器（Air－jet），在不影响接头的前提下，安装在尽量靠近前钳口的下方，据试验结果，在纺制不同线密度的纱线，采用旋流器后纱线毛羽较原环锭纺均有所下降，下降幅度可达33%左右，尤其是3mm及以上毛羽改善幅度较大，最多降低70%。

分析其原因主要有以下两个方面：

（1）旋流器的集束作用。由于旋流器具有一定长度的纱道，对纺纱三角区中未受到控制的自由纤维能起到集束作用，减少了纱线表面的毛羽。同时，一定长度的纱道减少了纺纱段纱线的抖动，从而减少了纺纱段纱线的落棉和断头。

（2）在纺制Z捻纱时，旋流器的气道与纱道在相交处是按顺时针方向相切，气道中输送的压缩空气在进入纱道时，旋转气流的回转方向与纱线加捻的回转方向相同，一定量的旋转气流辅助纱线旋转，一方面有利于加捻点的捻回向前罗拉钳口的纺纱三角区传递，从而利于纱线的成形；另一方面纱线在加捻时内外转移过程中被挤出纱身的纤维头端受到相切的旋转气流的辅助作用，再次被卷进纱身，减少了留在纱线表面的机会，使纱线毛羽减少。

(二)紧密牵伸压力抱合纺纱技术

1. 紧密牵伸压力抱合纺改善纺纱质量的机理

在传统细纱牵伸系统中，当须条从胶圈钳口输出进入后，仍保留一定的残余捻回，但由于缺乏对须条强有力的控制，须条中的纤维会在不同的界面上产生变速直接造成纤维间的移距偏差，从而恶化成纱条干。而且成纱条干随着牵伸倍数的增加和浮游区长度的增大而恶化。其根本原因是在浮游区内单根纤维所受到的引导力和控制力不相适应。为此，紧密牵伸压力抱合纺纱技术在细纱机前区钳口隔距块上附加一个压力棒，给浮游区产生一个适当强度的附加摩擦力界，增大浮游区内须条中纤维的紧密抱合程度，达到积极引导须条向前钳口运动，使纤维变速点稳定地向前钳口靠拢从而改善成纱条干。同时，细纱机前区钳口隔距块上附加一个压力棒后加强了对纤维运动的控制并能够有效地防止纤维扩散，因而纤维在变速后须条还保持紧密凝聚状态，纤维头端大多被紧密抱合在须条丛中，在加捻成纱过程中露出纱体之外的概率大大减小，因此减少了成纱毛羽。

2. 紧密牵伸压力抱合纺纱与传统环锭纺纺纱毛羽对比

在原料、细纱工艺一定的情况下，采用紧密牵伸压力抱合纺、传统环锭纺两种不同的纺纱技术来纺制 JC14.6 tex 纱，其毛羽指数详见表 6-12。

表 6-12 JC 14.6 tex 纱的毛羽测试对比

项　目	种类	3mm	4mm	5mm	6mm	7mm	8mm	9mm
平均值	传统	40.77	13.83	6.94	3.66	1.77	0.77	0.55
	抱合	32.88	9.66	3.99	2.33	1.22	0.60	0.22
极差	传统	23.67	13.00	10.00	6.00	1.66	1.00	1.33
	抱合	13.67	4.67	3.33	2.00	1.67	1.33	1.00
频数比	传统	2.52	0.64	0.30	0.17	0.09	0.02	0.05
	抱合	2.12	0.51	0.51	0.10	0.05	0.03	0.02
毛羽指数	传统	4.07	1.38	0.69	0.36	0.17	0.02	0.05
	抱合	3.28	0.96	0.39	0.23	0.12	0.06	0.02
改善度/%	—	19	30	43	36	41	-200	60

从表6－12可见，JC14.6 tex纱的毛羽指数在3～8mm内改善20%～40%，充分显示出紧密牵伸压力抱合纺纱技术对减少成纱毛羽起到了一定的积极作用。

随着纺纱技术的发展，世界各国的技术人员研制出了多种形式的紧密纺纱机，在消除加捻三角区、改善成纱毛羽方面取得了很大的成效，但是现在的紧密纺纱机由于改造成本和运营成本过高，受经济条件制约，很难在国内纺织企业得到全面推广。同时，现在紧密纺机构由于采用抽气式集聚原理而使浮游区的距离延长，削弱了浮游区内须条纤维间的抱合力，再通过复杂且成本高的集聚机构对牵伸后的须条进行集聚，实质上是走了一条弯路。紧密牵伸压力抱合纺纱技术是一项投入少、见效快、质量优良、符合中国国情的创新技术，对全面提升我国纱线产品质量具有意义。从改造投资情况分析，每台细纱机仅需投入1500元左右，就可较大幅度地全面提高纱线质量，改造费用仅为引进紧密纺纱机的千分之三，非常适合我国国情，而且日常的运营成本很低，大幅度降低了纺织设备的投资回收期，在纺织行业具有长远的发展前景。

（三）紧密纺纱技术

1. 紧密纺纱技术原理

紧密纺也称紧实纺、凝聚纺、压缩纺、集聚纺或聚集纺，其原理是在传统牵伸装置前增加一个纤维控制区，利用气流或机械对通过控制区的纤维束进行横向凝聚，使纤维束的宽度大大缩小，几乎接近加捻三角区的宽度。纤维束经过集聚然后再被加捻卷绕，加捻三角区大大减小，几乎纤维束的每根纤维都能集聚到纱体中，形成毛羽少、强力高的集聚纺纱线。

不管是什么形式的紧密纺，其基本原理都可以用图6－6表示。其中，B为纤维束的宽度，b为加捻三角区的宽度。

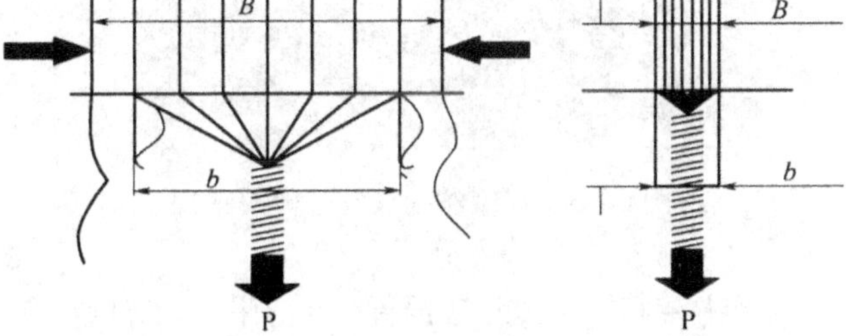

图6－6　传统环锭纺与紧密纺成纱原理比较

传统环锭纺与紧密纺加捻区成纱外观的比较如图6－7所示。

2. 典型的紧密纺系统

目前根据控制纤维的形式，可将紧密纺分为气动负压集聚式和机械积聚式两大

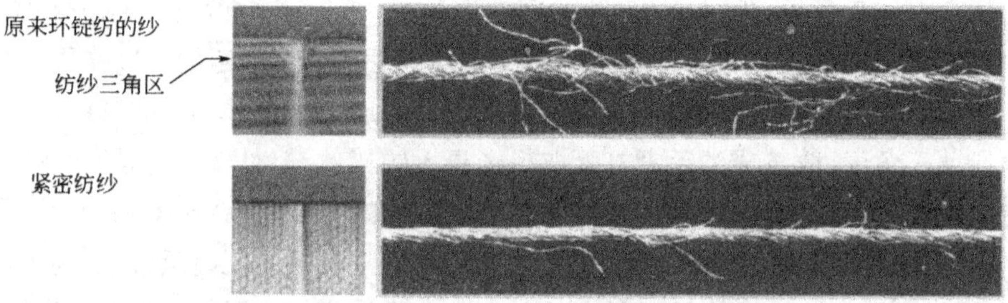

图6-7　传统环锭纺与紧密纺加捻区成纱外观的比较

类。气动负压集聚式是利用负压气流使纤维须条收缩宽度。其代表有瑞士立达公司的卡摩纺系统、德国青泽公司的AirComTex系统、德国绪森的Elite系统和意大利马佐里(Marzoli)Olfil系统。机械集聚式是不增加气动加压,只用固态机械使纤维须条收缩宽度,其代表是瑞士罗托卡夫特公司的RoCoS型磁力紧密纺系统。

(1)立达(Rieter)公司卡摩纺系统:用带有紧密小孔的金属导气辊(吸鼓)代替了细纱机的前下罗拉,负压气流透过导气辊的凝聚小孔将纤维束向凝聚小孔中心线积聚。随着导气辊的转动,集聚效应一致延伸到导气辊与输出胶辊组成的输出钳口之下。导气辊内部结构如图6-8所示。

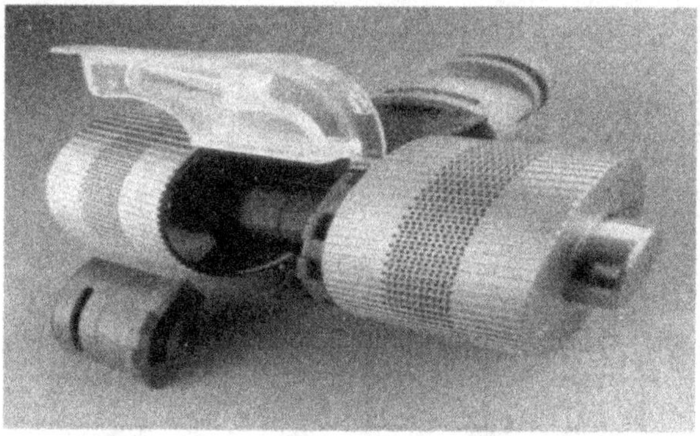

图6-8　卡摩纺的导气辊内部结构

立达公司卡摩纺的主要特点是:无易损件,运行平稳,结构简单精致;造价高,改装成本高,不能在传统细纱机上加装;前罗拉被直径较大的导气辊代替,影响了摩擦力界的理想分布,对提高条干均匀度不利,这一点同时使可纺纤维的最短长度受到限制。

(2)德国续森(Sussen)公司Elite系统:是在传统环锭细纱机前下罗拉前增加一个负压集聚区,网格圈或织物圈滑动地套于异性截面上吸风管上,由前胶辊摩擦传动。该紧密纺系统结构如图 6－9 所示。

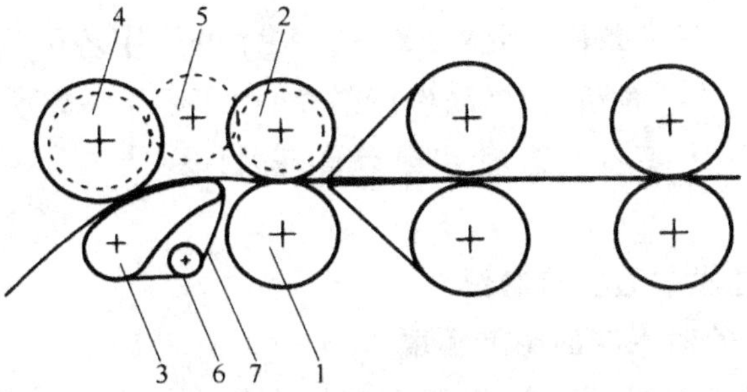

图 6－9　Elite 紧密纺系统结构及原理图

1—前罗拉　2—前胶辊　3—异形吸聚管　4—控制胶辊
5—过桥齿轮　6—撑杆　7—网格圈

Elite 紧密纺纱系统主要特点是：在传统环锭细纱机上可方便地加装；可适纺纤维的范围大；网格圈或织物圈是易损件，除需要及时更换外，还需要及时清洁维护。

3. 管纱、筒子纱毛羽的比较分析

卡摩纺纱、Elite 纺纱和传统环锭纺纱（均为 11.7tex、配比基本相同）毛羽统计比较见表 6－13。

表 6－13　卡摩纺、Elite 和传统环锭纺纱毛羽统计

毛羽类别		3mm 以下		3mm 以上	
		根/10cm	%	根/10cm	%
环锭纺纱	管纱	927.57	91.32	88.14	8.68
	筒子纱	1892.60	86.06	306.44	13.94
	毛羽增长率/%	104.04	—	247.67	—
卡摩纺纱	管纱	756.34	97.62	27.93	2.38
	筒子纱	1723.85	89.61	199.79	10.39
	毛羽增长率/%	127.92	—	615.32	—
Elite 纺纱	管纱	865.08	92085	66.64	7.15
	筒子纱	1808.64	87.41	260.46	12.59
	毛羽增长率/%	109.07	—	290.85	—

从表 6－13 中可以得知，紧密纺纱的毛羽总数在管纱时比传统环锭纺纱得到很大的改善。由于环锭纺和紧密纺不同的纱线结构，经络筒后紧密纺纱毛羽的增长率

又比传统环锭纺纱大，3mm 以下毛羽已经和传统环锭纺相当。但 3mm 及以上长度的危害性毛羽少，这是紧密环锭纱的一大优点，由于紧密纺纱体本身光洁，为后道工序加工生产创造了良好的条件。此外，紧密纱技术的运用还可以减少络筒、整经、织布、针织等后道工序的纱线断头，提高生产效率；由于毛羽少部分工艺可完全或部分地取消，同时因毛羽少，不容易堵塞网眼，使印花效果更佳。

五、控制络纱过程中毛羽的增长

（一）各络纱部件对毛羽的影响程度

用 BT—2 型智能在线毛羽检测仪在村田 N07—Ⅱ型自动络筒机上测试 13tex 涤/棉纱的在线毛羽得知，纱线经气圈破裂器、预清纱器、张力盘、电子清纱器和捻接器后，毛羽逐步增加。其原因是自动络筒机速度高，纱线与各部件碰撞和摩擦严重，使一些包卷入纱体中的纤维端露出纱体，形成新的毛羽或将原有短毛羽刮擦成长毛羽所致。特别是经预清纱器和张力盘后，毛羽增长幅度较大，说明预清纱器和张力盘是影响毛羽的重要部件。由于难以在线测试经槽筒后的筒子纱上的毛羽，所以无法定量比较槽筒对毛羽的影响。但是，由于槽筒的摩擦传动，纱线不断受到槽筒的摩擦，必然会使毛羽增加，因此槽筒也是影响毛羽的重要部件。

（二）络纱张力对纱线毛羽的影响

络纱张力对纱线毛羽的影响非常显著，络纱张力与毛羽数呈正相关。其原因是络纱张力增大，纱线与络纱部件摩擦增大，所以毛羽增多。络纱张力对纱线质量及筒子成形有影响，应综合考虑。在不影响筒子成形的条件下，采用较小的络纱张力对减少毛羽和保持纱线的强力和弹性有利。

（三）络纱速度对纱线毛羽的影响

槽筒速度与毛羽增长基本呈正相关。1332M 型国产络筒机不同络纱速度时的毛羽根数见表 6－14。

表 6－14　不同络纱速度对纱线毛羽的影响

络纱速度/m·(min)$^{-1}$	752	698	644	590	538
长 2mm 毛羽数/根·(10m)$^{-1}$	182	176	167	160	154

注　T/C 13tex，15 只筒子 10 次的平均数。

在生产均衡的条件下，槽筒速度应尽量降低。有些厂认为，尤其纺精梳细特纱时，槽筒速度以低于 450m/min 为宜。

（四）槽筒形式对纱线毛羽的影响

在相同工艺条件下，金属槽筒的毛羽数比胶木槽筒的毛羽数降低 10% 以上，毛羽变异系数也小。其原因是金属槽筒有消除静电作用,表面经特殊处理,耐磨性好,使用寿命长,而且越磨越光滑,所以有利于减少纱线毛羽。胶木槽筒耐磨性差,易被纱线磨出沟痕,沟痕又对纱线摩擦,使毛羽增加,在加工化纤或涤棉混纺纱时,易产生静电,使毛羽增多。

(五)络筒筒子角度及大小与毛羽的关系

筒子有平头筒及宝塔筒两种,平头筒因筒子各点线速度与槽筒线速度基本同步,毛羽较少。宝塔筒子表面线速度不是一个常量,角度越大,速度差异越大,毛羽增长也较大。故大筒子毛羽比小筒子多。

为了控制毛羽增长,某厂将筒子卷尺寸改小,改15只成包为18只筒子纱成包。对减少毛羽有一定效果。

(六)减少络筒毛羽增长的一些措施

试验表明,筒子纱的毛羽数比管纱增长好多倍,试验结果见表6-15、表6-16。

表6-15　管纱与筒纱的毛羽(2mm)对比

品　种	单　位	CJ14.5tex	CJ55/45 13tex	C70/T30 18.3tex
管纱毛羽	根/10m	138	97	89
筒纱毛羽	根/10m	342	275	340
增长量	根/10m	204	178	251
增长率	%	148	184	282

表6-16　管纱与筒纱的毛羽(2mm)对比

机　型		1332M型国产络筒机				
络筒机线速度/m·min^{-1}		752	698	644	590	538
长2mm毛羽/根·(10m)$^{-1}$	管纱	40	39	35	43	34
	筒子	182	176	167	160	154
	增长倍数	4.55	4.51	4.77	3.72	4.53

注　T/C 13tex,试验15只筒子10次的平均数。

试验中还发现,有10%的锭子毛羽增长幅度极大。说明槽筒状态及各部通道光洁度对毛羽影响很大。因此应对络筒机进行逐台逐锭整顿,并注意优选工艺。具体措施有如下几点:

(1)更换状态不佳的槽筒。

(2)制订并落实槽筒打蜡周期。

(3)调整纱管座、导纱管、电子清纱器、张力器为一直线,调整槽筒保护罩上下左右位置，避免纱条卷绕时刮擦罩壳。

(4)更换各通道不光洁部件(如张力盘在做纯棉品种 4 ~5 个月后即有起槽、孔径磨损等现象，由于纱线运行中摩擦及跳动，毛羽数猛增)；调整电子清纱器位置，做到纱线经过电子清纱器时左、右、下三不碰，避免清纱器检测区纱线与导纱瓷片的摩擦，但注意只能略微脱离，否则影响电子清纱器清除效率。

(5)适当减轻张力片重量(但应保证筒子成形)，有利于减少毛羽的增长。

(6)适当减轻筒子加压块重量(要考虑到不影响筒子成形及容量)。

(7)适当减小筒子尺寸。

(8)适当降低络纱速度。

第七章　纱疵

第一节　概　述

一、纱疵的三种不同含义

(一)布面纱疵

由于原纱产生的疵点织入布面造成的外观疵点,统称为布面纱疵。布面纱疵包括影响棉布降等的纱疵和不影响降等的纱疵。

纱疵率,是指在布面上暴露的纱线上的四种疵点(粗经、错纬、竹节纱、条干不匀),一处满 10 分造成布降等的匹数占总生产匹数的比例。

纱疵的统计方法有以下三种。

(1)棉布入库纱疵率:指棉布在修织后,入库前,由于纺部原因一次性降等的次布对总验布量的百分率。

(2)棉布下机纱疵率:指修织前,由于纺部原因一次性降等的次布对总验布量的百分率。一般以此考核纺部的纱疵质量水平。

(3)下机匹扯分:指码布后、分等修织前布面所有够评分的疵点(包括分散性和一次性降等的分数),用分/匹来表示,它影响下机一等品率的高低。

(二)十万米纱疵(也称偶发性纱疵)

它是指乌斯特纱疵仪测试显示的 23 级纱疵中 A3、B3、C3、D2 以上(A3、A4、B3、B4、C3、C4、D2、D3、D4)九级纱疵之和。一般规定以截面比原纱增加 250%、长度 1~40mm 和截面比原纱增加 150%、长度 40~80mm 的粗节。这九级纱疵已列入国家标准,如 GB/T 398—2008 棉本色纱线标准中已规定单纱十万米纱疵控制数。

(三)常发性纱疵

一般分为粗节、细节和棉结三种,以每千米个数计值,通常规定:细节 -50%,即细节处截面小于、等于纱线平均截面的 50%;粗节 +50%,即粗节处截面大于、等于纱线平均截面的 150%;棉结 +200%(环锭纱),即截面大于、等于纱线平均截面的 200%(转杯纺纱为 +280%)。

三种纱疵内容不同,降低纱疵的途径、方法、难度也有差异,前两种纱疵,外形大,对织造和布面影响较大,而在纺纱生产中发生的频数也相对较小;第三种常发性纱疵对布面影响比前两种纱疵小，而发生频数很大，因此，对降低常发性纱疵，其难度更大。

二、减少布面纱疵的意义

布面疵点是纱疵和织疵组成的。布面纱疵的多少，直接影响棉布下机一等品率和入库一等品率两项生产指标。

GB/T 406—2008 本色棉布标准中，布面疵点评等规定 1m 内严重疵点评 4 分为降等品。纱疵是纺厂的一项重要质量指标。本色棉纱线验收规定：粗经、粗纬、竹节纱和条干不匀的一次性降等布合计匹数占同一品种全月总检验量的 2% 以上时，纱线生产厂应承担纱疵降等布的降等差价损失。

部分纱疵虽然不影响棉布的降等，却影响棉布的外观，需要修织。修织工作需花费大量人力和物力，而且，修织后常会造成内在质量不良，影响棉布的使用价值，纱疵过多会造成棉布积压，影响销售和出口任务的完成。

棉布的评等是逐匹进行检验的。纺织厂各项工作的瞬时疏忽，操作上偶一不慎，均会形成纱疵，任何微小的疵点都会在验布时显示出来，造成棉布降等。纱疵是工艺、机械、操作三项基本工作的综合反映，涉及纺纱原料、工艺设计、机械设备、温湿度、操作以及运转管理等各方面的工作，是衡量一个企业技术水平和管理水平的重要内容。

减少布面纱疵须特别重视消灭突发性纱疵，突发性纱疵来势猛、影响大，不仅会造成大量疵布，甚至会迫使纺织各工序机器停台关车，严重影响产质量计划的完成，从而造成经济损失。总之，减少纱疵的工作涉及面广，工作一定要细致，必须严字当头，从小处着眼，充分发动群众，依靠群众，贯彻以预防为主的方针，下苦工夫扎扎实实地做好各项基础性工作。

三、布面纱疵的分类

GB/T 406—2008 本色棉布标准附录中对疵点名称进行了说明，布面纱疵的分类大致有以下几种方法。

（一）按纱疵出现的规律分类

（1）随机产生的、零星出现的随机性纱疵，又称常见性纱疵，大多无明显规律，一般由环境、操作因素造成。

（2）突发性的、大批出现的突发性纱疵，大多有一定的规律，一般由机械因素造成。

（二）按纱疵形成的原因分类

（1）长片段重量分布不匀形成的纱疵，包括粗经、错纬。

（2）短片段重量分布不匀形成的纱疵，包括条干不匀、竹节。

（3）纱线捻度过大或过小形成的纱疵，包括紧捻、松捻、纬缩等。

（4）纤维污染颜色、油渍、夹杂质或混合不匀造成的纱疵，包括油经、油纬、油花纱、煤灰纱、色经、色纬、布开花、花纬等。

（5）纱线卷绕成形不良造成的纱疵，包括脱纬、稀纬、百脚等。

（6）其他与纺部间接有关的纱疵，如结头、棉球、烂边及涤/棉布的裙子皱等。

其中，粗经、错纬、条干、竹节是纺部的主要纱疵；纬缩、脱纬、百脚、烂边等疵点，纺部、织部均有可能产生。

第二节　纱疵分析方法

一、布面纱疵分析方法

纱疵分析的目的是为了正确、及时地确定纱疵形成的原因，并寻求解决的方法。目前，纱疵分析法有以下几种。

（一）布面直观分析法

一般纱疵重量及其不匀性可以简单地从布面上直观分析。如3～6梭粗细不匀，中间两梭最粗的粗纬是末道并条机或粗纱机接头包卷不良造成的；规律性强的有肋骨状错纬，在灯光透视下可以明显地看出它的规律性，间隔一定距离出现一次错纬，其间隔距离的长度即为规律性纱疵的波长。

通过不断实践和总结经验，纱疵分析人员可以直接从布面纱疵中判断其形成原因，并建立各种代表性品种的布面纱疵标样，以便对照比较，提供分析参考。

布面直观分析需要注意以下几个问题。

1. 纱疵的长度

例如，错纬的长度、竹节的长度、条干不匀的片段长度（短片段不匀或长片段不匀）。

2. 纱疵的规律性

例如规律性条干不匀、规律性错纬（俗称肋条布）的波长或间隔出现的距离长度。

3. 纱疵的粗细程度及其均匀性

例如错纬是粗纬还是细纬；粗细程度是原纱的几倍；粗纬均匀与否；粗纬两端或

一端有无粗节等。

4. 纱疵的内在结构和形态

例如竹节中是否有乱纤维；均匀的比原纱粗一倍的粗经或粗纬中是否能明显分成两根须条（可用挑针挑出解捻后分析）；线织物的多股经或多股纬的组成股数是多少；是否带有脱圈，纱疵表面形态毛糙还是平整等。

5. 纱疵的色泽

例如涤棉竹节按其色泽不同可分为纯白竹节、本白竹节；纯棉竹节也可分为白竹节、黄竹节、灰黑竹节、油飞花竹节等。对于布开花，则常需分析它的各种色泽及分布状态。对于黄白纱，常需分析它是否是因捻度或粗细差异形成的假性黄白，并应区别出陈旧霉纱造成带有霉味的黄白，同时还要分析是黄中夹白还是白中夹黄，是大面积黄白，还是小批量或个别黄白等。

6. 纱疵在布面上的分布状况

例如，是比较分散、零星出现、比较密集、连续出现，还是集中在整只纡纱或是不满整只纡纱（直接纡纱）；是在换纡后产生，还是离换纡纱后一定距离出现，还是换纡前产生等。此外，还可按固定供应或粗纱、细纱责任印记划分查到产生纱疵的工序、机台和个人。

7. 纱疵的捻度

直观分析可以粗略地估计纱线捻度是否正常。如捻度过少形成的白纬，捻度过大形成的紧捻；细纱或捻线接头动作缓慢形成的短的紧捻纱（线），它常伴随一段接头粗节等。

直观方法比较方便简单，但有些疵点的规律性用直观方法不易看出；有的疵点因纬纱织入时来回横动，随布面组织和密度影响，比较难找规律，甚至有找错的情况；对于短片段规律性纱疵也较难通过直观方法确定它的波长。因此此法有一定的局限性。

（二）黑板观察分析法

把布面纱疵的纬纱退出或将有疵点纬纱的管纱取下来，用摇黑板机摇在检验细纱条干的黑板上或绕在其他黑板上，可以直观分析纱疵的特征，以弥补布面直观方法的不足。该分析方法简便及时，对于条干不匀或短片段粗纬容易找出其特征，例如，可看出其粗节数量、粗细程度、阴影深浅、面积大小；若有明显规律性，也可以判断其规律性波长的长度。一般细纱工序形成的规律性条干不匀，由于其波长较短，在黑板上表现为明显的“斜规律”不匀。粗纱工序形成的规律性不匀，由于其波长较长，在黑板上常表现为较明显的“直规律”不匀。规律性不匀的波长一般也可以从观察中估计得出。

由于一块黑板长度有限，一面的总长度只有20m左右，因此波长超过20m的规律性不匀就不能在黑板上反映出来，例如，间隔80m的规律性错纬，摇两块黑板两面检验仅能看到一块有明显的疵点，此外黑板上纱线的排列间距比布面大，较浅的规律性疵点有时不够明显，为此也可以使用专用的纱疵分析黑板，其宽度可大于常规检验黑板，纱线的卷绕密度也可以调整得较密些，这样黑板上反映的纱疵与布面纱疵就能较为接近。

（三）切断称重法

布面直观分析法和黑板观察分析法简便、速度快，但容易产生误差，只能定性地估计纱疵粗细和其长度分布的规律性。采用切断称重法可以分析纱疵重量及其变化的规律性。切断称重法可采用以下两种。

1. 长片段纱疵切断称重法

当纱疵的波长超过布幅时，可将每梭纬纱从布面上逐根退出，按退出的顺序逐根称重，如图7－1所示，由此分析纱疵的波长及其每梭重量的变化规律。

图7－1　纬纱逐根退解称重法

为简化操作，缩短试验时间，对于波长较大的纱疵，如两梭以上的规律性错纬，也可以在布面上选择有代表性的固定片段（长度一般为50～100mm），预先在布面上画好记号，如图7－2所示，按此段纬纱切断逐根称重。

2. 短片段纱疵的切断称重法

在规律性纱疵波长较短时，应采用与之相适应的短片段连续切断称重法，如图7－3所示，例如，分析常见错纬可以按布幅均分成若干片段切断称重，分析条干不匀可以选择10～30mm片段长度切断称重。切断时应注意以下几点。

（1）切断长度应小于布面纱疵的波长，防止切断长度过长发生重复匀合作用，以致不能将纱疵重量变化的规律性真实地反映出来。

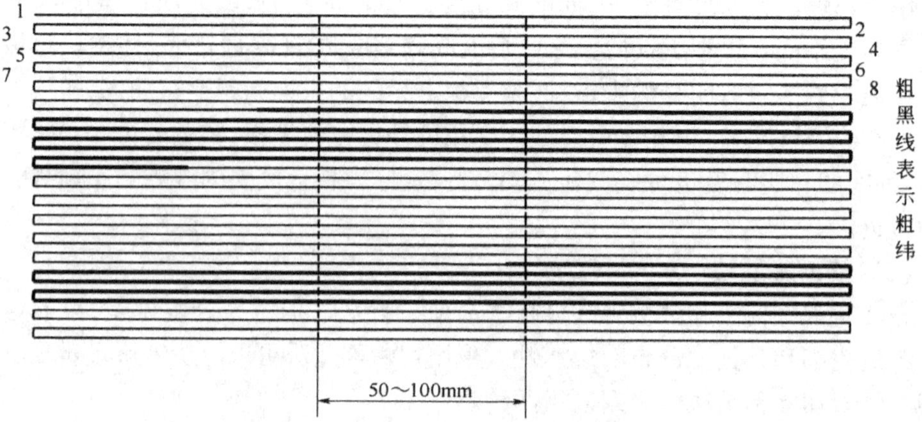

图 7－2　纬纱中间切断逐根称重法

图 7－3　纬纱短片段切断称重

L'—粗节长度　L—切断长度　$L<L'$

（2）切断长度可用尺量，或将退出的纱线夹入有定长标记的纸条中，然后剪断。

（3）短片段连续切断时，要注意纬纱的顺序，特别在换向时防止搞错。切断的纬纱要严格按顺序称重。

（4）纬纱退出时，为了退出方便，要先将外露的经纱剪去。切断称重后按顺序绘出定长重量变化曲线，由此分析纱疵重量变化及其不匀性规律。

（四）波谱分析法

由第三章第三节中乌斯特波谱图分析棉条、粗纱、细纱不匀可知，根据波谱图的特征可以找出规律纱疵的波长，结合实际纺纱工艺（如罗拉、胶辊直径、牵伸倍数、速度等），可以找出形成不匀的原因。波谱分析法比较迅速、正确，但只能分析细纱较短的波长，超过 50m 则不能反映出来，因此有一定的局限性。日常生产中并条、粗纱工序造成的纱疵纺到细纱远远超过 50m，因此波谱分析较适用本工序产生的纱疵分析。

二、十万米纱疵的检测

乌斯特纱疵分级仪是采用电容检测的原理，用以检测纱条上的十万米纱疵（偶发性纱疵），包括短粗节、长粗节和细节。先将纱疵信号变成电信号，再转换成数字信号，送到微处理机进行储存与运算，到试验结束时，能按纱疵的粗度和长度进行自动分级计数。打印出分级的纱疵数，并打印出折算成相当于十万米长纱条上的各级纱疵数。如需要可以自动将有纱疵的纱条剪断，以便能摘下纱疵与样照作对比。

（一）纱疵分级仪对纱疵的分类

由于均匀度试验仪对细纱进行条干测定时，其试验长度较短，不足以发现纱疵规律，特别是对那些出现机会较小的偶发性纱疵。为了使纱疵（特别是对各类偶发性纱疵做定量分析）具有可靠的统计数据，一般应以每十万米细纱中被发现的各类疵点数表示。

瑞士乌斯特公司生产的纱疵分级仪Ⅱ型（Classimat Ⅱ）的分级方法是根据纱疵长度和粗细区分的。将纱疵共分为23种类型，其中包括16种短粗节纱疵（长度小于8cm），3种长粗节纱疵及4种长细节纱疵。

图7－4为纱疵分级仪对各类纱疵截面积差异及长度的区分界限。

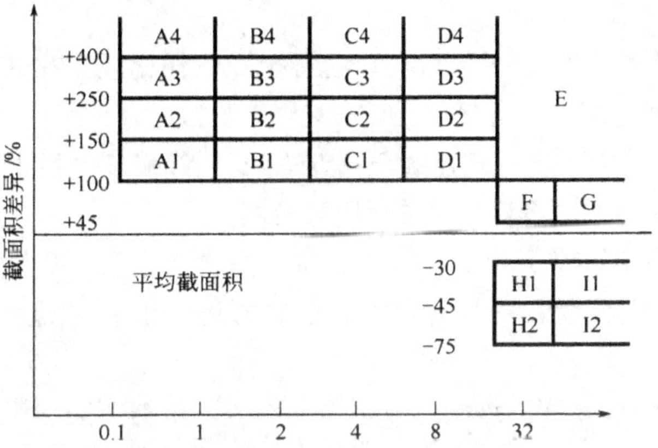

图7－4 各类纱疵的区分界限

（1）短粗节纱疵共分16级，以1、2、3、4表示其截面（质量）的大小范围，以A、B、C、D表示纱疵的长度范围。

（2）长粗节纱疵分E、F、G共三级，分别表示一定的截面和长度范围。

（3）细节纱疵共分四级，以1、2表示其截面范围，以H、I表示纱疵长度范围。

（二）纱疵分级仪测试结果报告

1. 测试报告内容

乌斯特纱疵分级仪Ⅱ型在测试结束时，能自动打印出一份报告，报告的内容包括以下三个方面。

(1)实际测出各级纱疵的数值表(黑色)——累计数列表,如打印报告中的A1是指长度在0.1~1cm、截面>100%的所有纱疵数之和,即A1+A2+A3+A4之和,而A2是A2+A3+A4之和,其余类推。

(2)折算成十万米长度的各级纱疵数值表(红色)。

(3)测试条件:包括纱的线密度、试样总重量、试样总长度、试样的材料值。

2. 测试结果分析

(1)由于偶发性纱疵产生的随机性比较大,所以每次测出的数据差异较大,因此必须用统计的方法求出其置信区间,然后才能作不同次试验结果的比较。求置信区间常用的计算式如下:

$$\overline{X}-\frac{ts}{\sqrt{n}}\leqslant\mu\leqslant\overline{X}+\frac{ts}{\sqrt{n}} \tag{7-1}$$

式中:$\overline{X}$——试验结果的平均数;

t——根据置信度查表;

s——试验结果的均方差;

n——试验次数。

(2)为了比较产品质量水平,可与乌斯特统计值作比较。在乌斯特统计值中,将25%~75%水平视为同一个考虑。

(3)在实际生产中可用逐日连续记录方法,画出纱疵变动的曲线图,并设定一定的警戒线范围(如2δ含或3δ)从而进行质量控制。

(三)纱疵分级仪的作用

(1)测出的纱疵分级数可作为信息,反馈纺纱车间,以便进行纺纱过程的质量控制。

① 作为发现细纱车间的纱疵形成因素的参考。根据实测纱疵的数据,可作为缩小寻找范围、确定工艺缺陷所在部位的手段。对纱疵分级仪的使用经验表明,如对短粗节纱疵以对角线将各类纱疵分为两半,在纱疵分类图中的左下半部为小粗节疵,这些纱疵大多由于原料质量较差或前道工序的工艺不良因素所致;处于右上半部的大粗节纱疵,大多由于细纱车间的飞花或纺纱各工序的牵伸作用不良所致。

② 作为细纱质量控制的一个重量项目。对产品采用分品种、分期、分批地进行纱疵检测,是车间质量控制的重要内容之一,其有效程度相当于波谱仪检测控制纱条的周期性不匀。根据实际测定的各类纱疵,可区分为应清除纱疵和可保留纱疵两类,逐日或逐周绘制控制图。当纱疵数量超出控制线时,应立即采取措施,以保证质量。

(2)可以有效地选择电子清纱器的合理清纱范围。清纱器切除纱疵时所采用的设定值,应根据实际存在的各类纱疵分布状态及其对织物的外观要求统一考虑。因此,对细纱纱疵进行分类检测是决定清纱器设定值的重要参考数据。这是目前纱疵分级仪的重要用途。

(3)可以监测电子清纱器的工作情况。

(4)可作为商业评定产品(细纱)的一项技术指标。

买卖双方可根据共同协议决定成纱中可允许存在的各类纱疵,作为交接验收时的标准。

三、千米粗节、细节、棉结的检测

千米粗节、细节、棉结等常发性纱疵在测试 USTER 条干 *CV* 值时同时测出。

第三节 纱疵的控制

一、布面纱疵

在纺织行业中,纱疵是由于生产过程中某种状态失控而形成的,它是各种因素的综合反映。纱疵产生的原因是多方面的,纱疵表现的类型也是千变万化的,因此要减少纱疵,首先要对各种类型的纱疵进行大量的分析,找出造成该类纱疵的原因,为划分和落实前后纺各道工序责任打下基础,从而可有针对性地采取各种有效措施控制纱疵。

(一)粗经和错纬

粗经是指直径偏粗,长 5cm 及以上的经纱织入布内。错纬是指直径偏粗、偏细,长 5cm 及以上的纬纱(即粗纬、细纬)或紧捻、松捻纬纱织入布内。

粗经和错纬的产生原因相同,只是错纬在布面上集中于一个范围内,疵点容易反映,所以错纬比粗经的疵布数量多。但是长的粗经往往会形成联匹疵布,可能造成 2 匹、3 匹,甚至更多匹布降等。而同一长度的粗纬只造成 1 匹布降等。

1. 粗纬纱疵的特征及其产生原因

(1)1 ~ 3m 粗纬。

①1 ~ 3m 明显粗纬,重量为原纱的 2 ~ 3 倍;粗纬本身比较均匀和光洁,粗纬的一端可能有粗节。其产生原因有:粗纱机断头时挡板失效而造成飘头,附入相邻的纱条,在空调出风口下面的锭子更易发生;细纱机的纱架倾斜或抖动,木锭子太尖,导致纱条引出太快,或盘粗纱时纱头未盘好,产生环头纱;换粗纱时把残剩的

纱尾夹进相邻的纱条，或在盘纱时双根卷入；细纱挡车工违规操作，粗纱捻搭头双倍喂入。

② 1～3m 明显毛粗纬，重量为原纱的 2 倍左右；粗纬本身粗细不匀，比较毛糙，粗纬的一端有粗节。产生原因：粗纱机锭翼通道不光洁或关车过久内壁受潮，有轻度锈点，产生锭壳花（湿度高时更易产生）带入纱条；棉条筒口破裂、毛糙、接口逆向以及纱条通道部分不光洁，使纤维积聚，造成“挂花”带入纱条。

③ 1～3m 淡粗纬，重量为原纱的 1.3 倍左右（相当于细纱后区牵伸）；粗纬本身均匀、光洁。产生原因是细纱后区牵伸失效。

(2)3～5m 粗纬。

① 3～5m 均匀粗纬，重量为原纱的 2 倍；粗纬本身较均匀，粗纱的一端或两端有粗节。产生原因：细纱机的粗纱纱尾搭入相邻粗纱，形成双倍喂入。

② 3～5m 毛粗纬，重量为原纱的 2 倍左右；粗纬本身粗细不匀、较毛，粗纬的一端有粗节。产生原因：末并机圈条器斜管发毛，产生挂花，带入纱条；细纱机断头飘入相邻的纱条。其涤棉混纺纱中更易产生（有时形成均匀粗纬）。

③ 3～5m 弓背形粗纬，重量为原纱的 1.5～2 倍；整体粗纬粗细不匀，中间较粗，产生原因为末并、粗纱的棉条接头包卷不良。

④ 3～5m 粗细纬，粗纬前后的一端有细节，粗纬本身较毛、粗细不匀。产生原因：操作或运输过程中扎破条子，拉毛条子。

(3)5m 以上的粗纬。

① 5m 以上的明显粗纬，重量为原纱的 2 倍左右；粗纬本身较均匀，大多数无粗节，少数在粗纬的一端有粗节。产生原因：细纱机上换粗纱时，粗纱头未盘好，搭入相邻的粗纱；粗纱落纱时放在罗拉盖板上的粗纱纱尾下垂，卷入正常生产的须条；挡车工口袋里的粗纱头搭入正在生产的须条。

② 5m 以上的粗细不规则粗纬，长度不一（一般较长），大多数夹有较长的竹节，形成几梭或不整梭的粗纬。产生原因：破毛条子形成环头和条子扭结；并条集棉器裂损、发毛、跳动造成棉网破边，纤维积聚较多时搭入棉条；棉条中夹有三丝（麻丝、发丝、鬃丝），化纤混纺纱中夹有超长纤维，造成棉网打皱；喂入棉条走出导条板或双根喂入导条板；细纱前胶辊缺油（有时评为竹节）。

③ 5m 以上的长度不等粗细纬，粗细纬的本身较为均匀。产生原因：粗纱粘连，半根搭入成为粗节，余下半根成为细节；摇架加压弹簧松动、变形、失效造成加压不足（有时评为条干不匀）。

④ 5m 以上的淡粗纬，重量为原纱的 1.3 倍（相当于细纱后区牵伸）；粗纬表面均匀、光洁。产生原因：粗纱头绕后罗拉，导纱动程跑偏，粗纱未穿进导纱喇叭口，

磁性加压失效等;粗纱严重绕前罗拉或前胶辊,造成同档胶辊搁起(有时评为条干竹节)。

2. 细纬纱疵的特征及产生原因

重量为原纱的0.8左右;细纬一般较长且本身较为均匀。产生原因:末并机断头自停装置失灵,缺1根喂入;末并、粗纱棉条包卷接头过细或过短,在精梳、涤棉混纺纱中更易产生;末并机喂入罗拉瞬时顿挫,如齿轮啮合松动或齿轮磨损严重;末并机开关车不良的棉条未全部摘净;粗纱机换齿轮操作不当,卸压时胶辊移动,或开关车时的传动惯性存在时差;粗纱机开关车不良。

3. 紧捻纱(线)

一般在布面上形成的紧捻纱(线),捻度为原纱(线)的1.5倍以上,重量为原纱(线)的1.1倍左右。

① 短紧捻纱(线),捻度比原纱多1倍左右;比原纱略重,呈淡黄色,纱表面较细,长度在30cm左右。产生原因:细纱或捻线接头动作缓慢,粗特、起绒等低捻纱更易显现。

② 捻度不大的紧捻纱(线),较原纱粗,捻系数较大,布面呈淡黄色。产生原因:错用定量偏重的粗纱;股线的单纱中有1根以上的单纱用错,其线密度偏大(有时评为粗纬)。

③ 长度不一的紧捻纱(线)。产生原因:细纱胶辊缺油或芯子生锈;捻线机上做清洁工作操作不慎使纱条瞬时停顿;捻线机横动导纱装置偏斜,纱线滑出上罗拉或滑入上罗拉槽;捻线机未停妥,先将上罗拉搁起;捻线机上罗拉生锈,下罗拉起槽,纱条喂给较慢;捻线机上插纱锭子毛糙或弯曲,引纱喂给较慢。

4. 松捻纱(线)

当捻度低于正常捻度时形成松捻纱。较严重的松捻纱在布面上呈现一段白色,俗称"白纬"。产生原因:细纱锭子上有回丝缠绕,纬管内有回丝或纬管下口过紧,致使纬管在小纱时有起浮现象,或在小纱时产生跳管,造成小纱段的弱捻纱;锭带在断裂前伸长过大;筒管摇头和捻线机上接头位置过低也可造成松捻纱线。

5. 假粗纬

假粗纬从布面上看近似粗纬,但表面较毛,重量与原纱相同,大多数发生在小纱上。产生原因:钢领衰退,气圈碰隔纱板;钢丝圈太轻或没有及时调换;隔纱板毛糙、龟裂或安装位置不正。

从产生粗经和错纬的原因看,大多是由于操作不当引起的,少数为机械因素。因此,务必加强运转操作管理。

(二)竹节纱疵

根据竹节纱的产生原因及其颜色，可分为白竹节、黄竹节、灰黑色竹节和油飞花竹节。

1. 白竹节纱疵的特征及其产生原因

(1)粗节长度1~2cm，宽度为原纱的2倍左右，粗节的一端粗，一端尖，纱条略毛。竹节附近捻度较大，纱较紧，色泽淡黄，在布面上比较分散。产生原因：细纱接头不良，特细特纱、精梳纱以及涤棉混纺纱更易产生；涤/棉等混纺纱中夹有并丝。

(2)粗节长度2~3cm，宽度为原纱的2倍，纤维卷曲而较乱，在布面上分布比较稀散，整只纡子都有。这种竹节是由于末并第二罗拉绕花造成。

(3)粗节长度3cm左右，宽度为原纱3~4倍的紧捻白竹节，在布面上连续出现，较为密集，整只纡子都有。产生原因：细纱机前胶辊严重缺油(一般缺油有时造成紧捻粗纬)。

(4)粗节长度2~4cm，阔度为原纱的3~4倍，粗节表面较粗、较毛，布面上半只纡子甚至整只纡子都有。产生原因：细纱机胶圈打顿，胶圈内嵌飞花以及小铁辊严重缺油等。

(5)粗节长度2~4cm，宽度为原纱的2倍左右，粗节两端稍尖，表面光洁，个别粗节长而毛，在布面上零星出现。产生原因：粗纱包卷(包括粗纱前接头)质量不好，特细特纱、精梳纱和涤/棉纱等更易产生；粗纱肩胛处飞花附入纱条。

(6)粗节长度4~5cm，宽度为原纱的2倍左右，表面毛糙，在布面上连续出现，较为密集，整只纡纱都有。这种竹节是由于细纱机前胶辊表面毛糙、部分涂料剥落造成。

(7)粗节长度5~10cm，宽度为原纱的2倍左右，表面较毛，在布面上比较稀散，整只纡子都有。这种竹节是由于末并、粗纱胶辊表面毛糙或涂料剥落粘花(根据严重程度和片段长度，有时评为条干不匀或粗纬)造成。

(8)粗节长度10~15cm，宽度为原纱的2~3倍，表面较粗较毛，在布面上一次性出现。这种竹节是粗纱机锭壳花夹入纱条(有时评为粗纬)而产生。

(9)粗节长短不定，宽度为原纱的2倍，在布面上断断续续出现。这种竹节产生的原因有：涤/棉等混纺纱的粗纱机上胶圈绕粗纱头；细纱断头后，因吸棉笛管失效，飘头飘入相邻的纱条(飘头时间长，有时评为粗纬)；细纱个别喇叭口偏斜，纱条滑出胶辊，失去牵伸作用。

2. 黄竹节纱疵的特征及其产生原因

(1)黄色竹节。

① 粗节长度1~2cm,形态为短乱纤维,表面毛,分布在2~3cm的布面上。产生原因:并条、粗纱机绒板花夹入;末并机喇叭口飞花积聚未及时清除,窜入棉条。

② 粗节长度1~2cm,形态为短乱纤维,表面较毛,在布面上比较密集,连续出现3~5点及以上。产生原因:细纱机后罗拉下绒辊停转,绒辊花夹入须条;细纱机上胶圈和胶辊间积聚短绒卷入须条。

③ 粗节长度3~4cm,粗节中间粗硬,两端较细,表面较毛,在布面上断断续续出现,分布于长度为2~4cm的布面上。产生原因:精梳机分离罗拉绒板花夹入。

(2)淡黄色竹节。

① 粗节长度1~2cm,形态为短乱纤维,粗节较粗、较毛并夹有杂质,比较密集连续出现在布面上,有半只纡纱到整只纡纱。产生原因:梳棉机棉网下垂,部分棉网把托板或地面的飞花和杂质带入棉条。

② 粗节长度1~2cm,粗节表面短纤维较乱、较毛,竹节纤维可上下移动,在布面上零星出现。产生原因:细纱机清洁工作不良,刷笛管时毛刷上的飞花卷入纱条,打擦板时的飞花卷入纱条等。

③ 粗节长度2cm左右,粗节表面较毛,连续3~5点分布在长度为2~4cm的布面上。产生原因:梳棉、并条机的喇叭口处有短绒、飞花附入。

④ 粗节长度2cm左右,粗节较粗较毛,在布面上连续出现,比较密集,有半只纡纱到整只纡纱。产生原因:梳棉机的锡林、道夫、盖板三角区密封不良,积聚飞花较多,混入棉网,在锡林高速、采用金属针布、生产粗特纱及再用棉混用较多时更易产生;梳棉机绕锡林、绕罗拉。

⑤ 粗节长度3~4cm,粗节较粗、较硬、较毛,在布面上连续出现,可达半只纡子。产生原因:精梳机锡林针齿毛糙,造成挂花;精梳机毛刷清除作用不良,造成挂花。

⑥ 粗节长度长短不一,粗节表面较毛,断断续续出现,分布在长度为10cm左右的布面上。产生原因:细纱机车顶板飞花附入,各工序高空飞花附入。

3. 灰黑色竹节的特征及其产生原因

(1)粗节长度1cm左右,呈黑色、灰黑色,粗节较粗,表面较毛,断续出现在1cm左右的布面长度上。产生原因:细纱车间空调风道清洁工作不良,黑灰附入纱条;细纱机罗拉颈绕油花附入纱条,涤/棉等混纺纱更易产生。

(2)粗节长度2cm左右,呈灰黑色,粗节表面毛糙,粗细不匀,有芯,零星断续出现在布面上长度1cm左右。产生原因：细纱车间高空清洁或揩车工作不良，造成飞花附入。

(3)粗节长度2～4cm，呈灰黑色，粗节表面较毛，粗细不匀，节距较大，分布比较分散，在布面长度1～2cm。产生原因：前纺车间高空清洁工作不良，造成飞花附入。

(4)粗节长度4cm左右，呈灰黑色，粗节表面毛糙，分布比较分散，在布面长度1～2cm。产生原因有：前纺揩车工作不良造成飞花附入；前纺棉条落到地上，造成染污。

4. 油飞花竹节的特征及其产生原因

(1)粗节长度2cm左右，呈淡黄色、灰黑色，表面较毛，布面分布多数零星出现，少数连续出现。产生原因：细纱揩车工作不良，油飞花黏附纱条。

(2)粗节长度3～5cm，色泽淡黄、灰黑，表面较毛，粗细不匀，布面上分布比较分散。产生原因：前纺揩车工作不良，油飞花黏附纱条；前纺棉条落在地上，造成染污。

(3)粗节长度不定，色泽淡黄、灰黑，表面较毛，粗细不匀，布面上分布比较分散。产生原因：各工序清洁工作不慎，将油飞花带入。

如上分析，竹节纱是在纺纱过程中，由于通道不光洁、机件有毛刺、清洁工作不良、牵伸过程不良、成品或半成品在生产运输过程中沾污造成。要减少竹节纱，必须在加强保全保养工作的前提下，发动挡车工、辅助工按操作法做好处理“缠、绕、挂花、积聚、清洁、接头”等方面的工作。

在络筒工序加装电子清纱器，能切除多数竹节纱疵，并可切除部分长粗节。虽然降低了络纱挡车工的劳动生产率，但可减少织厂修织工人数，并可提高棉布质量。

(三)条干不匀

条干不匀疵布与错纬疵布都是纱疵的重点内容，特别是平纹织物、府绸织物、涤棉混纺织物等对条干的要求更高。同样细度的纱线织造时，纬密稀疏的比紧密的条干不匀更易在布面上显露。条干不匀的疵布可分为两大类：规律性条干不匀，在黑板上分布成斜条状，俗称“斜规律条干”；非规律性条干不匀，在黑板上呈雨点状，俗称“雨状条干”，规律性条干不匀大都为突发性纱疵，将在本章的第四节中详述。这里仅讨论非规律性条干不匀。非规律性条干不匀疵布产生的原因很多，非常复杂，即使同一原因造成的条干不匀，其程度也有轻有重。因此，正确识别其特征，对及时而准确地寻找产生条干疵布的原因有十分重要的意义。

1. 非规律性条干不匀的特征及其产生原因

(1)粗节长度1～2cm,粗节表面较粗、较毛,占布面2cm到整只纡纱。这种条干不匀纱疵产生的原因有:细纱机集棉器翻身、破裂,或被杂质、车号纸塞煞;细纱机须条跳出集棉器。

(2)粗节长度1～2cm,粗细不匀,表面较毛,呈短片段分布。这种条干不匀纱疵是由于细纱机上纤维绕胶辊,造成同档胶辊邻纱失压(特别严重的作竹节处理)造成。

(3)粗节长度1～2cm,粗细不匀,分布比较稀散,整只纡纱都有。这种条干不匀纱疵是由于细纱机胶辊加压位置不正,造成加压偏轻而产生。

(4)粗节长度2～3cm,粗节头端稍毛,尾端细匀,在布面上分布稀散,为半只到整只纡纱。这种条干不匀纱疵产生的原因有:细纱机胶圈老化不光洁,产生绕纤维(有时评为白竹节);细纱机胶圈小铁辊溢油,或揩车染污胶圈,造成粘纤维。

(5)粗节长度3cm左右,粗节较毛,粗细不匀,在布面上分布稀散,为半只到整只纡纱。这种条干不匀纱疵是由于粗纱机集棉器破裂造成的。

(6)粗节长度3～4cm,粗节较粗、较毛,布面分布状况为半只到整只纡纱。这种条干不匀纱疵产生的原因有:细纱机下胶圈断裂缺损;细纱机生漆涂料胶辊表面光滑,摩擦力降低,回转打顿。

(7)粗节长度4～10cm,粗细均匀,布面分布状况为半只到整只纡纱。这种条干不匀纱疵是由于细纱机滚珠轴承胶辊中滚珠磨损造成的。

(8)粗节长度10cm以上,形态为长片段不匀,分布在1梭到整只纡纱。这种条干不匀纱疵产生的原因有:并条机集棉器开口太小、太毛(有时作粗纬处理);末并第二或第三胶辊加压失效(严重时评为粗纬);粗纱机弹性销钳口隔距或定位螺丝松动;粗纱下胶圈跑偏,胶辊中凹;粗纱前胶辊压力不足;粗纱集棉器有飞花,或纱条不在中后集棉器内。

2. 假条干不匀的特征及其产生原因

外观类似条干不匀,经印染加工后并不影响成品质量;波长相当于钢领板一次升降动程时间的纺纱长度;布面分布状况为整只纡纱连续出现。产生原因:纬纱给湿不匀,如水温太低,浸湿时间太短,在冬季细特纱、强捻纱线更易产生。

(四)其他布面纱疵

1. 双纬、脱纬

(1)双纬:单纬织物一梭口内有2根纬纱织入布内。

(2)脱纬:一梭口内有3根及以上的纬纱织入布内(包括连续双纬)。

造成双纬、脱纬的原因是直接纡纱成形不良，卷绕张力较小或卷绕层与束缚层配置不当等，多数为脱纬。脱纬的长度、根数有所不同，多数为 1～2 梭，每梭3～10 根左右。其特征和产生原因见表 7－1。

表 7－1　双纬、脱纬特征及其产生原因

脱纬长度/梭	1～2	1～2	1左右	小于1
1 梭内脱纬根数/根	5～10	3～5	3～5	2～4
产生原因	1. 运转操作不良，落纱超过时间或钢领板高低不平等，造成整台或个别冒头纱 2. 成形凸轮或轮子磨灭，钢领板、导纱板升降顿挫，造成整台或个别松头纱 3. 钢丝圈过轻，形成松纱 4. 钢领板升降动程太短，加大卷装后，更易产生	1. 细纱钢领板开始卷绕位置太低或筒管、钢领板高低不一致，造成整台或个别冒脚纱 2. 筒管不良，上下轻微跳动	1. 细纱接头动作不良，接头时引纱过长，纱头拉拉放放或引纱时"藏头" 2. 接头不及时，形成"葫芦纱" 3. 钢领板升降速度太慢，或卷绕层与束缚层比例配置不当	1. 细纱机开关车不良 2. 调钢丝圈或关车后纱未盘紧 3. 落纱前大纱时打慢车 4. 皮带太松或车速突然减慢

2. 稀纬、百脚

（1）稀纬：纬纱缺根在平纹织物中称为稀纬。

（2）百脚：纬纱缺根在斜织物中称为百脚。

产生稀纬、百脚的主要原因：

① 直接纡纱保险纱定位不良，太高、太低，太多或太少。一般长度控制：2×筘幅＋K。K＝布边～梭库～箱子距离＋筒管处的绕纱长度。布幅在 1～1.25m 时，K 值一般为 1.5m。

以 16.2tex（36 英支）纬纱为例，保险纱长度掌握在 4～6cm，始绕动程为 1.5cm 左右。在人工控制保险纱位置时，应在纬纱管上有明显标记，宽度一般为 1.0～1.5cm，以便落纱工在开车时掌握钢领板位置。采用自动打保险纱装置，并保证其工作状态良好，是减少稀纬、百脚的有效措施。

② 落纱开车接头未用保险纱，使用的保险纱太松或太短。

③ 落纱采用保险纱时，接头引纱太长，纱头拉拉放放或引纱"藏头"，退绕时造成脱圈断头。

④ 接头大白点造成断头。

⑤ 筒管底部槽纹太稀、太浅，形成脱圈断头，纺制特细纱或精梳纱、涤棉混纺纱时更易产生。

⑥ 筒管不良，小纱时发生跳筒管，锭速高时更容易发生。

⑦ 纡纱中间断头。

3. 花纬、花经

(1) 花纬：由于配棉成分变化或陈旧的纬纱使布面色泽不同，且有 1 ~ 2 个分界线。

(2) 花经：由于配棉成分变化，使布面色泽不同。

花纬大多数为纺部所产生。根据其色泽、捻度、形态不同大体分为长片段黄白纱、短片段黄白纱、三丝纱和假花纬纱等。发生黄白纱时，必须根据它发生的数量、色泽变化（夹色状态）、捻度、纱特差异等情况，探索发生的原因。减少黄白纱的措施见第八章色差的控制。三丝纱的细度、捻度与原纱相同，色泽黄、黑，长约半只纡纱，在布面上零星出现。其产生原因为：原棉中含有麻丝、发丝、鬃丝，特别是分散性小块麻丝绳等物不易拣剔和清除，使用外棉时这种情况较多。假花纬的细度、捻度与原纱相同，色泽黄，布面上整只纡纱大量出现。其产生原因为：纡纱着水不匀，造成色差，印染加工后对成品质量无影响。有时误作条干或错纬处理。

4. 油经、油纬，不退色的色经、色纬、布开花

(1) 油经、油纬。油经、油纬一般是浅色多，花色多，深色少。

产生原因：

① 各工序平、揩车不慎，沾污棉条、棉纱，或是加油过多飞溅于纱条中。一般前纺造成黑色或黄色油纱，片段较长。细纱造成的大部分为黄色油纱且为短片段。

② 各工序平、揩车后开车，手未洗净而接触纱条。

③ 空筒管落地沾油。

④ 粗纱、细纱落地；装纱袋不清洁。

(2) 色经、色纬。色经、色纬片段较长，主要是布开花、煤灰纱等。布开花纱疵是指纺入纱内的有色线头、绒线头、化纤丝、塑料丝等有色杂纤维，织成坯布后，布面呈满天星状的有色纱疵。它直接影响棉布下机一等品率、入库一等品率及本色坯布出口的单双联匹率，影响企业的经济效益。

布开花的产生原因：

① 刷唛留印包。原因：棉包包头布薄，刷唛重，唛印透过包头布污染棉花。刷唛印有红、蓝、黑等颜色，被污染的棉花也是这几种颜色。这种现象皮辊棉棉包较多，锯齿棉棉包较少。在布面上形成丝状色纱。

② 缝包线有颜色（也有用塑料线），棉包包布上补有各种各样的色布，这种现象

几乎每家轧花厂的棉包上都有发现。有些进口棉包(如苏丹、美国)用麻布打包,用麻线缝包。这些色线、色布头、麻线、麻布头等在清花排包时未拣尽,混入棉花中。打碎纺成纱后,呈短而小的大肚子状有色纤维束黏附在纱上,在布面上形成有色大肚子状的布开花纱疵。

③ 原棉中夹杂各种颜色的碎布头、纱头、绒线头、开司米、麻线、毛线、塑料绳、草绳、鬃丝等杂物,成纱后也会呈短而小的大肚子状有色纤维束黏附在纱上,在布面上形成有色大肚子状的布开花纱疵。

④ 铁锈花,被复写纸或责任印颜色粉污染的棉花。铁锈花主要是用铁皮打包的棉包,由于堆放时间长,铁皮受潮被锈蚀,再污染棉花造成的,这种情况一般锯齿棉棉包多,皮辊棉棉包少;棉包内混有复写纸,在纺纱过程中,复写纸周围的棉花被染上蓝色;棉条包卷操作练兵的颜色粉撒在棉条上,遗漏处理;责任印记颜色过深,渗入量过多。这种被污染的棉花,纺成长短不一的色纱,在布面上一般以色经色纬形式出现。

⑤ 地脚花、黑色的油花及蓝色油布花。地脚花和黑色油花,主要是轧花厂加油和检修过程中污染的棉花,在扫地面时没有拣剔出来,混在原棉里一同打入棉包;棉包在储运、露天堆放过程中,棉包表面有一小部分未被包皮包住的棉花,与蓝色油布(新用油布)接触、摩擦,被染上蓝色。在布面上成黑色或蓝色大肚子状的布开花纱疵。

布开花的防治方法:

① 加强棉包进车间的逐包检验工作,发现刷唛留印色花、铁锈花、蓝色油布花等及时拣清。拆包工要及时拣清棉包外层麻丝、麻布、色布、色花;抓棉机挡车工在抓棉机工作时,要注意棉箱内棉包各层之间的杂物并要随时关机拣清;发动梳棉、并条、粗纱、细纱挡车工,在巡回中随时拣清色条子、色棉条、色粗纱,并设专人考核,记个人的奖惩。这些纱疵应由专人收集、打包、集中处理;责任印颜色粉要有专人管理,经检验合格后方能使用;棉条包卷操作练兵用颜色粉撒在棉条上,要及时拣清,不可遗漏。

② 掌握各轧花厂的原棉夹杂物的情况,对含有杂物的重点轧花厂及重点批号的原棉,应避免放在纬纱品种中配用,可放在经纱中配用。

煤灰纱的形成与防治见第八章。

5. 纬缩、橡皮纱、裙子皱

(1)纬缩。因纬纱捻度过大、捻回不稳定等原因使纬纱扭结织入布内或起圈现于布面的一种密集性疵点,称为纬缩。为此,除应注意捻度合理,先纺先用外,还应加强对化纤混纺纱(特别是涤棉混纺纱)的热定形工作,使其捻度稳定,减少疵布。

(2)橡皮纱。橡皮纱是布面上呈小竹节或纬缩状,把纱挑出后如橡皮筋那样可以伸长。此类纱疵在涤棉混纺和纯棉细特(高支)纱中较易产生。为此,应加强对纤维(特别是化纤)的检验工作,防止超长纤维混入,排除并丝,提高细纱机前胶辊压力,放大隔距,使关车时张力略小,开车时张力略大。络筒机加装电子清纱器,予以切除也是一种办法。

(3)裙子皱。在涤棉混纺平纹织物中,由于不同缩率的纬纱交替织在布面上,在坯布上看不出,但印染加工经热碱处理后,纬纱产生不同的收缩,收缩小的部位,织物幅度宽;收缩大的部位,织物幅度窄;宽幅与窄幅多次交替出现,布面形成明显的"裙子皱"。

产生"裙子皱"的主要原因:

① 不同型号涤纶的沸水收缩率差异较大。

② 蒸纱温度波动大,特别采用高温蒸纱工艺时,温度不够,纬纱定形不足,更易产生"裙子皱"。

③ 采用筒子蒸纱时,里层受热迟而缩率小,外层受热快而缩率大。

④ 筒子在蒸缸内的位置不同而受热不同,导致筒子纱的缩率也不同。

⑤ 纬纱捻度差异过大。

6. 棉球

棉球与正常棉结相似,但有差别。棉球纤维比较蓬松,成熟度正常,颗粒大;棉结纤维比较紧密,成熟度差,颗粒小。

产生棉球的主要原因:

① 钢领、钢丝圈未及时调换,钢丝圈脚磨损后刮毛纱条而形成。在纺大纱时钢领板上升到顶端处,更易产生棉球。

② 钢领、钢丝圈选配不当,如钢丝圈圈形不当,使纱条通道与钢领或钢丝圈磨损处交叉,造成纱条刮擦发毛。

③ 细纱机前牵伸区胶辊与罗拉间积集的短绒附入细纱,后工序未能消除,在布面呈现米粒状棉球。

(五)减少布面纱疵的经验和做法

1. 纱疵指标的对口分级管理

将纱疵指标层层分解,层层落实,层层考核,使纱疵管理在组织上得到保证。

2. 建立疵布分析制度

(1)参加人员:生产技术科分管纱疵分析的专职干部、前后纺车间分管纱疵分析的副主任、技术员、质量把关员及工人代表等。

(2)分析时间:每周一次,出现突发情况时每天一次,有的每天两次(上下午各一次)。

(3)疵布分析:规定每周有一天纱疵分析会议,由车间正主任主持,车间分管纱疵分析的副主任、质量操作专职人员共同参加，先看疵布后开分析会，由专职人员每周对纱疵下机匹布进行一次综合分析，并排列出主次因素排列图，研究存在的问题，确定改进措施。有些工厂除运转主任分管纱疵外，设备主任、保全人员会同工长每天进行一次检查机械零部件状态工作，查出缺陷，落实检修工检修。这个经验值得推广。

3. 加强质量把关

做好关键工序和关键部件的管理工作，针对容易产生疵点的部位和因素，拟定设岗、把关项目，采取群众把关和专业把关相结合的方法，以专业把关为主，做好关键工序和机台的管理。

质量把关内容主要有以下几个方面。

(1)平揩车调胶辊把关。质量员必须逐锭逐眼检查平揩车调胶辊的机台，平揩车开车，条粗要试 Y311 型条干、细纱摇黑板，条干正常后才能开车。检查机械疵点以考核平揩车小组和胶辊小组的工作质量。

(2)运转交接班检查把关。各个主要工种每班上班提前 15min 进入岗位，做好接班前检查工作。

(3)开冷车、工艺变动、翻改品种、高空清洁等必须要加强检查，做好把关工作。除了上述质量把关检查工作之外，还要特别重视对关键工序机台和关键零部件的检查把关工作，对条粗纬纱机台的牵伸部件、胶辊、胶圈、集合器等班班都要检查，有些厂每班检查两次。

(4)车间温湿度要控制在一定范围内，防止“三绕”(绕锡林、罗拉、胶辊)，减少突发性纱疵的发生。

4. 基础管理工作

狠抓基础管理工作不放松，检测动态参数，落实工作责任，重点是抓好原料、设备、操作、工艺、空调这五项基础工作，稳定质量，减少纱疵。

防疵降疵工作，从指导思想上应该遵循预防为主的原则，以各工序的严格把关，确保成品质量。而检测动态参数，以后工序检测数指导前工序防疵工作则是预防为主方法的必要补充。检测的动态参数有八个。

(1)细纱车间检测百管纱疵，分清前纺、细纱纱疵产生数量，责任落实到人。

(2)络筒车间检测筒子质量，防止操作纱疵，责任落实到人。

(3)试验室负责“偶发疵点剪切分析”，分析 A3 B3 C3 D2 构成情况，以便分析原料、梳棉三角区挂花、并粗绒板花、细纱飞花、络筒纱疵的构成情况和数量关系，作为重大技术措施的依据。

(4)试验室负责“常发疵点剪切分析”，分析 -50%、+50%、+200% 实物状态，其作用同“偶发疵点剪切分析”。

(5)质监科负责检测竹节纱疵，检查络筒筒子纱中影响布面评分的竹节纱疵数量。

(6)技术科负责检测电子清纱器品质因素，检验电子清纱器的清纱质量与效果，负责落实到人。

(7)整理车间和纺部负责布面纱疵分析，从布面上分析前后纺纱疵数量，责任落实到车间。

(8)试验室检测条干和进行常发性纱疵测试，检测成纱条干和常发疵点水平，责任落实到车间个人，作为质量追踪的依据。

通过检测八个动态参数，可以清晰地观察到纱疵产生的数量和原因，以便提出有针对性的防止措施；通过落实各级责任，定量地描述各工序及检修工、操作工工作质量的好与坏，可大大强化工作责任性，有效地防止同类纱疵的重复产生，为防疵降疵工作奠定了基础。多年来，全国各地由于推广了全面质量管理，加强了工序质量的控制，发挥了群众性质量把关和专业队伍质量把关的作用。同时很多工厂重视了技术进步，引进了新设备或改进了老设备与工艺，使纱线质量有了较大的提高，纱疵有了明显的下降。许多先进工厂纱疵率已控制在0.5%及以下的水平。

二、控制十万米纱疵

九级纱疵的A3、A4基本上都是原料与加工不善所造成的，主要是大杂和棉结。只要在清棉工序采用多松少返，渐进开梳，早落少碎；在梳棉工序采用深化梳理、细致除杂的办法，就能使A3、A4级纱疵大幅度减少，而这两级纱疵用一般电子清纱器则难以切除。

B3、B4级纱疵除了上述原料和加工不善外，还有工艺部件缺陷造成的疵点，如纺细特纱时，胶圈使用期过长，发毛、粗糙甚至龟裂，直接产生这部分纱疵，用电子清纱器可部分切除这两级纱疵，但槽筒机上纱线断头将大幅度增加，生产效率降低，在经济上也不合算。C3、C4、D2、D3、D4这五级纱疵则大部分是操作和清洁工作不良所造成的，虽然电子清纱器能切除，但过多的接头也会影响纱的质量，这部分纱疵只要工作做细了就可大幅度减少。偶发性纱疵的形成主要是由于短绒和乱纤维的积聚，纤维梳理状况不良，胶辊、胶圈、罗拉的缠绕，清洁工作不良，飞花附入等原因。

并条机压力棒下压太低，控制力过强，主牵伸区隔距过小，牵伸力太大；粗梳棉末并定量太轻，引起意外伸长，圈条不良，条子粘连；粗纱捻系数选择不当，细纱后牵伸与后区中心距未能优化配合，细纱机出硬头；粗纱经向卷绕密度、张力控制不良等，均能形成偶发性纱疵。

(一)合理配棉

原料不同,十万米纱疵形成的概率不同,涤棉混纺纱及精梳涤棉混纺纱偶发性纱疵高于精梳棉纱和普梳棉纱。

1. 严把原料关

要严把原料进厂质量关,对混等、混级棉、夹层棉更要逐包逐层检验,实行分检处理,分品种使用,对轧工质量差,索丝、僵棉较多的唛头要严格控制使用比例。

2. 合理使用回花和再用棉

工艺试验表明,回花和再用棉使用不当是造成A3、B3类纱疵大幅增加的主要原因之一。试验情况见表7-2。

表7-2 使用不同回花比例的九级有害纱疵情况(C14.5tex)

方案	回花、再用棉使用比例/%	九级有害纱疵/个	A3/个	B3/个	C3/个	D2/个	吨纱净用棉/kg
1	回花3.1 再用棉0.5	25	12	8	3	2	1128
2	回花5.2 再用棉1.0	37	17	12	5	3	1091
3	回花7.2 再用棉2.3	53	28	16	6	3	1071

从表7-2可以看出,随着回花、再用棉使用比例的增加,A3、B3类疵点明显增加。但是回花、再用棉使用比例过小会使吨纱净用棉量增加,对节棉不利。因此,应综合考虑质量和节棉两方面的因素。纯棉细特纱回花使用应控制在5%以内,再用棉比例应控制在1%以内;中特纱回花、再用棉使用应控制在7%以内,斩刀花、精落落棉等再用棉回用比例不超过1.5%。回花、再用棉应分清品种,打包后严格按比例在各次配用时均衡使用,防止突击超量使用,对于其余的回花、再用棉可适时采用转杯纺,纺成副牌纱,以保证统扯净用棉定额的完成。

(二)合理设计工艺

开清、梳棉有关工艺参数应针对原料变动情况,实行动态管理。对开棉机道数、打手速度、后补风工艺、梳棉机盖板速度、除尘刀位置、小漏底进出口隔距等要及时调整,力求使杂质、有害疵点、短纤维多落早落。梳棉采用仿格拉夫针布,锡林盖板紧隔距,采用较低的道夫速度,以提高纤维分梳质量,为后工序减少纱疵奠定基础。

近年来,并条机出条线速度有较大幅度的提高。工艺试验发现,出条线速度大于350m/min及以上时,前集束区受气流及胶辊状态等因素影响,产生弯钩纤维束导致竹节类纱疵大量增加。对于纤维平行伸直度较好的精梳棉条表现尤为突出。表7－3列出了J14.5tex管纱纱疵随末并(RSB1型并条机)速度变化情况。

表7－3　末并速度对九级有害纱疵的影响

末并速度/m·min^{-1}	九级有害纱疵总和/个	A3/个	B3/个	C3/个	D3/个
300	94	22	36	31	5
350	120	28	38	45	9
400	157	33	65	43	16

注　以上实验条件为同原料、同工艺条件、不同末并速度。

由表7－3可看出，随着末并速度的提高，A3、B3、C3、D2各类纱疵均有所增加。因此生产精梳高档产品时，末并出条线速度宜控制在300～350m/min。当采用较高速度时，应加强胶辊维护保养，保证吸风系统畅通有效，并合理配置有关工艺参数，防止条子“过熟”。控制高速并条机纱疵。

(三)梳棉机及精梳机的梳理状态对十万米纱疵有显著影响

T/CJ13tex纱的试验结果见表7－4。

表7－4　梳棉机、精梳机的梳理状态对十万米纱疵的影响

项　目	梳棉棉网合格率/%	精梳机梳针完好率/%	管纱十万米纱疵/个
大面积	81	85	78
一条龙机台	100	100	54

梳棉机采用新型金属针布，有利于提高梳棉机的梳理精度。精梳机采用整体锡林、整体顶梳，梳针强度高，不易损伤，精梳棉网质量稳定。

(四)加强操作和温湿度管理

生产实践中发现大面积纱疵的增加，往往与新工大量上岗和车间温湿度波动密切相关。对于新工要坚持培训合格后方能上岗的原则。加强对操作规程执行率的检查与考核，严格执行清洁进度要求。某厂对络筒电子清纱器及布面进行采集疵点分析，T/CJ13tex粗节纱疵有8%～16%的纱疵在原纱上可以移动，此为细纱机成纱时飞花附入形成的纱疵，尤以交接班粗节纱纱疵较多，落实机台及班组责任后，这类纱疵减少至8%以下。由于涤纶含油剂，在纺精梳涤棉混纺纱时通道易积聚油污，容易缠绕，因此必须经常维护揩擦，保持通道光洁，无堵、挂。胶辊、胶圈在高温高湿期间应加强管理，并适当缩短调换周期。防止并粗包卷不良、细纱接大头、搭头喂粗纱等操作造成的疵点。

季节不同，偶发性纱疵形成的概率不同，三季度高温高湿期间，偶发性纱疵易于形成。由于三季度时胶辊、胶圈及罗拉缠绕的现象显著增加，如抗缠绕的措施跟不上去，增幅就大。表7－5所列统计数据中，三季度T/CJ13tex、CJ14.5tex偶发性纱疵均有增加。

表7－5　各季偶发性纱疵数　　单位：个/十万米

品种＼时间	一季度	二季度	三季度	四季度
T/CJ13tex	38	54	79	48
CJ14.5tex	18	23	36	25

因此，要做好温湿度管理工作，加强空调设备的维修保养，保证车间的温湿度稳定。夏季注意控制湿度不过大，冬季注意保持一定的温度，防止因气候突变产生的偶发性纱疵。

总之，设备技术精度高，清洁装置完善，工艺部件精度高是控制和降低偶发性纱疵的基础。工艺设计合理，保持工艺部件状态良好，加强操作管理，是控制和降低偶发性纱疵的重要环节。有效地控制偶发性纱疵对于减少整经断头，提高织机效率，提高下机一等品率，减少修织等均有直接影响。

三、控制千米粗节、细节、棉结数

千米粗节、细节、棉结是一种截面变化小、长度较短的疵点，常在短片段范围内发生，而且大多是非周期性的。

常发性纱疵与细纱乌斯特条干*CV*值同时测出，因而与细纱条干*CV*值有着必然的联系。据分析，千米粗节、细节、棉结数与细纱条干*CV*值呈正相关。

+50%和－50%疵点的检测长度约为纤维平均长度，+200%疵点的检测长度为4mm。对这两种常发性疵点与细纱条干*CV*值进行相关分析，可得：

+50%疵点与条干*CV*值之间相关系数$r_{+50\%}=0.7254$，呈高相关。

－50%疵点与条干*CV*值之相关系数$r_{-50\%}=0.7465$，呈高相关。

+200%疵点与条干*CV*值之相关系数$r_{+200\%}=0.4960$，呈中相关。

由此可知，+50%和－50%疵点与条干*CV*值呈高线性相关，因此，一般对降低条干*CV*值有效的措施如采用软弹性胶管、加强对浮游纤维控制、减少短纤维含量、改善牵伸零部件性能等，对降低－50%、+50%疵点同样很有效。+200%疵点又是常发性纱疵中危害最大的一种，与条干*CV*值的相关系数较小，相关性较弱，对其实物形态分析见表7－6。

表 7－6　＋200%疵点实物形态分析　　单位:%

项目 / 品种	棉结	杂质	大肚纱、起毛纱、细纱接头、飞花
CJ14.5tex	50	26	24
CJ18tex	60	25	15
CJ29tex	60	31	9
C18tex	47	33	20

表中数据说明：＋200%疵点绝大多数(80%以上)由棉结和杂质构成。那么，＋200%疵点与细纱黑板棉结杂质又有怎样的关系？

黑板棉结杂质与＋200%疵点相关分析：

设:黑板棉结杂质总和为 x(粒/g)，＋200%疵点为 y(个/km)。

相关关系：

$$y = a + bx = -253 + 8.2x \tag{7-2}$$

相关系数　$r = 0.639 > r_{0.05} = 0.25$，显著相关。

试验数据　$n = 57$，方差的平方根 $s = 148$。

据以上计算结果，把相关分析应用到预测问题上，可知：当一个 x 确定后，y 落在下列区间的概率为 95.5%：

$$y_1 = a - 2s + bx = -549 + 8.2x \tag{7-3}$$

$$y_2 = a + 2s + bx = 43 + 8.2x \tag{7-4}$$

可用图 7－5 表示如下：

一般说来，黑板棉结杂质的数据要比＋200%疵点大得多：以 C29tex 纱黑板棉结杂质 100 粒/g 为例，其千米长度的棉结杂质数应该为：100 × 29 = 2900 粒/km，而一

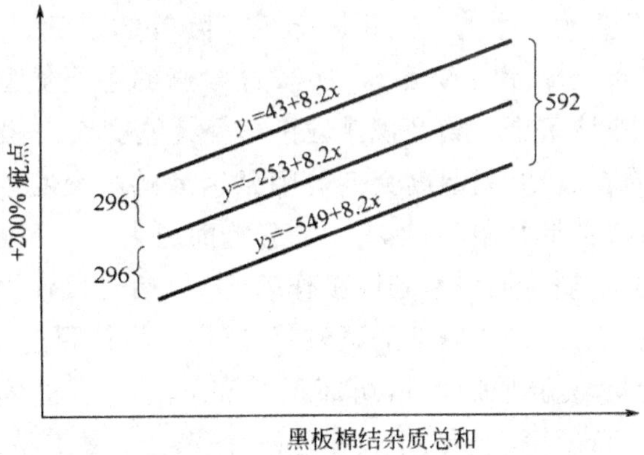

图 7－5　黑板棉结杂质总和与＋200%疵点相关图

般 C29tex 纱的 +200% 疵点数不超过 1000 个/km，因此，可以说，黑板棉结杂质的检验严于 +200% 疵点的检验。

当棉花细度较细、成熟度较差时，纤维细而软，易在加工中产生棉结，而不少这类棉结，尚不足 +200% 疵点的粗度，反映在两者的关系上，就有 $y_1 = -549 + 8.2x$。

当棉花中疵点和萎棉较多时，其残留在纱条上的疵点，足以达到 +200% 疵点的粗度，当然也会在黑板棉结杂质计数范围之内，相对而言就会有 $y_2 = 43 + 8.2x$。

综上分析，可以得出以下两个结论：

(1)黑板棉结杂质总与 +200% 疵点呈强线性相关(正相关)，因此控制和降低二者中的任何一个，对另一个的控制和降低有同样的意义。

(2)具有同样数量的黑板棉结杂质的两批纱，其 +200% 疵点数并不是一个固定值，有 95.5% 概率落在方程预测值的上下各 296 范围内。可见，原料不同，黑板棉结杂质数与 +200% 疵点的绝对值之比有很大差异。所以，要降低 +200% 疵点，加强原棉管理十分重要，只有保持投料原棉的细度、萎棉、成熟度、疵点的稳定，才能保证 +200% 疵点数稳定。降低棉花疵点和萎棉含量，对降低 +200% 疵点有明显效果。

由分析千米粗节、细节数与成纱条干 *CV* 值的关系和千米棉结数与细纱黑板棉结杂质粒数的关系可知，采用降低成纱条干均匀度的措施和减少成纱棉结杂质的措施，即可降低成纱千米粗节、细节、棉结数。具体措施参考第三章、第五章的有关内容。

第四节　布面突发性纱疵的特征与分析

突发性纱疵是指突然发生的大面积影响棉布降等的纱疵。它的特点是来势猛、批量大，严重影响棉布质量计划的完成。突发性纱疵的主要类型多数为规律性条干不匀，也有少量非规律性条干不匀及规律性错纬等其他疵点，一般是由于机械部件不良、工艺参数不当、原料波动、温湿度突变等因素造成的。突发性纱疵大多发生在并条、粗纱、细纱工序，特别是并条、粗纱工序的影响面更大。

减少突发性纱疵必须从加强基础性工作着手，包括对机件设计与材料选用的改进，精度的提高，安装规格、检修周期的调整等，以提高机件耐磨性能。在生产管理上依靠广大职工，推行从前纺到细纱、从纺部到织部"一条龙"的固定供应制度或在粗纱、细纱、捻线工序实行定班、定台、定人责任制度；各工种推广先进操作法；各道工序建立专职质量检查和群众性的质量把关制度，把好七个关，即开冷车关、交接班关、调胶辊关、平揩车关、品种翻改关、工艺调整关和调换牵伸变换齿轮关。在平揩车、翻改品种和调换变换齿轮后,做好并条逐眼和粗纱、细纱逐台进行条干不匀率测试、黑板条干检验及布机试织等预防纱疵工作。在生产上认真贯彻和落实以上措施,对防止突发性纱疵的发生,可收到极为良好的效果。

一、常见突发性纱疵的种类

(一)非规律性条干不匀

非规律性条干不匀在黑板条干检验时,呈雨点状分布,俗称"雨状条干",一般属常见纱疵类。但有时因机件损坏严重,来势猛,影响面广,尤其是在并、粗工序中更易形成。非规律性条干不匀的特征及产生原因见本章第三节中布面纱疵的条干不匀部分。

(二)规律性条干不匀

规律性条干不匀的波长,随机件位置而异。黑板检验时,呈"直规律"或"斜规律"分布。规律性条干不匀的分析见第三章第三节。下面仅将细纱机产生的几种规律性条干不匀列于表7-7。

表7-7 细纱规律性条干不匀的特征及其产生原因

项目＼序号	1	2	3	4	5
规律性长度	相当于细纱机前胶辊的周长	相当于细纱机前罗拉的周长	大于细纱机前罗拉周长	稍大于细纱机前罗拉、前胶辊周长	23m(小动程) 294m(全动程)
布面分布情况	比较密集,整只纡纱	比较密集,整支纡纱	比较密集,整只纡纱	比较密集,整只纡纱或一段纱,时有时无	间歇性
产生原因	1. 细纱机前胶辊偏心超过规定要求。对要求高的细特平纹或涤棉混纺织物,胶辊偏心应在0.04mm以下,其他不超过0.06mm 2. 机前胶辊芯子弯曲超过要求 3. 细纱机前胶辊同档直径有大小	1. 细纱机前罗拉偏心,弯曲超过规定 2. 细纱机前罗拉嵌有硬性杂物 3. 细纱机前罗拉偏心或齿形不正	细纱机牵伸系统齿轮啮合过紧、过松,销槽磨灭或磨损等	1. 天气潮湿 2. 胶圈处理不当,吸湿性能强,下胶圈与中罗拉粘连 3. 下胶圈偏紧使中罗拉轻微抖动	导纱动程跑偏

（三）规律性错纬

规律性错纬俗称“搓板布”、“席子布”。错纬的波长有明显的规律性，粗纬、细纬交界分明。大多粗纬的重量是正常纱的1.3～2倍，并在粗纬的前后有相应的细纬。造成的主要原因是各牵伸区的胶辊或罗拉有偏心、失压或齿轮传动不正常等。错纬的粗细或重量偏差的大小（即粗细程度波幅）由牵伸倍数及不正常机件的缺陷状况而定。一般牵伸倍数小、机件缺陷严重时波幅大，但波长短；而纱特纱牵伸倍数大，且在前道工序产生的错纬，其波长较长，但波幅较小。

1. 特长规律性错纬

粗纬的重量为正常纱的1.6倍左右，既有粗细纬交错，也有只粗不细或只细不粗的错纬。其波长，粗特纱20～80m，中特纱40～150m，细特纱80～300m。

特长规律性错纬的形成，大多出自于并条机导条部分后、中牵伸区疵病产生的、带有规律性条子不匀的熟条。其疵病如导条辊传动齿轮键销松动，中、后牵伸区胶辊中凹和胶辊加压失效等。

2. 长规律性错纬

粗纬的重量约为正常纱的1.3～1.6倍，其波长，粗特纱5～10m，中特纱10～20m，细特纱20～40m。

长规律性错纬大多是由于并条机前区疵病，如前罗拉或前胶辊偏心、中凹，胶辊芯子缺油、胶辊芯子弯曲过大等，以及粗纱机后区疵病，如后罗拉弯曲、后胶辊严重中凹等产生的带有规律性条干不匀的熟条和粗纱所形成。

3. 中长规律性错纬

粗纬的重量约为正常纱的1.3～1.6倍，其波长，粗特纱3～5m，中特纱6～10m，细特纱7～20m。

中长规律性错纬大多是由于粗纱机中、后牵伸区疵病，如牵伸系统齿轮磨灭、键销松动等产生的带有规律性条干不匀的粗纱所形成。

4. 短规律性错纬

粗纬重量约为正常纱的1.3～1.4倍（相当于细纱机后区牵伸倍数），其波长，粗特纱1～3m，中细特纱2～6m。

短规律性错纬大多是由于粗纱机前区疵病（如前罗拉弯曲偏心、前胶辊中凹偏心等）产生带有规律性条干不匀的粗纱和细纱机后区疵病所形成。

二、运用概率论的理论判断布面突发性纱疵的数量

纱疵的数量信息是由整理车间提供的，具体的数字反映在纱织疵报表及分等记录上。某项突发性纱疵一旦发生，必在报表上有一个突然增加的数值。以 ΔX 表示

该项纱疵的绝对增加数，以 ΔP_X 表示该项纱疵率的增加数。ΔX 和 ΔP_X 就作为数量判断的参考依据。

纱疵在布面上的分布服从泊松分布。我们用泊松分布能计算出以某种概率出现的纱疵在布面的分布情况，突发性纱疵是系统发生误差，系统误差多数都会以一个可知的概率连续出现，这就为我们的数据判断提供了可能的条件。如果我们首先计算出可能产生突发性纱疵的机械因素和操作因素造成疵布的概率，一旦发生突发性纱疵，对照当日或一段时间纱织疵报表上的某项纱疵增加量 ΔX 和 ΔP_X，结合形态判断，就能帮助我们尽快地找出产生纱疵的可能部位。

(一)几种不同情况产生的突发性纱疵的纱疵率(按泊松分布的概率)

1. 疵纬纱产生的纱疵率

(1)细纱一个锭位上的疵纬纱产生的纱疵率：

$$P_\lambda(x \geq 1) = 1 - e^{-\frac{n}{D \cdot M}} \tag{7-5}$$

式中：$P_\lambda(x \geq 1)$——细纱一个锭位上的疵纬纱的纱疵率；

n——每个单位匹长内每台位摆梭纬纱袋数；

D——该品种细纱纬纱机台开台数；

M——每个摆梭台位的布机台数。

(2)细纱 $m(m>2)$ 个锭位上的疵纬纱产生的纱疵率：

$$P_\lambda(x \geq 2) = 1 - e^{-\frac{n \cdot m}{D \cdot M}} \tag{7-6}$$

式中：$P_\lambda(x \geq 2)$——细纱 m 个锭位上的疵纬纱产生的纱疵率；

m——产生细纱疵纬纱的锭位数。

n、D、M 意义同式(7-5)。

(3)粗纱一个锭位疵纱产生的纱疵率：

$$P_\lambda(x \geq 1) = 1 - e^{-\frac{n \cdot I_C}{D \cdot M}} \tag{7-7}$$

式中：$P_\lambda(x \geq 1)$——粗纱一个锭位疵纱产生的纱疵率；

I_C——一个粗纱在细纱机上使用时间内的粗纱落纱次数。

n、D、M 意义同式(7-5)。

2. 疵经纱产生的纱疵率

(1)细纱挡车工粗纱包头不良产生的纱疵率：

$$P_\lambda(x \geq 1) = 1 - e^{-n_1 \cdot p_1} \tag{7-8}$$

式中：$P_\lambda(x \geq 1)$——细纱挡车工粗纱包头不良产生的纱疵率；

n_1——单位匹经纱长(织物总经根数 m_z · 匹长 L_b)；

p_1——单位长度细纱的平均粗纱包头不良数。

(2)粗纱机后棉条包头不良产生的纱疵率：

$$P_{\lambda}(x \geqslant 1) = 1 - e^{-n_1 \cdot p_2} \quad (7-9)$$

式中：$P_{\lambda}(x \geqslant 1)$——粗纱机后包头操作不良产生的纱疵率；

p_2——单位长度细纱的平均棉条包头不良数。

n_1 意义同式(7－8)。

(二)举例

例1. 29.15tex/29.15tex 棉布，单位匹长36.6m，纬密236/10cm，布机速度150r/min，布机效率90%，共有13个摆梭台位，平均每个摆梭台位21台布机。细纱29.15tex纬纱开7台，纺一落纱的时间为55min。试计算细纱一个锭位连续出现疵纬纱可能产生的纱疵率。

由式(7－5)：

$$P_{\lambda}(x \geqslant 1) = 1 - e^{-\frac{n}{D \cdot M}}$$

其中每个单位匹长内每台位摆梭纬纱袋数：

$$n = \frac{T}{t_x} \cdot \frac{D}{E} \quad (7-10)$$

式中：T——某品种织物一个单位匹平均织造时间，min；

t_x——该品种细纱纺一落纱的时间，min；

D——该品种细纱纬纱机台开台数；

E——该品种布机摆梭台位数。

$$T = \frac{\text{纬密} \times 10 \times \text{匹长}}{\text{布机速度} \times \text{布机效率}} = \frac{236 \times 10 \times 36.6}{150 \times 90\%} \approx 640(\text{min})$$

$$n = \frac{T}{t_x} \cdot \frac{D}{E} = \frac{640}{55} \times \frac{7}{13} = 6.2657(\text{袋})$$

$$P_{\lambda}(x \geqslant 1) = 1 - e^{-\frac{n}{D \cdot M}} = 1 - e^{-\frac{6.2657}{7 \times 21}} = 1 - e^{-0.04265} = 1 - 0.9583 = 0.0417 = 4.17\%$$

例2. 同例1，粗纱落纱长度1000m，前罗拉直径27mm，速度242r/min，生产效率80%；细纱前罗拉直径22.225mm，速度323r/min，牵伸倍数24.75倍。试求粗纱一个锭位出现疵纱产生的纱疵率。

由式(7－7)：

$$P_{\lambda}(x \geqslant 1) = 1 - e^{-\frac{n \cdot I_C}{D \cdot M}}$$

其中一个粗纱在细纱机上使用时间内的粗纱落纱次数：

$$I_C = \frac{T_C}{t_c} \quad (7-11)$$

式中：T_C——某品种一个粗纱在细纱机上的使用时间；

t_c——该品种粗纱纺一落纱的时间。

$$T_C=\frac{\text{粗纱落纱长度(m)}\times\text{细纱牵伸倍数}\times1000}{\text{细纱前罗拉直径(mm)}\times\pi\times\text{细纱前罗拉速度(r/min)}}$$

$$=\frac{1000\times24.75\times1000}{22.225\times\pi\times323}\approx1098(\text{min})$$

$$t_c=\frac{\text{粗纱落纱长度(m)}\times1000}{\text{粗纱前罗拉直径(mm)}\times\pi\times\text{细纱前罗拉速度}\times\text{粗纱效率}}$$

$$=\frac{1000\times1000}{27\times\pi\times242\times80\%}=60.9(\text{min})$$

n、D、M 值同例 1，分别为 6.2657 袋、7 台、21 台。

$$P_\lambda(x\geqslant1)=1-e^{-\frac{n\cdot I_C}{D\cdot M}}=1-e^{-\frac{6.2657\times18}{7\times21}}=1-e^{-0.7672}=1-0.4643=0.5357=53.57\%$$

例 3. 同例 2，总经根数为 3792 根，测定细纱挡车工平均粗纱包头合格率为 0.8。其余参数同 29.15tex 纬纱。试求细纱挡车工粗纱包头不良产生的纱疵率。

由式(7－8)：

$$P_\lambda(x\geqslant1)=1-e^{-n_1\cdot p_1}$$

其中单位长度细纱的平均粗纱包头不良数：

$$p_1=\frac{1-\text{挡车工平均粗纱包头合格率}}{\text{粗纱落纱长度(m)}\times\text{细纱前伸倍数}}=\frac{1-0.8}{1000\times24.75}\approx\frac{1}{123750}$$

$$n_1=m_2\cdot L_b=3792\times36.6\approx138787(\text{m})$$

$$P_\lambda(x\geqslant1)=1-e^{-n_1\cdot p_1}=1-e^{-138787\times(1/123750)}$$

$$=1-e^{-1.12}=1-0.3263=0.6737=67.37\%$$

例 4. 同例 3，粗纱牵伸倍数为 5.57，粗纱挡车工机后棉条包头合格率为 0.8，熟条满筒长度为 2188m。试求粗纱挡车工机后棉条包头下良产生的纱疵率。

由式(7－9)：

$$P_\lambda(x\geqslant1)=1-e^{-n_1\cdot p_2}$$

其中单位长度细纱的平均棉条包头不良数：

$$p_2=\frac{1-\text{粗纱挡车工平均棉条包头合格率}}{\text{熟条满筒长度(m)}\times\text{粗纱牵伸倍数}\times\text{细纱牵伸倍数}}$$

$$=\frac{1-0.8}{2188\times5.75\times24.75}$$

$$=\frac{1}{1556899}$$

n_1 同例3，为138787。

$$P_{\lambda}(x \geqslant 1) = 1 - e^{-n_1 \cdot p_2} = 1 - e^{-138787 \times (1/1556899)}$$

$$= 1 - e^{-0.089} = 1 - 0.9148 = 0.0852 = 8.52\%$$

（三）说明

纱疵的实际发生数和 ΔX 和 ΔP 一般都小于计算的数字。这是由于纺织过程中的随机因素太多，即使某一部分发生系统误差，常常由于随机因素不一定每只疵纱织入布面都会程度一样而形成感官上判断的纱疵；其次，因落布时间的差异，疵布率的增加有一个过程；其三，还应考虑漏验因素。虽然这样，许多事实证明，计算的突发纱疵概率和实际发生的次布率增加量 ΔP_X 有着很明显的趋近性，尤其是前纺和细纱各自原因产生的纱疵存在一个明显的数量差异，运用数量判断，很容易区别出来。通过计算，建立起各种主要突发纱疵的数量概念，对我们迅速判断纱疵产生的原因、部位是大有帮助的。

三、布面规律性纱疵的分析

（一）布面规律性纱疵波长计算公式

1. 波长大于布幅数倍的规律性错纬和条干不匀等布面规律性纱疵的实际波长计算式：

$$\lambda_f = \delta \cdot B \cdot P_w (1 + a_w) \tag{7-12}$$

式中：λ_f——布面规律性纱疵的实际平均波长；

δ——布面规律性纱疵的实际平均经向间距；

B——布幅；

P_w——纬密；

α_w——纬缩率，可按日常统计数据，%。

2. 本工序产生规律性纱疵的波长计算式：

$$\lambda_a = \frac{\pi D \cdot E_i}{K} \tag{7-13}$$

式中：λ_a——本工序产生规律性机械波的计算波长；

D——产生纱疵的罗拉或胶辊的有效直径；

E_i——产生纱疵的罗拉或胶辊至输出罗拉间的牵伸倍数；

K——系数，由产生纱疵的原因决定。若罗拉、胶辊偏心、弯曲，在一个圆周上可产生一个粗节和一个细节，则 $K=1$；若胶辊呈椭圆形偏心，在一个圆周上发生两个粗节和两个细节，则 $K=2$：若牵伸机构的缺陷，使罗拉每转 n 转产生一个纱疵，则 $K=1/n$。

3. 产生规律性纱疵工序的推导式

设：产生规律性机械波的工序至细纱的总牵伸倍数为正 E_m，则：

$$\lambda = \lambda_a \cdot E_m = \frac{\pi D \cdot E_i}{K} \cdot E_i \tag{7-14}$$

或

$$E_i \cdot E_m = \frac{K \cdot \lambda}{\pi \cdot D} \tag{7-15}$$

式中：λ——规律性纱疵的计算波长。

λ_a、E_i、D、K 同式（7－13）。

当 λ_f 与 λ 接近时，即可推断纱疵产生在“产生 λ 波长的工序”。也可设 $\lambda_f = \lambda$，代入式（7－15），求得 $E_i \cdot E_m$ 的值，再根据各工序至细纱的总牵伸倍数范围推断产生纱疵的工序。

实际应用时，常按工艺设计的牵伸倍数，各罗拉、胶辊的有效直径推出列表，见表7－8，给出各工序至细纱的总牵伸倍数范围和该工序牵伸系统回转件疵病产生的细纱规律性机械波的波长范围，以便于查找和推断产生纱疵的工序。

表7－8　各工序规律性纱疵的波长范围

工　序	本工序总牵伸倍数	该工序至细纱总牵伸倍数	本工序机械波的波长范围	形成细纱机械波波长范围
细纱	E_C	E_C	$\pi D_{C2} \sim \pi D_{C2} E_C$	$\pi D_{C1} \sim \pi D_{C2} E_C$
粗纱	E_E	$E_B E_C$	$\pi D_{B1} \sim \pi D_{B2} E_E$	$\pi D_{B1} \sim \pi D_{B2} E_B E_C$
末并	E_A	$E_A E_B E_C$	$\pi D_{A1} \sim \pi D_{A2} E_A$	$\pi D_{A1} E_B E_C \sim \pi D_{A2} E_A E_B E_C$

注　1. D_{A1}、D_{B1}、D_{C1} 分别为末并、粗纱、细纱机输出罗拉或胶辊的有效直径。
2. D_{A2}、D_{B2}、D_{C2} 分别为末并、粗纱、细纱机输入罗拉或胶辊的有效直径。

（二）布面规律性纱疵分析实例

例5. 14.6tex×14.6tex（40 英支×40 英支）府绸，出现规律性粗纬，其间距为2.5cm。该品种幅宽96.5cm，纬密283 根/10cm，纬缩率2.64%。试求产生规律性粗纬的工序和部位。

解：

（1）由纺部工艺设计表列出各工序规律性纱疵的波长范围，见表7－9。

（2）布面规律性纱疵的实际波长：

$$\lambda_f = \delta \cdot B \cdot P_w(1 + \alpha_w) = 2.5 \times 96.5 \times \frac{283}{10} \times (1 + 2.64\%) = 7007.62(\text{cm})$$

（3）判断产生规律性纱疵的工序。$\lambda_f = 7007.62\text{cm}$，对照表7－9 的波长范围，在1743.43～17830.77cm 范围内，因此产生规律性粗纬的工序是并条工序。

表 7-9　14.6tex 纬纱规律性错纬的波长范围

工序	本工序总牵伸倍数	该工序至细纱的总牵伸倍数	本工序机械波的波长范围/cm	形成细纱机械波的波长范围/cm
细纱	$E_C=33.43$	$E_C=33.43$	$\pi D_{C1}=3.14\times2.5=7.85$ $\pi D_{C2}E_C=3.14\times2.5\times33.43=262.43$	$\pi D_{C1}=7.85$ $\pi D_{C2}E_C=262.43$
粗纱	$E_B=5.933$	$E_BE_C=5.933\times33.43=198.34$	$\pi D_{B1}=3.14\times2.8=8.79$ $\pi D_{B2}E_B=3.14\times2.8\times5.933=52.16$	$\pi D_{B1}E_C=8.79\times33.43=293.85$ $\pi D_{B2}E_BE_C=52.16\times33.43=1743.71$
末并	$E_A=8.18$	$E_AE_BE_C=8.18\times5.933\times33.43=1622.42$	$\pi D_{A1}=3.14\times2.8=8.79$ $\pi D_{A2}E_A=3.14\times3.5\times8.18=89.9$	$\pi D_{A1}E_BE_C=8.79\times198.34=1743.41$ $\pi D_{A1}E_AE_BE_C=89.90\times198.34=17830.77$

(4)通过检测末并条干或直接上机检查，发现和确认疵病部件。

检查并条机纬纱机台，发现某台并条机的三罗拉弯曲 0.09mm。

(5)计算验证。已知 $E_i=e_{3-2}\cdot e_{2-1}\cdot e_{1-紧}=5.75\times1.014\times1.013=5.906$，$K=1$，$D=1.9$，$E_m=E_B\cdot E_C=198.34$。并条机三罗拉弯曲产生的规律性纱疵波长：

$$\lambda=\frac{\pi\cdot D\cdot E_i}{K}\cdot E_m=\frac{3.14\times1.9\times5.906}{1}\times198.34=6988.55(\text{cm})$$

$\lambda_f=7007.62$cm 与 $\lambda=6988.55$cm 相近，证明该府绸规律性粗纬是由末并三罗拉弯曲造成的。

例 6. 某厂 19.4tex×16.2tex(30 英支×36 英支)布面突发规律性错纬，经实测布面 7 条规律性错纬的距离约 17.1cm，布的幅宽 $B=13.7$cm，纬密 $P_w=272$ 根/10cm，纬缩率 $\alpha_w=6\%$。试分析产生规律性错纬的工序和部位。

解：

(1)由纺部工艺设计表列出各工序规律性纱疵的波长范围(表 7-10)。

表 7-10　16.2tex 纬纱规律性错纬的波长范围

工序	本工序总牵伸倍数	该工序至细纱的总牵伸倍数	形成细纱机械波波长范围/cm
细纱	$E_C=29$	$E_C=29$	7.85~227.65
粗纱	$E_B=7.50$	$E_B\cdot E_C=217.5$	254.97~1912.26
末并	$E_A=8.38$	$E_AE_BE_C=1822.65$	1912.26~20030.92

（2）布面规律性纱疵的实际波长：

$$\lambda_f=\delta\cdot B\cdot P_w(1+\alpha_w)=\frac{17.1}{7-1}\times113.7\times\frac{272}{10}\times(1+6\%)=9343(\text{cm})$$

（3）判断产生规律性纱疵的工序。$\lambda_f=9343$cm，对照表 7－10 的波长范围，在 1912.26～20030.92cm 范围内，因此产生规律性错纬的工序是并条工序。

（4）通过检测末并条干或直接上机检查，发现和确认疵病部件。用 Y311 型条粗条干均匀度试验仪测试，发现一眼有波长约 43cm 的规律性条干不匀（图 7－6），立即去车上检查，发现第二胶辊加压失效。

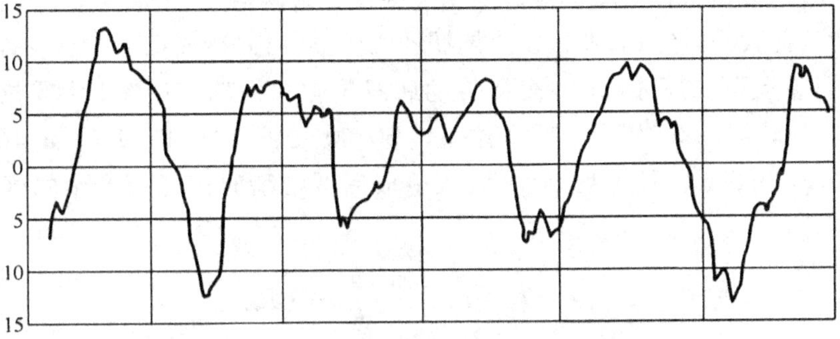

图 7－6　并条机第二胶辊加压失效条干曲线

（5）计算验证。已知　$E_i=e_{2-1}\cdot e_{1-紧}=3.341\times1.038=3.468$，$K=1$，$D=4.13$cm，$E_m=E_B\cdot E_C=217.5$，并条机第二胶辊加压失效产生的规律性纱疵波长：

$$\lambda=\frac{\pi\cdot D\cdot E_i}{K}\cdot E_m=\frac{3.14\times4.13\times3.468}{1}\times217.5=9781.78(\text{cm})$$

$\lambda_f=9343$cm 与 $\lambda=9781.78$cm 相近，证明该品种的规律性错纬疵布是由并条第二胶辊加压失效造成的。

例 7. 某厂 7.3tex×7.3tex（80 英支×80 英支）布面发生规律性细纬，其特征是除细纬外，其他原纱粗细正常，布面细纬的经向间距 $\delta=4.6$cm。已知，$B=122$cm，$P_w=315$ 根/10cm，$\alpha_w=5\%$。试分析产生规律性细纬的工序和部位。

解：

（1）由纺部工艺设计表列出各工序规律性纱疵的波长范围（表 7－11）。

（2）布面规律性纱疵的实际波长：

$$\lambda_f=\delta\cdot B\cdot P_w(1+\alpha_w)=4.6\times122\times\frac{315}{10}\times(1+5\%)=18561.69(\text{cm})$$

（3）判断产生规律性纱疵的工序。$\lambda_f=18561$cm，对照表 7－11 的波长范围，在 2928.79～22397.95cm 范围内，因此产生规律性错纬的工序是并条工序。

表 7-11 7.3tex 纬纱规律性错纬的波长范围

工 序	本工序总牵伸倍数	该工序至细纱的总牵伸倍数	形成细纱机械波波长范围/cm
细纱	$E_C=32$	$E_C=32$	7.85～251.2
粗纱	$E_B=10.41$	$E_B\cdot E_C=333.12$	281.34～2928.79
末并	$E_A=6.118$	$E_AE_BE_C=2038.03$	2928.79～22397.95

(4)通过查看布面上纬纱逐根切断称重曲线和乌斯特记录曲线图(称重曲线和记录曲线略),分析规律性细纬可能是末并喂入罗拉瞬时停顿所造成。经上车检查,发现冠牙啮合太松,导致后罗拉发生周期性的停顿,由此造成细节。

(5)计算验证。冠牙(50^T)直接传动后罗拉轴头齿轮(60^T)使后罗拉转动。因此,冠牙转一转停一次,相当于后罗拉每转 50/60 转停一次,即 $K=1/n=60/50$。后罗拉直径 $D=3.5$cm,所以冠牙啮合太松造成后罗拉瞬时停顿所产生的规律性细纬的波长:

$$\lambda=\lambda_a\cdot E_m=\frac{\pi D\cdot E_1}{K}\cdot E_m$$

$$\frac{\pi D\cdot E_A}{K}\times E_BE_C=\frac{3.14\times3.5\times6.118}{\frac{60}{50}}\times10.41\times32=18664.94(\text{cm})$$

$\lambda_f=18561.69$cm 与 $\lambda=18664.94$cm 相近,证明该品种的细纬,是由于冠牙啮合太松,造成后罗拉瞬时停顿所产生的。

总之,对于布面规律性纱疵分析,我们应该从实物的测量和分析着手,经过理论的计算与分析找出可能出现疵病的工序、机台,上车检查有关的机件与工艺,最后找出问题出现的原因加以解决;同时应该举一反三,在质量管理工作中,针对已经出现的问题,转换成日常的检查与管理制度,将仪器检验与群众性把关相结合,尽最大努力减少纱疵的产生。

第八章　煤灰纱与色纱的控制

第一节　煤灰纱的控制

煤灰纱是由纺纱过程纱线沾污煤灰而得名，是一种无形的纱疵。煤灰纱是由于纺纱过程纱线（条）与室内空气含有不同程度的烟尘长时间接触摩擦而产生的。消除煤灰纱的关键问题是对纺织厂环境空气控制净化处理。

随着我国城市化进程和工业化的发展，我国已成为全球工业制造基地。环境污染成为一个现实的难题，空气中的含尘浓度不断增大。在纺纱过程中，特别是纺纯棉细特纱和化纤纱时，形成煤灰纱的情况增多，严重地影响了纱的色泽，制约了漂白坯率、浅色坯率及产品质量的提高。因此，对煤灰纱的防治，特别是在工业发达的地区，成了纺纱厂提高质量的主要项目和难题。

一、对棉纺织厂空气净化的认识

棉纺织厂空气净化应包括两方面：室内空气的净化和室外空气的季节性净化。

室内空气的净化都围绕高产优质、多品种和改善劳动条件，采用清棉滤尘、梳棉多吸、并条三吸、粗纱前下吸风、细纱上送下排风、筒子下吸风等有效措施，使室内空气含尘量降低，以提高送风质量。

对室外空气净化主要是在煤灰纱出现较多的季节里，应对室外大气进行昼夜监测，在空调室使用三级过滤设备，洗涤室采取相应措施，提高洗涤效率，杜绝含有烟雾粒子的煤灰进入车间。

二、煤灰纱的形成

从工厂烟囱中飞散出来大量未经完全燃烧的细小炭粒（5μm 以下）及焦油气长期悬浮在空气中，随日夜时间的变化以及气温、湿度、风速、气压、风向、气流等的影响，空气中的含尘浓度有所不同，根据有关资料介绍，其变化如下页图所示。

由该图可知，清晨 3 ~ 7 点时，下午 16 ~ 20 点时，由于大气中气压较低，相对湿度较高或结露时，特别当无风或微风时，空气中的浮游粉尘就往往以烟雾状态出现，直到太阳出来后或刮风才能消失，称短期烟熏现象。烟熏现象的产生不但有害于人体

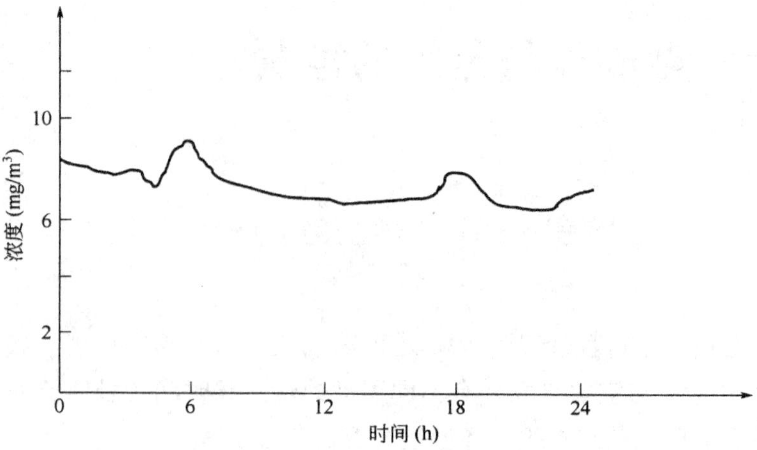

一天 24h 内空气含尘浓度变化曲线图

健康，对纺织厂来讲也是最易生产煤灰纱的。

纺织厂生产车间根据工艺、劳动保护、节能等环境经济要求，空调风需要采用一定比例的室外空气和车间回风，经洗涤室处理后送入车间，特别是在春秋交替时，车间不能大量使用回风，必须使用大量室外空气，因此更容易产生煤灰纱。

煤灰纱的形成条件：一是生产车间空气已被污染，存有一定量的漂浮粒焦油。二是纱线(条)长时间与污染空气接触。

管纱被煤灰污染的程度分严重、中度和轻度三类。严重的在整个管纱上都有煤灰的污染，中度的为管纱的 1/2 左右受到污染，轻度的则只有管底存在污染。一般经常发生的为轻度污染。

1. 影响煤灰纱污染程度的几个因素

(1)与室外的烟熏现象的持续时间有关，持续时间越长，污染越严重。

(2)与室外气压、风速、风向有关，气压与风速越低或风向正对空调室进风方向，则污染程度更严重。每天在下午 6 时到第二天上午 9 时最严重。

(3)与室外空气的使用比例有关，使用室外空气的比例越大，产生的污染越严重。

(4)与空调换气次数、空调洗涤净化能力有关。

(5)与车间相对湿度有关，纺纯棉纱时，车间相对湿度若偏高掌握，污染程度增加；纺涤/棉纱时，车间湿度若偏低掌握，易产生静电作用，也易产生煤灰纱。

(6)与所纺纱线密度有关，纱越细，落纱时间越长，污染程度越严重。

2. 形成煤灰纱的实例

济南某棉纺织厂处于工业集中、烟囱林立、住户密集的地区，各厂各户每时都向大气排放着大量烟尘。特别在昼短夜长的秋冬季，日落之后出现晴天风小的机会较多，地面散热比较迅速，靠近地面的大气湿度降低，形成地面辐射，逆温层变成烟幕。烟雾的颗粒直径多在1μm以下，悬浮在空中。逆温层的高度最低离地面40～50m，最高可达200～300m，破坏了空气的对流，使风速降低，一般在3m/s以下。直到逆温层内的大气温度逐步上升到逆温层破坏，烟雾才散去。济南北邻黄河，南靠秦沂山区。地势低洼，该厂又处于低中之底，风速小时烟雾吹不散。凡处于这种环境中的棉纺厂就容易出现煤灰纱。

纺织厂的生产需要在一定温湿度条件下进行，为了通风换气，含有大量烟尘的室外空气被吸入空调室。由于烟尘的亲水性能不强，空调系统若无净化过滤设施，仅靠加强洗涤，保持正压，压缩室外风量的办法，达不到室内空气的净化要求，使含有不同烟雾浓度和微粒的粉烟尘被送入生产车间。

细纱锭子高速回转，管纱表面与周围空气剧烈摩擦产生静电。空气中的烟尘在静电荷的作用下，被吸附在管纱表面的毛羽上。因涤纶等化纤易带静电，纺化纤纱的机台对煤灰烟尘就更加敏感。

煤灰纱的沾污程度随管纱与空气的作用时间而增加，作用时间越长，管纱毛羽越多，吸附周围空气中的烟尘就越多。反映在产品上，管纱的底部最重；纱越细，与空气的接触时间越长，煤灰沾污就越多；一般经纱比纬纱重，化纤纱比纯棉纱重，细特纱比中特纱重，中特纱较轻（或无），粗特纱无。

三、煤灰纱的预防和治理办法

（一）预测煤灰纱的产生

1. 掌握规律

在气候变化上，煤灰纱一般产生在大气压力低、空气流速慢、室外含湿量大的时候。当烟尘风向面对空调室时，煤灰入侵更为严重。在昼夜时间上，煤灰纱一般产生于深夜到翌日清晨，此时地表温度下降，气压降低，地面气流下沉，雾气蒙蒙，烟尘吸附在水蒸气上。对于雾天应进行分析，地面湿度大，风速小的平流雾，称为湿雾，一般不产生煤灰纱；日落后由地面逆温层形成的烟幕，称为干雾，则易产生煤灰纱。

总之煤灰纱一般发生在深秋到来年初春，即从10月下旬至次年2月底时段，最严重的时间是12月和1月。夏季和黄梅季节也偶有出现，但消失很快，程度轻微。风速在3m/s以下，即1～2级风时最易形成。日落后18点30分至22点和日出前到9点易产生煤灰纱，一般在9点30分至10点可以消失。如果厂址地势低洼，周围散发烟尘的工厂多，烟尘不易吹散时，更易产生煤灰纱。

2. 定时预测

可在空调室附近上空安装风向风速计，记录风的行程，同时每隔2.5min记录一次瞬时风向，能从记录上求出任意10min的平均风速和相应风向，日落后到日出前小于三级风应立即进行预防工作。

同时，应注意观察大气压力的变化情况，气压低时周围区域的烟流向内流动，烟雾集中，易出现煤灰纱。

3. 掌握污染动态

在许多城市都在进行环境污染指数实测预报，利用现代互联网及时查询。根据预报及时制订预防方案。

（二）常规管理以预防

实践证明，煤灰纱即将出现时，车间灯光周围暗淡。由于空气中含 SO_2 增多，人们呼吸有刺激的感觉，患气管炎的同志更为敏感。此时再使用防煤灰纱的措施就晚了。所以首先要搞好空调的正常性管理工件，确保细纱车间处于正压状态，防止未经过滤洗涤的室外烟尘空气从门窗间隔倒灌进入车间。防止在多工序的车间里，由于不同时开关车或吃饭休息的时间差等，出现细纱车间的负压状态。对必须通行的通道应采用风幕。

（三）合理调节各种风源和风量

要调节好外气新风、吸棉回风和车间回风三者间的关系，保持细纱车间送风量大于吸风量。在烟尘侵袭时，以使用回风为主，并注意达到空调标准的要求。要保持净化室的效率，注意过滤设备阻力的增加，及时清洁或更换新过滤层。

（四）选用合适的过滤和洗涤设备

选用由粗到细的三级过滤设备，一般一级（初滤）采用尼龙或金属丝网，如40目/cm尼龙丝布等，主要是过滤空气中的浮游纤维和大颗粒煤灰。二级（中滤）采用泡沫塑料或涤纶非织造纺布，如气孔密度为1180孔/cm^2的聚酯型M—Ⅱ型泡沫塑料过滤器等，主要用于过滤空气中颗粒直径在1μm以上的煤灰粉尘。三级（精滤）采用超级石棉纤维或静电发生器等，如JX—20超细蓝石棉纤维纸过滤器，能滤去肉眼看不见的直径在1μm以下的煤灰颗粒，保证纱条不受煤灰的污染。

须根据产品要求、空调条件并结合烟尘性质选用过滤方式，以达到滤尘目的。结合生产实际情况，洗涤室选用多喷嘴、多吸水泵及添加皂液或合成洗涤剂喷射，可提高洗涤效率。

（五）合理安排纺纱机台位置

对在新风补入或室外风侵入的风口下直接受到影响的部分机台或部分锭子应加强管理；在带有烟尘的空气与管纱接触时间较长的部位，特别是下半只管纱的部位，煤灰纱较为严重，为此，对细特管纱、特细特管纱、大卷装管纱以及色泽洁白的合纤管纱、混纺管纱应严加防范。掌握污染规律，合理安排纺纱机台位置，细特纱高档品种应安排在不易发生污染的区域，粗特纱低档品种应安排在易发生污染的区域。

四、煤灰纱的几项补救措施

发现烟尘时，轮班空调人员应与轮班长保持联系，及时开启过滤设备；当烟尘侵入车间时，管纱应打高羊脚或提早落纱，挡车工和落纱工应勤洗手；当煤灰纱产生时，用浆纱回丝刷等顺锭子回转方向，轻快地在管纱下部刷 1 ~ 2 次；煤灰纱管下的管纱，灰白相混杂，应根据标样进行剔拣，并作标志，分类集中后加以处理；煤灰纱发现在布面上时，应采用助剂擦洗后另行成包，并注意防霉；处理煤灰纱应固定机器、锭号，分开成筒、蒸纱、络纬、织布，视煤灰程度用作经纱或深色坯布。

第二节 色差的控制

棉纺厂生产的纱，有时会因色差，使机织物或针织物的色泽受到影响，甚至影响织物的外观。因此，色差的控制是棉纺质量控制中必须考虑的一个问题。

一、色差概念

色差又叫黄白纱，可以分为本色色差和染色色差。本色色差是产品在着色前显现的色差。染色色差是产品只有在着色后才能显现的色差。

(一)本色色差产生的原因

(1)配棉工艺不合理。

(2)清棉工序混棉不均匀。

(3)各工序没有保证先纺先用。

(4)锭速级差引起的长片段和条干引起的短片段的捻度差异。

(二)染色色差产生的原因

由于产品中掺有异性纤维或原棉成熟度差异过大，致使纤维着色能力不同而产生染色色差。

二、色差的控制

(一)分析黄白纱的特征

分析黄白纱的数量是大面积还是小片段，是整只纬纱还是零星散布；夹色情况是黄中夹白还是白中夹黄；是存放过久的陈纱还是受潮变质的霉纱或是由于捻度松紧、纱特粗细、上蜡差异等造成的假性黄白纱。

(二)建立纤维染色试验制度

对各种纤维原料建立染色试验;对快速试纺与日常生产的半制品、成品分别采样,在同一条件下做染色对比把关检验;对棉纤维的生产地区、品级、成熟度以及化学纤维的牌号、型号、光泽做上色率试验,研究其变化规律,以控制色差。

(三)控制配料色差因素

配料工作应贯彻分类排队、逐步接替、多包混合、交叉抵补的原则。使用黄棉、低级棉、回料、再用料以及国外棉等,由于差异过大,混合困难,应控制接替比例。对化学纤维应控制产地、牌号、型号、有光、半光、无光、有色、增白等因素,在使用时要因地制宜,多唛多包,合理接批。

在混配棉选用原棉时,把成熟度作为控制原棉染色质量的指标,将有助于对染色品色差的控制。色差的程度随棉纤维成熟情况而变化,成熟度差异越大的纤维,其色差越大,而成熟度接近的棉花,其色差较小。成熟度好的棉纤维得色深,且色光鲜明,而成熟度差的不仅得色浅,且色光偏暗。因此,棉纺厂不仅要测试和控制棉纤维的平均成熟度,而且还要测试和控制未成熟纤维含量,对纤维细胞壁充实度小于0.25(成熟度系数0.5)的这一部分未成熟纤维含量应控制在14%以内。根据纺织品最终用途的需要而选用原棉时,一般漂白坯可用成熟度低一档的原棉,而染色坯则需要用成熟度较好的原棉。

科学地使用低级棉,可以在保证质量的前提下,有效地降低成本。但是低级棉有着它特殊的物理性能,使用过程中极易产生色差质量事故,因而须加强防范。

1. 低级棉产生色差的原因

(1)低级棉品级差异大,其细度、长度参差不齐,致使在各工序加工过程中混合不匀产生色差。

(2)低级棉色泽差异大,红、黄、灰、白都有,而且有时同批棉花色泽也不能保持一致,所以在使用过程中极易产生色差。

(3)低级棉成熟度差异大,常常伴有大量半成熟纤维和未成熟纤维,尽管有时在棉花色泽上一致,但着色能力不同,导致染色色差。

(4)低级棉市场供给量不稳定,使接批频繁,生产波动大,容易产生色差。

(5)低级棉成包不规范,松包、紧包都有,容易使混棉比例失调造成色差。

2. 预防低级棉产生色差的措施

(1)加强棉花检验,低级棉取样一定要全面,要确实有代表性,各项指标试验要准确,真实地反映原棉实际情况。

(2)配棉时要保持原棉色泽上有主体,使一种棉占70%以上,并且要有一定量库存以保持相对稳定。

(3)配棉要突出性能主峰,比如纤维长度为25mm的原棉占70%以上,是长度这一性能主峰。

(4)配棉要满足相似原则,就是某批原棉色泽和主体色泽差距大时,它的各项物理性能指标必须和主峰性能相似;反之,如果原棉性能指标和主峰性能差距大时,原棉的色泽就必须和主体色泽相似。

(5)稳定地转变配棉主体,科学地过渡配棉主峰。根据库存情况,配棉主体色泽常常要由一种色泽向另一种色泽转变,这种转变必须稳定地、逐步地变化调整,每批调整幅度不可大于5%。性能主峰过渡幅度偏小掌握,一般在0.5%以下,调整周期可根据细纱车间生产能力确定。

(6)认真分析原棉的成熟度,不要同时使用成熟度差异大的原棉,并且优化纺纱工艺以排除未成熟纤维。

(7)加强清棉工序操作管理,认真做好排包、平包、清包工作,使棉包放置和排包方案严格一致,适度掀包松包,使棉包松紧程度一致。

(8)各工序必须保证先纺先用,避免半制品长期积存。

(9)为了减少涤棉混纺纱的色差,在配用原棉时应注意:

① 要有足够的存棉量,尽可能延长调换原棉周期,选用物理性能接近的原棉进行混配。

② 对线密度为1.67dtex(1.5旦)、38mm涤纶,混用原棉的纤维长度为29~31mm,线密度为1.67~1.72dtex(5800~6000公支),线密度差异应控制在0.145dtex(500公支)以内。

(四)力求原料混合均匀

力求原料混合均匀,抓棉机与棉箱机械采用勤抓、薄喂的方法,做到开松好、棉块小、棉流畅。采用层叠喂入、横铺直取、多层混合,以增加混合概率。优选棉箱机械工艺,改善棉流翻滚,减轻同成分聚类,达到均匀输送,提高运转效率。选用合适的混棉机械,如配用双联抓棉机、称量混棉机、多仓混棉机、混开棉机或多刺辊开棉机等,使原料混合比较均匀。

(五)加强日常管理工作

严格按排包图上包,落实削高填平对齐。半成品先做先用,定期清理桶底和细纱机上死粗纱,不留死角。防止异性纤维的混入,防止各工序半制品或成品错支。混棉时称重排包,正确掌握混合比,防止满包或浅包抓棉时的成分差异。保证日常生产中各道工序的半制品和入库成品的先进先出。翻改纱特时,坏条子、坏粗纱、纡脚、筒脚、试验纱等应及时清理。存放已久的管纱、筒纱等不能随意混用。

（六）注意捻度引起色疵

减少锭速级差引起的长片段和条干不匀引起的短片段的捻度差异。消除细纱接头和胶辊回转失常造成的紧捻纱，消除捻线罗拉部分回转失常或纱线通道不符操作要求造成的紧捻纱。

捻度级差造成色差的实例：

某棉纺织厂生产27.8tex供出口灯芯绒坯布纬纱用，在产品质量上，用户厂反映，主要是布面出现黄白色差，其长短不一，长的有十几厘米，短的几毫米，严重的色差造成坯布降等，影响出口率。一开始，只在原棉试验、原棉混配、原棉上车管理以及前后道对口供应等方面找原因来控制，但没有效果或效果不明显。后进行布面分析，从灯芯绒黄白疵布上拆下同样长度的黄白纱，分别进行称重，做捻度试验，发现同样长度的黄白纱称重差异很小，但捻度差异很大，正常的呈黄色的纱捻度一般在64捻/10cm左右，呈次白色的纱捻度要比黄色的减少5%左右，而呈白色的纱捻度要比黄色的减少12.5%左右。具体测试数据见下表。这是由于纱线的色泽与纤维对光线的反射有关，而纤维对光线的反射又因纱线捻回角的不同而产生差异。

对黄白纱的捻度测试数据

纱色泽	试验捻度捻/10cm	计算锭速/r·min^{-1}
管纱正常黄色	66	16500
布面拆纱黄色	64	
布面拆纱次白色	62	14600
布面拆纱白色	56	13300

根据车上实测，当锭速降到15000r/min以下时，就会产生不同的弱捻纱，在布面上反映出黄白色差。预防产生弱捻纱，必须加强运转管理和设备维修保养工作。

（1）运转操作方面。开冷车由落纱长逐台检查锭带，如锭带脱落，立即上好，并拉清锭带脱落时的一段细纱。做清洁工作时刷清锭脚，保证锭胆无飞花堵塞。运转中加强检查，发现伸长的锭带和烂边锭带及时更换。保证上车筒管只只与锭子配套，发现跳管，及时拔出检修。操作工接头拔管尽量不使锭带脱落。落纱工做清洁工作卷锭盘时，防止碰落锭带，如锭带脱落应及时上好并拉清烂纱再接头，调换锭子时要分清颜色，看清型号，做到上车锭子规格统一，不错用。

（2）设备维修保养方面。锭盘钟形部分、锭盘锭杆间配合应进行逐台检查，发现磨损及时更新。经常保持锭胆内储油清洁，不缺油。锭胆及锭杆由保全保养及时检修。发现钢领变形、钢丝圈不灵活应及时检修更换。钢丝圈不乱用、不错用。对容易脱落锭带的锭盘改用宽边轴承锭带盘。保全保养平车、检修、揩车后开车不打慢车，揩车必须等车停妥后再刷锭脚。平车、检修发现有锈钢领或变形钢领及时调换。

(七)色差控制实例(高档品牌横档条影实例,染色色差)

湖北某工厂供一外贸客户精梳7.3tex纱。客户用喷气织机织成布,开始外贸客户对产品质量非常满意,条干均匀,强力高,布机效率可高达90%以上。交货到美国客户印染后,客户不满意,说产生了轻微的横档条影,该产品不能用于生产高档品牌衬衫,故可能造成严重的损失。外贸公司立刻成立以总工程师为首的技术小组,召开技术人员会议,分析封存样品白坯布,大家一致认为我方质量过硬,没有横档条影色差问题,可能是对方印染工艺出了问题。决定派总工程师到美国查看实物处理相关事宜。总工程师到美国后,查看剩下的白坯质量过硬,颜色一致,没有问题,已染的色坯布确实有轻微横档条影色差,按国内得出的技术结论分析,他指出是对方印染工艺的问题。美方没有争论,拿出了两块布,一块是我方的布,另一块是另一客户同样规格的布,同上一印染生产线做实验。结果证实我方有色差,另一客户无色差,美方认为我方有问题,提出索赔。连续做了三次都是同样的结果。我方只有接受事实,总工程师无奈回国,同意赔偿给公司造成的经济损失。总工程师回国后召集纺纱、织造专家进一步讨论,做了大量的实验探索,在印染厂的帮助下,终于找出是原料吸色差异造成色差,并采取如下措施。

(1)做高档品牌产品时,原料只用一次购买的同一产地棉,同一批棉花不少于300t,用完另立批号。

(2)只用一个唛头,没有接批。

(3)上棉台前逐包测马克隆值标准±0.2,超出标准抽剔出此包棉花(降级使用)。

此后供给该美国客户,五年都没有出现色差,得到了客户的肯定,并且客户主动签订长期供应合同,价格比一班普通客户高一档次,赢得了客户的好评。

三、色纺纱线的色差控制

随着化学纤维工业的不断发展,有色纤维原料品种及色谱逐渐齐全,棉纺织厂色纺纱生产日趋普及,探讨如何防止色纺纱线生产中容易出现的色差问题,就显得十分必要。

(一)加强色纤维管理

(1)为防止色纺纱色差的发生,在确定成纱颜色时就要考虑到生产管理上的方便,根据实际现象观察及"色纺颜色系列的试验",用"色位对比法"证实,色纺纱颜色色谱中存在容易产生和不容易产生色差的"色段",要尽量选取不易产生色差的"色段"组织生产,这样对产品质量及生产管理都较有利。因为色纱颜色深浅由色纤的绝对含量决定,两种标样间的颜色变化情况(即生产中表现的色差情况)则由色纤的绝对含量较少的纤维的相对变化率决定。所谓相对变化率是指色纤含量变化量相对色纤原来的含量的百分率,可见影响相对变化率大小的是色纤重量的变化及其原来含量的基数。如果基数大,色纤重量稍有变化,相对变化率变化不大,此时引起的颜色变化也不易发觉,如果基数小,色纤稍有变化,相对变化率变化较大,此时引起的颜色变化则较易察觉。当黑白两色纤维混纺成纱时,“色位对比法”提供了黑纤维含量在43.75%~68.75%时,当黑纤维绝对含量变化5%左右,引起的相对变化率变化不大,颜色变化不易察觉。如果选取这一“色段”进行生产,有利于防止色差。若色纤含量超出此范围,尽管绝对变化率(即色纤含量变化量对总纤量的百分率)未变,但由于原来的基数小,致使含量少的纤维的相对变化率骤增,因此对其颜色的变化比较敏感,易出现色差。

(2)小化纤厂生产的有色纤维如涤纶和粘胶纤维等颜色不够稳定,所以要加强逐包颜色差异检验,具体可采取直观对比标样的办法,发现问题及时处理。

(3)当采取清棉混色时,生产现场要十分注意在成纱中含量少的纤维的绝对混用重量的变化,因为这种纤维绝对重量较小的变化将引起相对变化率较大的变化,导致明显的色差。生产实践证明,用清花混棉工艺,一时的疏忽都可能造成生产过程的严重混乱,尤其是当色纤与本色纤维含量相当时,更需加强混棉的现场管理。

(二)混色工艺选择

目前常用的混色工艺有以下几种。

(1)如经抓棉机直接进行色纤混色,则由于清棉混合的局限性,成纱极易产生色差,这种工艺基本上不用。

(2)并条混色。根据需要可采用不同定量不同根数混成任意色比的熟条,还可采用不同并条道数获得不同混色效果,以适应不同织物风格要求。经长期生产实践证明,并条混色均匀,适应性强,生产便于管理。所以并条混色成了色纺纱混色的主要工艺方法,常用的有头道混色、末道混色或二道混色(即头道先初步混色,然后将半熟条再经末道并条与其他半熟条相并)。为缩短工艺流程,一般织物用纱仍采用二道并条,不仅混色效果能达到要求,而且熟条条干一般较本色纤维纺纱时好。

(3)回花的使用。因各种色纺回花不但形状差异大,而且颜色差异大(尤其采用二道并条混色时,头道与末道并条颜色差异也大),所以如何用好色纺生产中的回花,在色纺生产中是一个很重要的问题。原则上各种回花要分清并单独存放,集中按比例回用。为便于管理,应尽量简化混色工艺,一般织物在清棉时将各种颜色纤维单独做成色卷,都经并条混色。比如啥味呢经头道混色,派力司仅在末道混色,使回花的颜色单纯。除单色外,混色回花只从并条后产生,管理和回用都方便。单色回花

(回卷、卷头、单色条子等)仍回清棉分别做成色卷;混色回花(条子、粗纱头等)经清棉单独成卷,再经梳棉制成回花条,然后在并条混色时并入。这样既保证了回花不积压,又保证了混色均匀、不出色差,其缺点是在清棉时要增加一个品种。一般色纺的所有卷子应固定清花机台,以利简化清洁工作。但若用清棉混色,回花似难处理。只要坚持回花单独成条在并条上搭用,问题一般不太严重。比如 8 根并合时用一根回花条,若回花条中因未分清使色纤含量变化 25%,如果其他因素无变化,此因素仅影响成纱中色纤变化 3%,根据"色纺纱颜色系列试验",当色纤变化 3%(<5%)时,色纤含量在 43.75% ~68.75% 时所引起的色差一般不易察觉。

(三)运转管理

实践证明,有了合理的混色工艺,还必须抓好运转管理,以保证不出色差。除了一般棉纺厂中的运转管理工作以外,要着重抓好以下几项工作。

(1)制订杜绝色差的有关规定,使全体职工,尤其是清、梳、并工序的挡车工要充分认识到防止色差的重要性。

(2)如果用并条进行混色,要固定不同色条的喂入位置,一般将色条相间排列,使成纱纵向色纤分布均匀,织物表面也不容易呈色条痕。所以除有些织物对成纱有特殊要求外,一般都应采取色条相间排列。但不论怎样排列,生产中喂入位置一经排定就要固定不变。为使喂入位置固定,除规定挡车工换筒时须用同种色条相接外,常在导条喇叭上用色漆做上标记,以便于检查。

(3)为及时掌握生产动态,应结合纱线评等,每日随机抽取管纱 30 只,除检验物理指标外,还要比色度,发现差异及时处理。同时每日又从中留取管纱 1 只,同以前的留样进行对比,以便判断前后多批纱有无色差。这样可以及早发现问题,尽早采取措施,以免存在色差的纱流入下道工序。在现场分析时结合"颜色系列标样",首先确认造成色差的色纤究竟变化了多少,以此帮助寻找造成色差的原因。

第九章　混合均匀度控制

第一节　混合的要求

一、原料混合均匀的意义

纺纱原料(包括棉、毛、化纤等),由于品种、产地、生产时间、纤维性状、包装等存在的差异,必须搭配混合使用,确保充分混匀,才能保持产品质量的稳定性和一致性。纱线特性和织物服用性能在很大程度上取决于原料成分及原料的均匀混合。混合不匀,直接影响纱线强力、各工序断头率、织物条影及染色的差异,同时对织物的悬垂性、起毛特性、起球特性也有很大的影响。目前因混合不匀造成色花、色档的问题非常突出。对于染双色或单色的不同染色化纤混纺织物,混合均匀度要求更高。对于灯芯绒等纬密较高的织物,混合不匀造成的纬向色档特别容易显现。故混合均匀度是纺纱质量的关键因素之一。

为了降低生产成本,常需搭用一些低档廉价原料及回花、再用棉等,它们一般都不易混匀,对混合均匀的要求更高,因此改善混合均匀度也是提高经济效益的有效措施。

二、原料混合均匀的要求

对原料混合均匀的理想要求是:纱线任一截面各类纤维(纯纺各种唛头或混纺各种不同性能的纤维)比例达到设计要求;各类纤维在纱线的任何部位(轴向或径向)都能均匀分布。不同特性的纤维混合,能达到用单一纤维所无法达到的纱线特性和质量。

均匀还包括纱线线密度的均匀,即重量不匀率和条干不匀率,这已在第三章中论述。

三、原料混合及混纺的基本知识

(一)混合体某项性能的变异系数与各成分某项性能之间的关系

$$C^2=\frac{\sum_{j=1}^{S}a_j\sigma_j^2}{(\sum_{j=1}^{S}a_j\bar{x}_j)^2}+\frac{\sum_{j=1}^{S}a_j(\bar{x}_j)^2-(\sum_{j=1}^{S}a_j\bar{x}_j)^2}{(\sum_{j=1}^{S}a_j\bar{x}_j)^2} \tag{9-1}$$

式中：C——混合体某项性能指标的变异系数；

a_j——第 j 种成分纤维的混合比例；

$\bar{x}_j$——第 j 种成分纤维的某项性能的平均值；

σ_j——第 j 种成分纤维的某项性能的均方差；

j——成分纤维的序号；

S——混合体的纤维成分总数。

式(9-1)是传统配棉过程中采用分数排队方法的理论根据。右边第一项表示 S 种纤维成分的某项性能的方差平均值对混合体某项性能的数学期望值平方之比，反映了各成分某项性能本身离散性对混合体某项性能不匀的作用，它表达各队内部的不匀状况；右边第二项表示 S 种纤维成分的某项性能平均值之间方差对混合体某项性能的数学期望值平方之比，它表达队与队间的不匀状况。所以，配棉时除需控制队内指标的不匀，还需控制队间指标的不匀。

（二）混纺时两种纤维成分的某项性能间的最佳选配关系

$$\bar{x}_2 = \bar{x}_1 \cdot \frac{1 + C_1^2}{1 + C_2^2} \qquad (9-2)$$

式中：$\bar{x}_1$，$\bar{x}_2$——两种纤维成分的某项性能平均值；

C_1，C_2——两种纤维成分的某项性能的变异系数。

例如，涤棉混纺的棉纤维平均长度 $\bar{x}_1 = 31$mm，其变异系数 $C_1 = 0.45$。由于涤纶为等长纤维，其长度变异系数 $C_2 = 0$，则涤纶平均长度的最佳值为：

$$\bar{x}_2 = 31 \times \frac{1 + (0.45)^2}{1 + 2} = 37.3(\text{mm})$$

即选配 37.3mm 等长涤纶和 31mm 的棉纤维混合时，混合体的长度不匀率最小。

在实际生产中化纤的长度和细度指标往往是一定的，则原棉的选配可按式(9-2)选定。

在配棉时，还可将 $\bar{x}_1$ 作为原始混合棉的某项指标的平均值，C_1 为它的变异系数；$\bar{x}_2$ 作为接批原棉的该项指标的平均值，C_2 为它的变异系数，按式(9-2)从原棉数据库中寻找最佳的接批原棉。

（三）纱条纵向的混合均匀性

纵向混合的均匀性是指沿整个纱条长度方向上，不同点之间纤维数量分布的均匀性。

(1)混合成分纤维线密度越小，混合不匀越小，越有利于混合比在纱条各截面内的稳定。同时纤维线密度小，对成纱条干均匀度和强力有利，选用线密度小的化纤与棉混纺时，对提高成纱质量有好处。

（2）混合成分纤维的平均长度短时，混合不匀小，这与提高成纱线密度均匀（重量不匀率、条干不匀率）有矛盾，应慎重考虑。

（3）当纤维线密度一定时，纱条线密度小，混合不匀大。

（4）当混纺比达到某一数值时，混合不匀可达到最小。

（5）混并时，并合数越大，混合不匀越小。

（6）混并时，喂入条子的重量不匀越小，混合不匀越小。

（7）混并时，当两种纤维喂入的根数比等于重量比，又等于混纺比时，可得到最小的混纺比不匀。

（四）纱条径向的混合均匀性

在理想的径向混合中，A、B 两种纤维在成纱截面中应该是交替排列的，但在实际上是不可能的。因此，径向混合的均匀性主要是指以单纤维还是以纤维束的形式进行混合。显然，单纤维混合要比束纤维混合均匀得多。纤维混合中的集束性对纵向混合也是不利的。根据理论分析和实验可知：

（1）并合数越大，纤维截面混合越均匀。

（2）成纱线密度小，则成纱截面纤维根数少，所需的并合数也可相应减少，在纺纱生产中，较易达到混合均匀。

（3）在不同成纱线密度和不同的混纺比下，混合均匀度均按相同的规律变化。

（4）从理论上说，混纺比为 50/50 时，截面混合均匀度可达到最大值。

（五）径向混合转移

在纺纱加捻过程中，纱条中的纤维因受力不匀而产生内外转移现象，结果使纱条中这部分纤维呈圆锥形螺旋线配置。纤维的性质和工艺因素都会影响纤维的转移规律，也就是会影响纤维在纱条截面中的分布——径向分布。

影响纤维在纱条截面中分布的因素及规律如下。

（1）长度长的纤维趋向于分布在纱的内层，短纤维趋向于分布在纱的外层。

（2）细的纤维趋于分布在纱的内层，粗的纤维趋向于分布在纱的外层。

（3）初始模量大的纤维趋向于分布在纱的内层，初始模量小的纤维趋向于分布在纱的外层。

（4）纤维的卷曲、表面状态等影响纤维间的摩擦力和抱合力，从而影响纤维转移时的阻力，故摩擦力和抱合力大的纤维，也较多地分布在纱的外层。

（5）另外，纺纱工艺、成纱线密度、捻系数、混纺比等对纤维的转移也有一定的影响。

(六)选择混纺比须注意的问题

(1)线密度小的纤维混纺比增大,则混合纤维的平均线密度也将随之变小,使成纱可纺线密度数也变小,成纱均匀度得到改善。

(2)长度长的纤维所占的混纺比增大,则混合纤维的平均长度也随之增大,使成纱强力等指标有所改善。但要注意,过大的长度离散性也会影响成纱质量。

在混纺比的选择中,要尽可能充分利用每一组的纤维强力,注意避开采用使混纺纱强力较低的临界混纺比。

(3)对吸放湿性、透气性要求高的织物(如内衣、夏季服装等用料),应将透气性和吸湿性好的纤维(如麻、棉、丝等)混纺比适当提高。

(4)织物对牢度(耐磨度)、挺度、抗折皱性等要求高时,如用作外衣的粗厚织物等,可将回弹性好、强度高、断裂功大的纤维(如涤纶、腈纶等)混纺比适当提高。

(5)对色泽、手感等要求高的织物,可将染色性好、手感好的纤维(如羊毛、腈纶等)混纺比适当提高。

(七)纱线中纤维混合均匀度的表达方法

1. 纤维宏观混合均匀度的表达

纤维宏观混合均匀度一般是指各种纤维混合百分率是否符合规定要求以及差异程度如何等较大范围的混合均匀特性。例如,不同化纤混纺中,化纤含量差异率或混纺比合格率等,均属宏观混合均匀度指标。

我国习惯用纤维含量(%)允许差异绝对值来表示宏观混合的均匀度,如涤棉混纺纱线的纤维含量(%)允许差异为±1.5%。实际生产中还应考虑减少纤维含量百分率的极差,因为纬向色档、经向条花常是两个含量差异率过大的管纱织在一起而形成的。

根据不同染色要求,应对含量差异率提出不同的要求,同时计算各次试验值平均数的变异系数和极差,了解宏观混合的离散性。

2. 纤维微观混合均匀度的表达

在宏观混合均匀度指标完全符合要求的情况下,由于纤维在纱线纵向分布的微观不匀,有时仍会出现色差、花条等混合不匀现象,因此混合均匀度不能只用宏观的均匀度一个指标表示。

微观混合均匀度是指混合纤维在纱条截面中分布的均匀特性,微观均匀度差,常易形成小范围的色差、条花。微观合均匀度定量表达比较困难,一般以纱线截面切片中纤维的分布含量和不匀率来表示,可用以下两种方法定量计算。

(1)纤维径向扇形等分比较法。将纱线截面切片的显微影像投影放大或直接在显微镜下沿纱线的截面放大影像,如图9-1所示,作一内接圆,将其等分成4~6个扇形。由于纱线中(一般中细特纱)纤维的根数为60~120根,因此不必分得过多。

计算一定数量切片中每一个扇形面积内各类纤维的平均根数和各扇形面积纤维根数的不匀率——变异系数，便可定量分析、比较纤维微观混合均匀度。这样可鉴定纤维在纱线中的纵向分布均匀度。

（2）纤维等面积圆环比较法。如上法一样，沿纱线截面切片放大投影或放大影像，作一内接圆（图9－2），将其等分成面积相等的 k 个圆环，一般取 $k=4\sim6$，$r_k=\sqrt{k}\cdot r_1$。然后可作图实测各环面积内各类纤维的根数。计算一定数量切片中和序号环形面积内的纤维平均根数及各环形面积内纤维根数的不匀率——变异系数，便可了解和分析各类纤维在纱线内外层微观混合的均匀度。

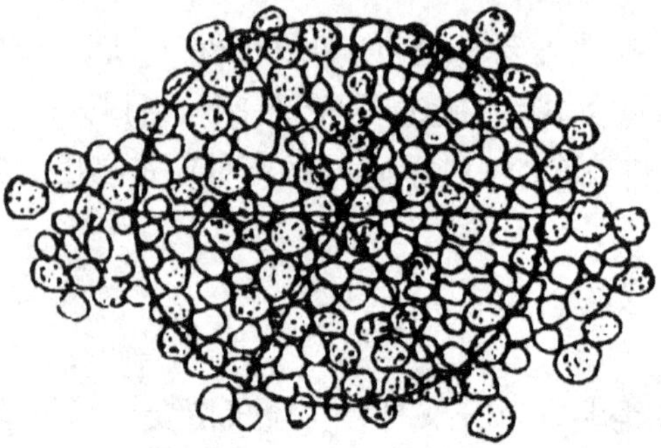

图9－1　两种纤维混纺纱截面纤维径向扇形等分比较法

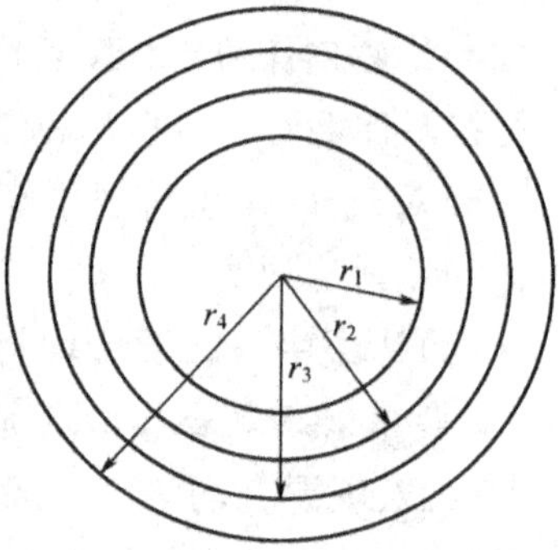

图9－2　纱线截面纤维等面积圆环比较法

第二节　确保混合均匀

一、影响混合均匀的因素

（一）原料性能对纤维混合均匀的影响

原料的性能，主要是指纤维的长度和细度对纤维混合均匀的影响，具体内容见本章第一节。

（二）抓包机混合原料的缺点

（1）抓包机混合一般是体积混合，不是重量混合。抓包机将棉包排成棉堆，由打手抓取混合，棉包占有的体积是混合百分率的主要依据。由于棉包重量、体积、密度存在差异，体积混合不等于重量混合，因此对各种原料混合的重量百分率是难以正确控制的。

(2)抓包机对原料有选择抓取的缺点。一般规律是:抓包机对松的原料多抓,紧的少抓;对回花和再用棉多抓,原棉少抓;棉堆高低不同时,高处多抓,低处少抓;纤维密度小的多抓,大的少抓;纤维弹性好的多抓,差的少抓;抓棉打手停留时间长的地方多抓,短的地方少抓。特别在棉堆满时与浅时(即将用完时)相差更大。

(3)往复式抓包机抓取的时序缺点。往复式抓包机抓取棉包的时序是不均匀的,两端时序重复,抓取是不均匀的,因此其纤维的混合也不可能是均匀的。

(4)堆包数的局限性。原料特性的差异可以采用增加排放棉包的数量来解决,从理论上讲,原料特性的差异程度与排放棉包的平方根成反比,要将包与包之间差异变化减少一半,必须使排放棉包的数量增加3倍。因而要求排放棉包数量不得少于72包,这是圆盘式抓棉机无法达到的。

(三)采用清梳联时减少了原料时差混合的概率

采用清梳联工艺后,与原有流程比较,缩短了原料喂入到生条输出的时间,减少了原料因存放时间差异自然形成的交替混合的概率,对于混合均匀度是不利的。

(四)角钉帘子对原料混合的破坏

有的资料提出了“在角钉帘子机械内混合成分的分类理论”,并列出了实验数据,说明角钉帘子对不同黏附性的原棉选择抓取,将恶化混合均匀度。同时说明原棉的黏附性主要由纤维材料的密度或开松度、回潮率、品级、品种与天然性质而定。

(五)气流输送纤维对混合的破坏

如果气流输送的原料密度有差异,密度小的原料输送速度高于密度大的,从而会破坏原有的混合状态。例如,大量使用密度小的回花和再用棉时,它们很容易集中在一段棉流中,因而形成混合不匀,使细纱断头增加、强力降低,甚至出现色差。

(六)半制品重量不匀影响混纺纱的混纺比

成纱混纺比的不匀是随着喂入半制品的重量波动而相应波动的。

精梳涤棉纱(T/C 65/35),精梳条由于并合数较多,重量不匀较低,而涤纶条则由于清梳联未使用自调匀整其重量波动大,因此,精梳涤棉纱中两种纤维含量差异随涤纶生条的重量不匀率高而差异较大。

精梳涤棉混纺,若涤纶生条先经一道涤预并,再与精梳棉条经三道并条混合,由于涤纶条重量不匀率经涤预并一般能改善25%～30%,使各道棉条重量不匀率降低,成纱中两种纤维的混纺比也就比较稳定。

精梳涤/棉和普梳涤/棉,由于普梳涤/棉中棉的生条重量不匀率高,致使成纱中混纺比差异比较大,见表9-1。

表 9-1 两种涤棉产品混纺比不匀的比较

涤/棉品种(混纺比)	涤纶条重量不匀率/%	棉条重量不匀率/%	涤/棉纱混纺比不匀率/%
精梳涤/棉(T/C 65/35)	4.5	1.10(精梳)	0.704
普梳涤/棉(T/C 65/35)	4.7	3.73(普梳)	1.509

(七)并条机上喂入棉条排列不同对混纺比的影响

精梳条安排在并条机上第二位和第五位时,成纱的涤棉混纺比比较正常;精梳条排列在涤纶生条两侧时,常会出现不同程度的破边现象,棉纤维散失较多,因此成纱中涤纶混纺比相应增高;若精梳棉条(2 根)集中在涤纶生条中间时,则棉网下垂严重,当车间温湿度偏高时,甚至影响正常生产(表 9-2)。

表 9-2 条子排列不同时成纱中涤纶含量

排列顺序	涤纶含量/%
1. ●○●●○●	65.18
2. ○●●●●○	66.28
3. ●○●○●●	64.03

注 ●涤纶生条;○精梳棉条。

二、确保混合均匀的措施

为了解决混合不匀,一要在原料选配时使混合体的性能指标不匀为最小,混合比例不应相差太大;二要合理调整工艺,一般采用并合和控制时间的方法来改善输出制品中各种纤维成分的混合均匀性。因此,为了确保混合均匀度,首先应重视原料的选用;其次是正确、均匀地抓取原料,使用开松和混合效果好的设备,并合理配置工艺,因为原料的开松是均匀混合的必要条件,纺纱过程最初阶段就进行混合是保证混合均匀的前提。在清梳、并条工序采用好的混合方法,以保证成纱中纤维的混合均匀度和减少混纺纱中两种纤维混纺比的差异。

(一)减少混用原料的性状差异

无论原棉或化纤,为了防止因纤维性状差异造成的混合不匀,必须尽量减小混合成分中各种纤维的性状差异,特别要注意减少纤维线密度、长度、初始模量的差异以及包装密度和纤维吸湿性能的差异。

原棉配棉时,一般要求队与队之间纤维长度差异小于 4mm,线密度差异为 12.5 ~ 2.0dtex(500 ~ 800 公支),包装松紧程度相似;批与批之间纤维长度差异小于 2mm,线密度差异 20 ~ 33.3dtex(300 ~ 500 公支)。

合理控制原料回潮率是保证混纺比均匀稳定的有效措施。如涤/粘混纺,粘胶纤维的回潮率随室外空气和原料室及车间温度变化而波动,且有吸湿滞后现象,其误差为 1.8% ~2.0%。同时粘胶纤维原料有可能回潮率过大(> 17%)或过小(< 9%),放湿条件不同也导致粘胶纤维总含量的系统波动。另外,粘胶纤维回潮率的包差、位

差对混纺比也有一定影响。因一般配棉大都依据抽样检验回潮率，由于原料包差、位差而导致抽样检验代表性的偏离，直接造成混纺比系统的波动。遇到上述情况，最好采用逐包检验，按实际回潮率配棉的方法，并对回潮率过大或过小的粘胶纤维用量控制在7%以下。

（二）改进抓棉与排包方法

（1）采用FA002型抓棉机，其打手的刀片齿数自内至外分为三组，里面一组为1～12片，每片9齿；中间一组为13～20片，每片12齿；外面一组为21～31片，每片15齿，其作用可补偿打手径向的抓棉差异。两台抓棉机同时抓取（50包）纤维，实现多包抓取，勤抓、少抓、细抓，并采用两台抓棉机将高度不同的棉包分段抓取的方法生产，以减少棉堆上层和底层的混合差异。

（2）采用FA006型转塔式往复抓棉机，其打手为双打手锯齿刀片，机器长21.9m，堆包数多，混合成分多，抓取棉束小，为混合均匀提供了有利条件。

（3）合理排包，均匀抓取。

① 严格按实际回潮率折算上包重量，排包时高包平放，矮包直放（唛头向上），力求做到排包面积比与混合比一致。有的工厂拆包称重，按重量排包，严格控制各唛头混合重量百分率，基本上能做到按重量混合。此外，回花必须严格按百分率均匀混用。

② 往复式抓包机的棉包排列适当，采用主唛放两头，回花放中间，化纤混纺时两种纤维交叉分布等方法，以利抓取均匀与混合分布均匀。

③ 上包操作时要严格执行削高填缝，低包抖松升高，向大面积高度看齐等操作要领。

④ 对包装密度差异过大的原料，应采取预松解处理后再打包混用。

⑤ 合理排包。抓棉机的混棉单元，也称混棉成分。圆盘式抓棉机每转一周，即完成一个混棉单元；而采用往复式抓棉机，要做到“横向叉开、纵向分散”。若棉包排列得当，一个单程即可完成一个混棉单元，反之，需往返一次，才完成一个混棉单元。每个混棉单元内要求各种配棉比例保持最小偏差，各种成分抓取均匀。各混棉单元之间的成分要稳定。

圆盘抓棉机排包图应按同一成分的棉包在打手“轴向错开，周向分散”的原则，同时在打手轴向不同位置各成分的平均等级差异要尽量减少，使小车既避免同一成分的重复抓取，又在各个位置抓取的原料平均等级接近。如5个批号、共22包的原棉排包见表9-3和图9-3。棉包台内圈排5包，中圈排7包，外圈排10包，打手在任何位置都能抓到三种不同成分的棉包。

表 9－3　唛头配比

唛头编号	1	2	3	4	5
包数	4	4	5	5	4

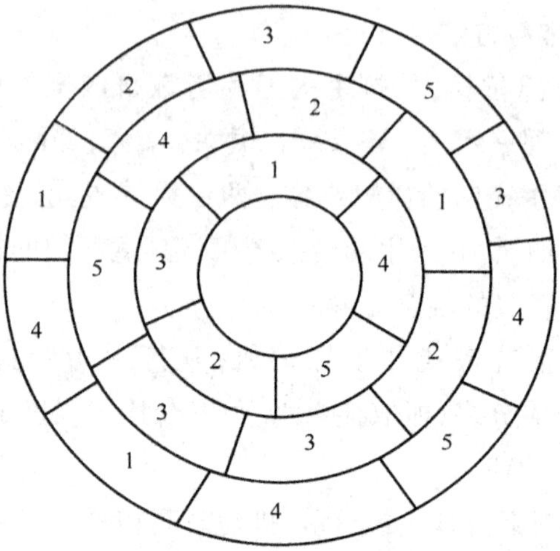

图 9－3　棉包排列图

1,2,3,4,5—唛头编号

往复式抓棉机的混棉单元量远远大于圆盘式,因而其本身的"合理排列,均匀抓取"就显得尤为重要。要求每一个横断面的排包成分完全一致似乎不可能,但应尽可能做得比较合理。任何纵向排包数,都可用式(9－3)推导出较理想的排包图。用这种方法计算的排包图,不仅省时省力,且对改善产品质量有所帮助。

$$L=\frac{\text{纵向排包}-X}{2X}+1 \qquad (9-3)$$

式中:L——该包原棉离排包台左端或右端的位置;

X——每个唛头的包数。

排包举例:混棉包数为 27 包,唛头数为 7 个,作排包图。

在编制排包图时,首先应考虑黄棉和有特性的原棉,并应合理排列,然后再根据每个唛头包数的多少,从少到多按顺序填表。唛头配比、排包纵向位置、排包图分别见表 9－4 ~ 表 9－6。

表 9－4　唛头配比

唛头代号	A	B	C	D	E	F	G
包数	1	2	3	4	4	9	4

表 9－5　排包纵向位置

顺序＼位置	(1)	(2)	(3)	(4)	(5)	(6)	(7)	(8)	(9)
1					A				
2			B						
3		C			C			C	
4	D		D			D		D	
5		E		E			E		E
6	F	F	F	F	F	F	F	F	F
7	G								

表 9－6　排包图

G	C	F	G	A	F	E	D	F
D	F	B	E	F	D	F	C	G
F	E	D	F	C	G	B	F	E

(三)采用混合效果良好的方法和设备

1. 自动称量混合

自动称量混合是较理想的混合方法，国外应用较多，我国 FA021 型自动称量混棉机已经投入使用，应力争迅速推广。

2. 自动混棉机混合

自动混棉机、混开棉机具有横铺直取、多层混合的特点。从凝棉器输出的筵棉，利用摆斗在后储棉箱中横向逐层铺放至一定高度，形成多层混合的棉堆，然后由角钉帘垂直抓取开松混合，压棉帘与角钉帘相配合，加强混棉作用，消除了机械内棉团的翻滚作用，对减少由于棉团翻滚出现的混棉成分分类现象有决定性效果。

3. 多仓混棉机混合

多仓混棉机可充分补偿抓包机混合的缺点，利用其仓位多、仓内储料量多以及原料的输入或输出时差进行延时混合。实践证明，使用多仓混棉机后，混合均匀度明显提高，因而成纱强力及其不匀、细纱断头均有明显改善。

FA022 型多仓混棉机是目前使用较广泛的多仓混棉机，影响其混合作用的因素主要有以下几点。

(1)光电管的安装高度。其高度可用式(9－4)计算：

$$H = \frac{Q_0}{r \cdot F} \tag{9-4}$$

式中：H——光电管安装高度，m；

Q_0——最少的纤维留存量，kg；

r——仓内纤维密度，k/m^3；

F——棉仓横截面积，m^2。

光电管的位置还应根据机台产量调节，当产量高时，为保证不出现空仓，其位置应抬高；反之，为使混合延时增加，位置应降低。为避免后面机台运转中可能出现故障，使供料不正常而出现空仓，光电管的实际安装位置应比计算位置偏高一点。

（2）换仓压力。当棉仓个数和棉仓尺寸一定时，换仓压力的高低决定各仓满仓时的容量大小。换仓压力主要根据原料的松紧程度决定，一般喂入原料密度大，换仓压力应低些；反之，应高些。因化纤比棉蓬松，换仓压力应比加工棉时高。

（3）仓位数。仓位数增加，可使整机的容料量增加，混合效果提高。但仓位多，机器价格高，占用厂房面积大。

（4）喂入量和输出量。在实际生产中，机台的喂入量和输出量是波动的，为使机台不出现空仓，后方机台的喂入量应适当大于多仓混棉机的输出量。

4. 条子混合

涤棉混纺时，喂入头道混并的两种纤维条，涤宜采用涤预并，以降低涤条重量不匀率和提高伸直度；棉宜经棉预并、条卷、精梳，排除一定量的短纤维，并使棉的各唛头成分得到进一步的混合（预并、条卷、精梳的总并合数至少达到 360 ~ 480 根），使纤维进一步伸直。在涤棉混纺比为 65/35，采用 6 根条子并合喂入头道混并时，精梳条应安排在第二、第五位。同时采用三道混并工艺。通过上述三项措施，以保证成纱涤棉混纺比的正确，并使混合更均匀。

纺纯棉时，应充分发挥半制品在储运和使用过程中的混合作用，在棉卷堆放时采用竖排存放、横排取用，使不同时间生产的棉卷同时在梳棉机上加工；并条采用群体控制原理，采用全搭配方式喂入，增加各种配棉成分的混合概率，对均匀混合均有好处。

所谓全搭配方式喂入，即：若梳棉工序一个品种开台数为 8 台，每台梳棉机的条筒编一个筒号（即 8 个台位的筒号分别为 1 ~ 8），8 个台位的 8 筒生条刚好对应于并条机上 8 个棉条喂入眼，这称之为全搭配法（图 9 – 4）。这种方法既有利于降低末并棉重量不匀率，也有利于纤维成分的进一步混合。

（四）提高抓包机和棉箱机械运转效率

提高设备运转率不仅对均匀输送有好处，而且可减少棉团在棉箱中翻滚引起的选择抓取作用，使抓取量减少，棉块减少，对均匀混合、改善棉卷均匀度大有好处。要求抓包机的运转效率达到 85% 以上，棉箱机械运转效率达到 90% 以上。

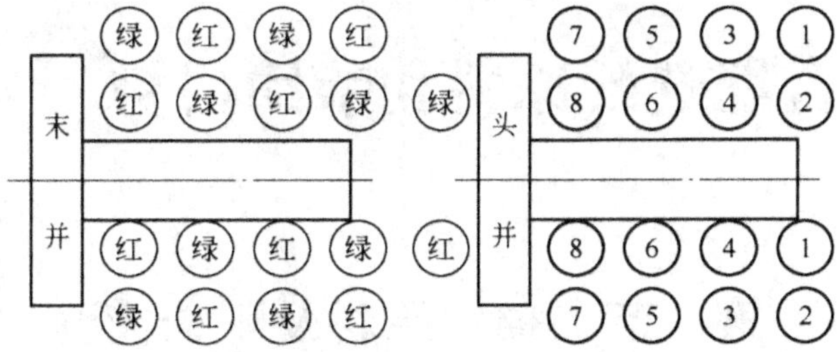

图 9-4　喂入棉条全搭配方式

(五)控制并条棉条中纤维的含量

要使成纱混纺比稳定、均匀,合理控制混纺比合格率是一个必要条件。成纱混纺比是由 30 个管纱合剪重 5g 的试样化验,不能反映单个管纱混纺比的实际情况,一旦管纱间混纺比差异大(如 >5%),可能导致布面色差。因此,通过试验和分析,提出了以控制混并头道棉条或混并末道棉条中两种纤维含量的方法来控制成纱混纺比的合格率。

事实上,混并头道棉条中两种纤维的含量已确定了两种纤维的重量混纺比,后面的混并只是两种纤维间的进一步混合,它不能改变棉条中两种纤维的重量混纺比。因此用控制混并头道棉条或混并末道棉条中两种纤维含量来控制成纱混纺比的合格率,二者并无区别。由于混并末道是混合的最终环节,因此通过检测混并末道棉条中两种纤维含量从而控制成纱混纺比是无可非议的。某厂对中长涤/粘(65/35)混纺纱末并熟条的涤纶含量与成纱中涤纶含量做了相关分析,得到回归方程式:

$$y = 0.3532 + 0.46x \tag{9-5}$$

式中:y——成纱涤纶含量百分率;

x——末并棉条涤纶含量百分率。

由式(9-5)可得:

$$x = \frac{y - 0.3532}{0.46} \tag{9-6}$$

设要求成纱涤纶含量控制在 65% ±1% 范围内,用式(9-6)即可求得末并棉条涤纶含量应控制在 62.28% ~66.63%。

第十章　合理选配原料和节约用料

第一节　棉纺原料及配棉简介

一、棉花的分类

(一)按棉花品种分类

世界各国栽培的棉花,主要有四个栽培种,即陆地棉、海岛棉、亚洲棉和非洲棉。陆地棉又称细绒棉,是世界上四个棉花栽培种中数量最多的品种,占世界棉花总产量的85%以上。纤维较长、品质较好,适纺中特纱。海岛棉又称长绒棉,品质优良,适合于纺细特纱,是高档棉纺产品的原料。亚洲棉又称粗绒棉,由于纤维粗短,只能适应个别纺织品种的需要,使用价值不高,仅在印度和巴基斯坦零星种植。非洲棉的品质与亚洲棉接近,因纤维粗短,已逐渐被淘汰。细绒棉、长绒棉、粗绒棉的主要性状特征见表10-1。

表10-1　细绒棉、长绒棉、粗绒棉主要性状特征

类　别		细绒棉	长绒棉	粗绒棉
原产地		墨西哥、中美洲	南美洲	印度、东亚
纤维	色泽	色精白或乳白、有光泽	色白、乳白或淡棕色,有丝质光泽	色白或呆白、略有光泽
	手感	柔软	纤细、柔软	粗硬、有弹性
长度	mm	23~33	33~64	15~24
线密度	tex	0.15~0.2	0.12~0.14	0.25~0.4
强度	cN/根	2.94~4.41	3.92~4.9	4.41~6.86
天然转曲	转数/cm	45~85	80~120	18~40
马克隆值	—	3.3~5.6	2.8~3.8	6.2~10

(二)按棉花的初步加工分类

棉花按初加工方法可分为锯齿棉和皮辊棉,即分别采用撕扯分离式的锯齿轧花机和挤切分离式的皮辊式轧花机加工的棉纤维。前者长度偏短0.5~1mm,短绒偏少；而后者根部纤维（黄根）较多，且加工速度较慢。锯齿棉和皮辊棉的品质特征见表10－2。

表10－2　锯齿棉和皮辊棉的品质特征

品质特征	锯齿棉	皮辊棉
外观形态	松散	薄片状
长度	主体长度短于皮辊棉长度，整齐度比皮辊棉差	主体长度长于锯齿棉，短绒含量较锯齿棉多
杂质、疵点	含杂少、轧工差时，棉结束丝多	含杂高、轧工差时，黄根较多

（三）按原棉的色泽分类

按棉花的色泽可分为白棉、黄棉和灰棉。白棉为正常成熟，正常吐絮的棉花，不管原棉的色泽呈洁白、乳白或淡黄色都称白棉。棉纺厂使用的原棉，绝大多数都为白棉。黄棉为棉花生长晚期，棉铃经霜冻伤后枯死，铃壳上的色素染到纤维上使原棉颜色发黄。黄棉一般属于低级棉，在纺织厂仅有少量使用。灰棉是棉花在生长发育过程中或吐絮后，由于雨量过多、日照不足、温度偏低，使纤维成熟受到影响，而棉纤维呈灰白色。灰棉强力很低、质量差，棉纺厂很少使用。

二、我国棉花品种和品质

（一）我国主要产棉区分布

根据生态条件，我国棉花种植主要划分为三大区域，即黄河流域、长江流域、西北内陆三大棉区。长江流域棉区：包括上海、浙江、江苏、湖北、安徽、四川、江西、湖南等省市。黄河流域棉区：包括河南、河北、山东、山西、陕西等省区。西北内陆棉区：包括新疆和河西走廊一带。根据2008年我国棉花主栽品种纤维品质抽样测试结果，不同区域、省（区）陆地棉主栽品种纤维品质测试结果见表10－3、表10－4。

表10－3　陆地棉纤维品质测试结果分区域统计表

流　域	上半部平均长度/mm	整齐度指数/%	马克隆值	比强度/$cN \cdot tex^{-1}$	伸长率/%	反射率/%	黄度	纺纱均匀指数
长江流域	29.7	84.6	4.7	29.9	6.5	74.0	8.0	143
黄河流域	28.9	84.6	4.8	28.4	6.4	76.2	7.5	138
西北内陆	29.5	84.0	4.4	30.3	6.6	77.0	7.4	147
总平均值	29.4	84.5	4.7	29.5	6.5	75.3	7.7	142

表 10－4　陆地棉纤维品质测试结果分省统计表

省　份	上半部平均长度/mm	整齐度指数/%	马克隆值	比强度/cN·tex^{-1}	伸长率/%	反射率/%	黄度	纺纱均匀指数
河北	28.7	84.4	4.9	27.7	6.4	77.5	7.5	134
山东	29.1	84.9	4.7	28.6	6.4	76.3	7.4	141
河南	29.5	85.0	4.7	29.0	6.5	75.1	7.3	143
山西	27.8	83.7	5.0	28.2	6.4	75.9	7.7	129
安徽	29.4	84.6	4.9	28.9	6.5	74.7	8.2	138
江苏	31.2	84.6	4.6	31.4	6.6	72.7	8.1	151
湖北	29.1	84.8	4.6	29.4	6.5	74.8	7.9	143
湖南	31.0	85.5	4.6	31.8	6.5	74.7	7.4	157
江西	29.1	84.2	4.8	29.5	6.4	73.5	8.1	138
新疆	29.5	84.0	4.4	30.3	6.6	77.0	7.4	147
总平均值	29.4	84.5	4.7	29.5	6.5	75.3	7.7	142

(二)我国棉花品种和品质

1. 细绒棉主要推广品种和品质(表 10－5)

表 10－5　细绒棉品种纤维品质测试结果

品种名称	上半部平均长度/mm	整齐度指数/%	马克隆值	比强度/cN·tex^{-1}	伸长率/%	反射率/%	黄度	纺纱均匀指数
科棉 5 号	34.3	85.6	4.1	37.0	6.8	74.5	9.4	185
湘杂棉 10 号	33.8	85.3	4.8	33.1	6.7	80.4	6.9	167
新陆早 39 号	33.2	85.6	3.8	38.9	6.7	73.0	8.0	189
鄂杂棉 6 号	32.6	84.8	4.0	36.1	6.6	76.6	7.5	176
泗杂 3 号	32.3	84.4	5.2	30.4	6.7	71.2	7.1	143
新陆早 31 号	32.2	85.3	4.1	35.9	6.6	74.6	8.5	175
南农 6 号	32.1	83.9	3.8	33.9	6.5	75.5	7.3	167
新陆早 28 号	32.1	83.1	3.3	34.5	6.5	74.5	8.3	168
盐抗杂 1 号	31.9	83.7	4.0	31.8	6.6	70.5	8.7	154
湘文 1 号	31.9	85.4	4.9	30.9	6.6	75.7	6.4	153
湘杂棉 12 号	31.8	85.9	3.5	34.8	6.6	76.0	7.7	181

续表

品种名称	上半部平均长度/mm	整齐度指数/%	马克隆值	比强度/cN·tex^{-1}	伸长率/%	反射率/%	黄度	纺纱均匀指数
皖棉 31	31.8	85.2	5.0	28.9	6.7	75.0	7.4	145
科棉 6 号	31.8	86.4	4.6	31.1	6.7	76.7	8.1	162
鄂杂棉 28 号	31.7	85.6	4.8	30.9	6.7	75.1	7.9	154
新陆早 25 号	31.7	85.6	4.7	34.2	6.9	76.8	7.2	167
鑫秋 2 号	31.6	86.6	4.7	32.0	6.8	77.4	6.9	165
红鹤 3 号	31.6	84.5	5.0	36.0	6.6	72.0	7.3	160
淮杂 2 号	31.4	86.0	4.8	31.4	6.5	78.0	7.1	159
鲁棉研 30	31.3	85.4	4.6	32.0	6.6	73.1	8.3	157
百棉 1 号	31.3	85.5	4.9	31.6	6.6	71.3	6.3	152
九杂 6 号	31.2	83.5	4.8	31.6	6.8	77.7	7.6	147
邯 5158	31.1	85.5	4.8	30.1	6.8	73.8	5.9	150
快丰 868	31.1	85.6	4.8	29.8	6.6	76.8	6.5	152
湘杂棉 18 号	31.0	84.1	3.7	33.8	6.4	75.6	7.1	166
鄂杂棉 14 号	31.0	86.7	4.7	30.1	6.5	72.7	7.2	155
科棉 3 号	30.8	85.9	3.9	36.1	6.6	75.3	5.9	179
丰裕 8 号	30.8	85.4	5.2	29.0	6.6	73.4	13.9	141
同舟杂棉 2 号	30.7	85.5	4.9	28.7	6.6	77.2	6.8	146
金农棉 2 号	30.7	84.9	5.1	29.5	6.5	72.7	7.1	141
盐杂 2 号	30.7	83.4	4.0	31.1	6.6	71.3	9.2	147
九杂 4 号	30.6	85.7	5.0	31.2	6.8	77.3	7.3	154
岱杂 1 号	30.6	84.0	3.8	32.2	6.5	70.8	7.7	156
湘杂棉 7 号	30.5	86.0	3.8	37.1	6.6	76.5	7.6	183
运杂 208	30.5	84.8	4.7	28.7	6.5	74.9	8.1	143
湘杂棉 8 号	30.5	84.8	5.0	29.9	6.5	71.5	8.1	141
中棉所 48	30.5	86.0	5.3	31.1	6.6	77.0	7.2	151
皖杂 40	30.5	84.8	4.7	28.4	6.4	74.2	8.7	141
苏杂棉 66	30.4	83.5	4.9	31.0	6.8	76.3	8.2	142
国抗杂 1 号	30.3	84.9	4.9	29.2	6.7	76.2	7.3	144

续表

品种名称	上半部平均长度/mm	整齐度指数/%	马克隆值	比强度/cN·tex^{-1}	伸长率/%	反射率/%	黄度	纺纱均匀指数
新陆早38号	30.3	86.1	4.3	36.7	6.9	74.9	7.3	176
苏杂201	30.3	85.0	5.2	30.6	6.6	72.2	8.4	143
中棉所53	30.3	85.6	4.4	31.4	6.6	75.1	8.6	156
鄂杂棉16号	30.3	83.9	4.9	29.5	6.6	79.2	7.1	141
新陆中26号	30.2	83.1	4.2	29.2	6.8	77.9	7.0	142
冀杂6268	30.2	84.4	5.3	30.8	6.5	73.3	7.8	139
中棉所63	30.1	84.4	5.0	28.9	6.4	73.4	7.7	137
新陆中28号	30.1	84.2	4.0	30.0	6.7	75.1	5.9	149
湘丰棉3号	30.0	85.8	5.3	28.2	6.5	73.3	7.3	139
鲁棉研25	30.0	86.6	4.9	28.4	6.5	75.9	7.0	149
鲁棉研32	29.8	85.6	5.1	27.8	6.7	74.3	6.5	139
宁杂棉3号	29.8	84.8	4.7	28.6	6.5	72.7	8.1	140
皖棉24	29.8	85.6	5.2	30.9	6.6	71.7	8.5	146
湘杂棉5号	29.8	85.9	5.0	31.8	6.5	70.6	8.4	150
石抗39	29.8	85.9	4.7	29.2	6.4	78.0	7.4	150
冠棉4号	29.7	84.9	4.6	30.4	6.5	78.4	8.0	150
中棉所49	29.7	83.9	4.3	30.0	6.6	78.5	7.4	147
南抗9号	29.7	85.1	5.1	30.8	6.6	72.3	7.2	143
鑫秋1号	29.7	84.6	4.7	28.9	6.5	80.1	8.0	144
同舟杂棉6号	29.6	85.8	5.0	28.6	6.5	77.2	8.0	144
圣棉1号	29.6	85.4	5.1	29.7	6.5	75.2	8.1	143
科杂2号	29.5	86.4	5.5	30.5	6.7	71.8	7.5	145
赣棉杂1号	29.5	83.7	4.7	29.8	6.5	73.4	8.2	138
爱杂9号	29.5	85.7	4.7	28.0	6.5	72.9	8.4	142
鲁棉研21	29.5	85.5	4.7	29.7	6.5	77.6	7.6	149
皖杂8号	29.5	84.3	4.5	30.4	6.5	77.4	7.6	147
皖棉30	29.4	84.8	4.8	28.7	6.6	74.9	7.8	140
赣杂棉3号	29.4	84.6	4.4	32.4	6.5	73.9	8.6	153

续表

品种名称	上半部平均长度/mm	整齐度指数/%	马克隆值	比强度/cN·tex^{-1}	伸长率/%	反射率/%	黄度	纺纱均匀指数
晋棉36号	29.3	84.6	4.7	28.7	6.7	74.2	8.4	140
中棉所35	29.3	83.8	4.5	29.3	6.6	77.4	7.2	140
山农圣棉1号	29.3	85.4	4.6	30.5	6.5	73.8	7.7	149
豫棉19	29.3	84.4	4.1	30.3	6.5	75.3	7.1	149
隆杂棉1号	29.3	84.8	3.2	33.0	6.4	77.1	8.0	169
赣杂棉11号	29.2	84.8	4.5	31.4	6.5	74.7	7.7	149
丰抗棉1号	29.2	84.5	4.4	29.1	6.5	76.7	7.2	144
冀丰106	29.2	84.2	5.1	29.8	6.7	74.9	8.2	137
锦科杂1号	29.2	85.6	4.7	29.8	6.5	76.3	7.1	148
邯棉103	29.1	84.5	4.8	28.8	6.6	78.1	7.5	140

2. 新疆长绒棉主要品种和品质(表10-6)

表10-6 长绒棉品种的纤维品质测试结果

品种名称	上半部平均长度/mm	整齐度指数/%	马克隆值	比强度/cN·tex^{-1}	伸长率/%	反射率/%	黄度	纺纱均匀指数
新海25号	39.1	86.1	3.8	45.8	7.3	78.5	7.4	227
新海31号	39.0	87.3	4.2	49.1	7.5	78.1	6.7	239
淮长绒1号	39.0	87.0	3.8	46.1	7.3	65.7	7.6	223
淮杂5号	35.4	84.2	4.5	38.6	7.2	63.9	8.7	173
新海21号	34.9	84.4	4.4	44.7	7.4	75.8	7.4	200

3. 我国天然彩色棉花品种和品质

我国是继美国之后的第二个大面积种植彩色棉花的国家,主要种植棕色和绿色两类棉种,产地是四川、湖南、甘肃、新疆。两类彩色棉花品种的品质特征见表10-7。

表10-7 棕色和绿色两类彩色棉花品种的品质特征

类　型	上半部平均长度/mm	整齐度/%	比强度/cN·tex^{-1}	伸长率/%	马克隆值	反射率/%	黄色深度(+b)
棕棉	27.6	49.1	19.5	7.7	4.2	74.7	8.6
绿棉	26.7	45.1	14.6	7.1	2.7	74.8	8.6

三、我国主要进口棉花的品质特点

世界主要棉花产区为中国、美国、印度、乌兹别克斯坦、埃及等。2008～2009 年度世界主产国家棉花产量与份额，根据美国农业部（USDA）产量、供需和贸易报告显示（表 10－8）。

表 10－8　2008～2009 年度世界主产国家棉花产量与份额表

2008～2009 年产量	单位/千吨	比例/%
中国	7991	34.2
印度	4921	21.0
美国	2790	11.9
巴基斯坦	1960	8.4
巴西	1193	5.1
乌兹别克斯坦	1002	4.7
澳大利亚	327	1.4
其他	3213	13.7
总计	23395	100

1. 美棉

美国是世界棉花主要生产、消费和出口大国。由于美国棉花是机械化生产，含异性纤维少，对纺织企业有一定的吸引力。美国产棉地区主要分布在四个区域：东南部、中南部、西南部和西部地区。其不同产区的棉花品质特点见表 10－9。

表 10－9　美国不同产区的棉花品质特点

棉　区	产棉州名	产量占美国棉花总产量的百分比/%	原棉主要特点
西部棉区	加利福尼亚州、亚利桑那州、新墨西哥州	32 左右	SJV ACALA 棉：棉花品质最好，色泽、长度、强度方面均好。平均长度在 1－1/8′之上，整齐度高于 82%，强力不低于 30cN/tex，马克隆值 4.2，成熟系数 1.62～1.66，含杂率 1%～1.5%，是纱厂用来纺中细特精梳纱的主体棉 C/A 棉花：平均长度高于 1－3/32′，强力 26～29GPT。75% 的等级是三级及以上
西南部棉区	德克萨斯州、堪萨斯州、俄克拉荷马州	31 左右	长度低于 1－1/16′，马克隆值大多在3.1～3.6 或者在 4.6 以上，大部分供出口，主要用来做气流纺纱。棉花多呈滞白或灰白，长度差异大，强力较低，轧工较差，适纺粗特、中特纱

续表

棉 区	产棉州名	产量占美国棉花总产量的百分比/%	原棉主要特点
中南部棉区	田纳西州、阿肯色州、密苏里州、密西西比州、路易斯安那州、奥尔良州	29 左右	平均长度大于 1 - 3/32′，马克隆值 3.5 ~ 4.9。中南棉花产区大部分供出口，很少的一部分自用纺纱
东南棉区	南北卡罗莱那州、佐治亚州及亚拉巴马州	8 左右	该区棉花品级较好，但长度一般。该区的棉花部分为国内纺织等自用

2. 澳大利亚棉

澳大利亚棉花主要种植在昆士兰和东南部新南威尔士两个州。新南威尔士州产棉量占总产棉量的 80%，昆士兰州占总产棉量的 20%。棉花品质特点：色泽洁白，有光泽，原品级 SM 以上占 40%，检验品级一般为 2 ~ 3 级，以 3 级为主，；澳棉外观较好，轧工一般，但其中棉结和细小杂较多；长度多为 29mm、28mm，80% 的长度不短于 1 - 1/8′，86% 整齐度为 80% 以上；75% 的马克隆值为 3.8 ~ 4.9，偏高者居多，成熟较好（成熟系数 1.8 左右）；86% 的强力在 28cN/tex 以上；短绒率一般呈偏高水平，在 15% 以上者居多。在一定程度上增加了吨纱用棉量，提高了产品原料成本。

澳大利亚棉花生产方式和采摘美国棉一样，大型机械高速采摘和加工，含异性纤维少，但是纤维强力比美棉略低，是纺制精梳针织纱的较为理想的原料。在配棉生产中应注意短绒、棉结和细小杂质以及马克隆值偏高的问题。此外，澳棉大部分采用麻布包装，纺纱厂在使用前还要清除附在棉花表面的麻纤维，同时也造成了一定的棉纤维损失。

3. 印度棉

印度是主要产棉大国，印度棉的品质特点：白色，带乳色，光泽一般或较好，内在品质较好。印度棉目前的加工方式绝大部分为皮辊加工方式，因而纤维平顺，不像锯齿棉一样蓬松均匀，呈条块状且厚薄不匀，黄根由于皮辊的加工较为集中而明显，4 级棉则更为显著。不孕籽、软籽表皮、叶片等杂质较多。由于近几年来，印度农业部非常注重棉花品种的种植，将内在品质优良的品种如 H - 4、S - 6 等保留下来，其他的品种正在用优良的美棉品种进行改良种植，其棉花的内在品质有很大提高，而且其劳动力成本较低，所以印度棉在国际市场上无论从品质上还是价格上竞争力都是较强的。由于印度是美棉通用标准协定签字会员国，所以，印度棉较多使用美棉品级交易，个别使用品种样号对外交易。

目前，进口的印度棉相当一部分是 H - 4、S - 6 的品种，检验结果为 - 2 ~ 3 级，长度多为 29mm，马克隆值为 3.6 ~ 4.5（个别偏高），颜色偏乳黄，成熟较好者，棉纤维强力为 28cN/tex 以上，短绒率为 12% ~ 17%。因皮辊棉加工纤维长度损伤小，棉结疵点较少。但轧工较差者，黄斑点与带纤维破籽多。

印度皮辊棉可在细特纱如13tex、14.6tex中使用，进口品级低的可在中粗特纱中使用。印度也属于不发达国家，其棉花的收获是手工采摘，因此，异纤的含量较多，但由于加工方式的不同，异纤没有过度分散，原状态较多，故纺纱厂拣异纤相对较容易。

4. 巴基斯坦棉

巴基斯坦也是世界产棉大国之一，棉花主要种植在东部的旁遮普、信德和西北边区省三大棉区。其品种为美种陆地棉和土种粗绒棉，原棉品质低，长度短，含杂高，大杂多，短绒多，棉花批与批、包与包质量差异大。陆地棉长度为22～29mm，线密度1.67～2.22dtex（4500～6000公支），马克隆值为3.3～4.7。粗绒棉长度为12.7～15.9mm，线密度2.78～4.35dtex（2300～3600公支），马克隆值为7.0～10.0。

5. 乌兹别克斯坦棉

乌兹别克斯坦棉花的特点是色泽白，带乳色，光泽较好，内在品质较好，但加工形态偏差（加工季节适逢雨季），含杂较少，成熟度、强力均较好（成熟系数一般在1.8～1.9，强力较高，线密度1.67～1.88dtex，马克隆值在4.2～4.8之间，适于纺中细特纱），高马克隆值和长度小于1－1/16′的棉花占很少数量，平均等级在S.M（对应国棉标准2级）及以上的占65%，MID（对应国棉标准3级）、S.L.M（对应国棉标准4级）和淡点棉占25%左右。由于乌兹别克斯坦棉的收获是手工采摘，使用过程中要注意三丝的情况。

进口的乌兹别克斯坦棉一般是高等级的GM1－5/32′及BGM1－5/32′级或SM 1－1/8′（M1 3/32′等级的量少），检验等级多为－2～3级，长度29mm或28mm。物理指标较好，虽然棉花加工形态较差，棉索丝多，但大多是活索丝，棉结、短绒均较低。故乌兹别克斯坦棉可在细特机织纱和针织纱中配用，但由于棉花品种、收购、加工质量等原因，纺纱厂在使用过程中会遇到一些适纺性能较差的问题，所以要注意车间温度的变化及纺纱皮辊涂料的磨损情况，以免造成缠绕现象。

6. 巴西棉

我国进口巴西棉，多为南巴西棉。南巴西棉绝大部分是机采棉，锯齿加工，特点是轧工较差，一般叶杂较多，检验品级多为3～4级，长度27～29mm，含杂较高，有的高达3%以上。纤维成熟中等，线密度1.56～1.81dtex，马克隆值为3.9～4.6，短绒率偏高，品质差异较大。适纺中特纱，但成纱棉结杂质较多，南巴西棉一般作为中特纱原料，品质较好者可作为细特纱原料。

北巴西棉为锯齿棉，加工差，检验品级一般以4级为主，长度多数为27mm。线密度为1.67dtex，马克隆值为3.5左右，成熟度、强力均偏低，短绒率中等偏高，成纱棉结杂质多，一般作为中特纱或粗特纱的原料。

四、产品用途与原棉选配的关系

纺纱厂的纱线种类很多，用途很广，按产品规格来分，有粗特纱和细特纱；普梳纱和精梳纱；单纱和股线；特种用纱和副牌纱；还有各种混纺纱线等。按纱线的用途来分，有经纱、纬纱、起绒纱线、针织用纱等。纱线也可根据其染整加工等方面的不同分类。配棉工作应根据产品的不同情况，选配适当的原棉。

1. 纱的线密度不同

纱线越细，棉结杂质暴露在纱条表面的机会越大，棉纱疵点相对增多。在配棉时，细特纱宜选择品级高、线密度小、长度长、疵点和短绒少的原棉；中粗特纱宜选择品级较低、长度较短、品质较差的原棉，也可混用一部分低级棉和再用棉。

2. 精梳纱和普梳纱

精梳纱外观要求高，条干好，杂质少，因此一般精梳纱要求使用纤维长度长、品级好的原棉。精梳纱在加工过程中能够较多地排除短绒，提高纤维的长度整齐度，因此使用含短绒稍多的皮辊棉，对成纱质量没有显著的影响。锯齿棉一般含棉结较多，棉结在精梳加工中又不易排除，故不能多用。成熟度过差，含水率过高的原棉，在加工中易产生棉结，也应避免使用。普梳纱的要求比精梳纱低，对配用原棉的要求相对也稍低些。

3. 单纱和股线

单纱对条干、强力和外观疵点的要求比股线高。原因是单纱并合成股线后，纤维强力的利用率可以提高，外观疵点在并合中会被覆盖一部分，条干也可因单纱的并合而得到改善。因此配棉时，一般股线可选择品级较低、短纤维较多、强力较差的原棉。单纱对原棉质量的要求，一般比股线高。

4. 经纱和纬纱

经纱在织前准备和织造过程中要承受张力和摩擦，因此要求经纱的强力高，毛羽宜少。又因为经纱在准备织造过程，杂质疵点可清除一部分，所以对经纱的棉结杂质的要求可较低。另外，经纱对光泽的要求可低些。对纬纱的要求正好和经纱相反，强力要求低，外观疵点和色泽要求高。这是因为纬纱纺出后，一般直接使用，就是间接纬纱需经过的准备工序也比较简单，去除杂质的机会很少，而且纬纱多浮于织物表面，因此纬纱对配棉品级要求较高，含棉结和杂质要少，色泽要好。纤维粗短及短绒稍多的原棉，对纬纱的质量影响不大。

5. 高密织物用纱

高密府绸、防雨布等高密织物，根据工艺要求，对经纱强力及结杂要求很高。配棉时必须特殊考虑，要选用线密度小、长度长、强力大、品级高、短绒和疵点少的原棉，必要时还要选用部分长绒棉。

6. 印染坯布用纱

棉布一般都要经过各种染整过程。总的来说,成熟度好的纤维容易吸色,成熟度差的纤维不易吸色。

(1)浅色坯布:因为棉结比较松散,染色后在布面容易呈现较深色的色点,所以配棉时应该选择轧工好,棉结少的原棉。对于超细的晚期棉、低级棉,由于线密度小、含水率高,在纺纱过程中容易产生棉结,也应避免使用。

(2)深色坯布:僵片、软籽表皮等杂质不易上色,尤其是经纱密度高的府绸、卡其、直贡等深色坯布,布面会有白星。配棉时要选择品级高、成熟度好的原棉。

(3)漂白坯布:织物经漂练后,杂质易除去,棉结则难去除,因而对棉结有一定的要求。配棉时原棉的质量可稍差,品级也可稍低些。

(4)印花坯布:经印花的织物外观疵点大部分可以覆盖,不易显露。配棉时原棉的质量可较差,品级可以降低,也可以适当配用一些低级棉。

7. 针织用纱

针织用纱要求条干好,杂质少,色泽好,柔软有弹性,加捻较少但有足够的强力。因此,针织用纱比机织纱对原棉的要求高,配棉时要选择纤维细长、成熟度好、纤维强力较高的原棉。

8. 特种用纱

特种用纱应根据不同用途和产品应具备的特性来选择原棉。如轮胎帘子线要求强力高,伸长小,而色泽和外观疵点可以较差。配棉时要选用纤维细长和强力高的原棉,而对原棉的色泽和含杂的要求不高;又如刺绣线用纱,要求强力和光泽要好;起绒织物用纱则要求纤维弹性好。

9. 副牌纱

副牌纱一般是利用次等级的原棉纺纱,纱特较粗,用以制造袋布、绳索、劳动手套、粗棉毯等低档品。对强力要求不高,对成品的外观疵点要求也比较低。通常配棉是由低级棉和各种再用棉混合,以节约用棉,降低成本。

第二节　合理选配原料

棉纺使用的原棉来自省内各地区或全国许多省区,并从许多国家进口棉花。化纤原料除使用国内各地化纤厂生产的纤维外,还使用世界很多国家、地区各生产厂家的化纤原料。原料的产质量和性能随产地、品种不同及收成好坏差异较大。原料的到货量不很均衡,厂内原料的周转量也不太充裕,各地区的原料价格也有差异。总之，由于技术（主要是工艺和产品质量）和经济的原因，一种纱线产品总是选用几种原棉或化纤搭配使用。棉纺厂将几种唛头、地区或批号的原棉，按比例搭配使用的方法，称为配棉；将具有不同性能的各种化纤，根据产品用途和质量要求，选择一种或几种化纤原料按比例搭配使用的方法，称为化纤原料的选配。合理选配原料的目的是：满足不同纱线的质量要求，提高产品的使用价值，增加产品的花色品种，改善可纺性能，保持生产过程和成纱质量的相对稳定，节约原料和降低产品成本。选配原料的依据是：纱线特数，纱线质量标准和质量要求，纱线的用途。掌握棉花质量、棉花成本、棉花性能是配棉的关键。

一、纯棉纱线

纯棉产品的配棉参考指标见表10-10。

表10-10　纯棉产品的配棉参考指标

配棉类别	平均品级范围/级	最低品级/级	平均长度范围/cm	长度差异/mm	产　品
特细特	长绒棉	—	35以上	—	6tex以下精梳纱、高速缝线及商标布、丝光布、宽紧带、轮胎帘子线、特种用纱等
特细特（甲）	长绒棉或1.2~1.8	2	长绒棉或31.0~33.0细绒棉	—	6~10tex精梳纱、粗梳全线府绸、精梳全线卡其、高档手帕、高档针织品、高档薄型织物、绣花线、羽绒布、巴里纱、缝纫线、特种工业用纱等
细特（特）	1.5~2.0	3	29.0~31.0	2	10~20tex精梳纱、精梳府绸、精梳横贡、高密织物、提花织物、高档汗衫、涤棉混纺纱、刺绣底布等
细特（甲）	2.1~2.6	4	28.5~30.5	2	半线府绸、半线直贡、府绸、羽绸、丝光平绒、割线、汗衫、棉毛衫、色织布、被单、木纱团、伞布、绉纱布、烤花绒、麦尔纱、化纤混纺染色要求高的产品等
细特（乙）	2.3~2.8	4	28.0~30.0	2	半线织物（平布、哔叽、华达呢、卡其）的经纱、平布、斜纹布、直贡、麻纱、细帆布、纱罗、透孔布、泡泡纱、印花布、漂布等
中特（甲）	2.3~2.8	4	27.5~29.5	4	府绸、纱罗、织布起绒、灯芯绒纬纱、割绒、汗衫、棉毛衫、薄型卫生衫、化纤混纺布、深色布、轧光和染色要求高的产品等
中特（乙）	2.5~3.0	4	27.0~29.0	4	半线织物（哔叽、华达呢、卡其、直贡）的纬纱、平布、斜纹布、哔叽、华达呢、卡其、直贡、色织被单、毛巾、鞋布、中帆布、元色布等

续表

配棉类别	平均品级范围/级	最低品级/级	平均长度范围/cm	长度差异/mm	产　　品
中特(丙)	3.0~3.5	5	26.5~28.5	4	色纱、劳动布、蚊帐布、夹里布、粉袋布、篷盖布、稀密布、印花布、漂布等
粗特(甲)	2.6~3.1	5	25.5~27.5	4	半线织物(府绸、华达呢、卡其)的纬纱、高档粗平府绸、织布起绒、针织起绒、被单、床罩、深色布等
粗特(乙)	3.0~3.8	5	25.0~27.0	4	平布、斜纹布、哔叽、华达呢、卡其、直贡、坚固呢、服装帆布、纱布、疏松织物、印花布等
粗特(丙)	4.1~4.8	5	24.5~26.5	6	工作服、粉袋布、粗帆布、底布、基布、垫布、劳动手套布、贴墙布、糖袋布等
中细特(低)	3.5~4.8	5	27.0~29.0	6	家具布、窗帘布、装饰布、绒布、低档帆布、印花布等
粗特(低)	4.5~5.5	6	25.0~27.0	6	绒毯、毛巾、低档粗布、漆布、箱布、色布等
副牌	5.0~7.0	7	23.0~27.0	6	副牌58tex纱、打包布、低档棉毯、绳索等

注　1. 经纱、纬纱分列时，经纱长度宜长，纬纱品级宜高。
2. 超细度、低成熟的棉花，甲类及以上配棉不宜混用，乙类配棉中应控制比例使用。
3. 产品有特殊要求的，安排专配专纺。

纯棉产品配棉原则是:“质量第一，统筹兼顾;全面安排，保证重点;瞻前顾后，细水长流;吃透两头，合理调配。”“质量第一，统筹兼顾”，是要处理好质量与节约的关系。“全面安排，保证重点”，指生产品种虽多，但质量要求不一样，在统一安排的基础上，力所能及地保证重点产品的用棉。“瞻前顾后，细水长流”，是说要考虑库存原棉、车上原棉、预测原棉情况，进行配棉，要“算了吃”，不能“吃了算”。“细水长流”就是每批原棉延长使用期，力求做到多唛配用(一个纱特一般使用7~9个唛头)。“吃透两头，合理调配”，是要及时吃透到棉趋势和原棉质量，吃透产品质量的信息反馈，以便机动灵活、精打细算地调整配棉(调配时间有的一月一次，有的半月一次，有的一周一次)。

通过上述配棉，力求做到:“稳定、合理、正确”。稳定就是使配棉成分长期稳定，以保证生产稳定。合理就是防上两种偏向，既不搞过头质量，也不片面追求节约。正确指配棉表上成分要与上车成分相符。

纯棉产品的配棉注意事项见表10-11。

表 10－11　纯棉产品配棉注意事项

项　目	内　　容
质量依据	1. 手感目测、仪器检验、单唛试纺三结合检验的数据 2. 场地检查、逐包检查、群众检查的情况核实汇总
原棉存量	1. 存量充足时要统筹兼顾，留有余地 2. 存量较少时要考虑质量，防止波动 3. 重点产品要有一定存量，均衡使用
安排顺序	1. 配棉时先安排特细特、细特，后安排中粗特低档纱 2. 配棉时先安排特种用纱，后安排一般用纱
配棉队数	1. 抓棉机混棉时，队数可适当增多 2. 棉花产区辽阔，棉种复杂，队数宜多 3. 原棉质量差异过大时，队数宜多 4. 产品色泽等要求较高时，队数宜多 5. 棉纱质量易起波动时，队数宜多
配棉接替	1. 配棉中选择原棉性质相近的做主体成分，避免各半使用 2. 配棉中选择适当的辅助成分，如粗中夹细、短中夹长等方法 3. 注意稳定配棉地区、接替不同产地、品种的棉花时，质量控制宜严 4. 接替时注意少变、慢变、勤调的原则 5. 接替时注意取长补短、分段增减、交叉抵补的方法
成分调整	1. 产品质量过低、过高或各种特数纱线之间不平衡时 2. 生产上有显著变化或波动时 3. 成本、节约等方面有矛盾时 4. 产品用途更改或重点产品与一般产品不协调时 5. 工艺、设备有新的变动和改进时
回花、再用棉	1. 注意生产数量和质量的变化 2. 注意处理方法和处理机械的状态 3. 注意使用比例与混合均匀
零包使用	1. 产品质量比较稳定或要求较低时，零包分类归并，顶替使用 2. 产品质量要求较高时，零包搭用或外加小量成分使用 3. 原棉质量特差的零包，使用时控制宜严
资料汇总	1. 汇总棉花检验资料，逐天计算混合平均质量 2. 收集用棉成本、用棉量、回花、再用棉、落棉、下脚等资料 3. 收集纱、布的主要质量、生产情况和用户意见
其他方面	1. 注意进口棉中的高含杂和轧工特别差的低含杂原棉 2. 注意进口棉的吸浆、吸色等性能 3. 注意进口棉的“三线、三丝、斑点和糖分” 4. 注意进口棉的棉包规格、刷唛颜色、包装材料等

二、涤棉混纺纱线

涤纶按其力学性能来分，有高强低伸型、低强高伸型、中强中伸型三种。高强低伸型涤纶的相对强力 > 52.92cN/tex（6gf/旦），断裂伸长率 < 30%，这是因为其结晶

度高、取向度高及初始模量高所致，因此它在与棉混纺时，断头少、单产高，有利于生产，但混纺纱上色差，织物易折裂，起毛起球现象严重，断裂功小，织物不耐磨，手感不够柔软。低强高伸型涤纶相对强力 >44.1cN/tex(gf/旦)，断裂伸长率 >40%，其织物染色鲜艳、手感滑爽，织物断裂功大，耐磨性好，不易起毛起球，但在纺织过程中断头多、产量低。为了兼顾纺织生产和织物服用性能，比较理想的是选用中强中伸型涤纶，其相对强力 44.1 ~52.92cN/tex(5 ~6gf/旦)，断裂伸长率在 30% ~40%，涤纶线密度一般选 1.67dtex(1.5 旦，相当于 6000 公支)，棉纤维一般也为 1.67dtex，两种纤维线密度相近，可提高可纺性。如涤纶选用低于 1.67dtex 规格，则成纱强力高，但棉结多，一般只在纺 7.3tex(80 英支)、5.8tex(100 英支)等特细特纱时选用；如果高于 1.67dtex，一般用在粗特纱上，涤纶长度一般为 38mm，涤纶过短，一方面成纱强力下降，另一方面织物易起毛起球，但涤纶也不能过长，否则涤纶和棉差异过大，不便加工。

涤纶因产地不同、型号不同，即使同一规格的涤纶，其性能也有差异，尤其热收缩率差异很大。几种涤纶热收缩率的试验见表 10－12。

表 10－12　几种涤纶的热收缩率

原　料	仓敷	东洋	金山石化	罗马尼亚
沸水收缩率/%	1.57	2.0	0.36	2.31

从表 10－12 看出，热收缩率小的只有 0.36%，而大的却高达 2.31%。如果将这两种涤纶纺成的纱交替织在同一匹布上，那就必然会产生裙子皱，因此在选配涤纶时，一定要选择沸水收缩率接近的品种。

涤纶的卷曲一般在 5 ~6 个/cm(12 ~15 个/英寸)，卷曲过少棉卷成形困难、粘卷严重、梳棉棉网下坠、成条差；卷曲过多，则加重梳理、牵伸的负担。

涤纶的超长纤维率控制在 3% 以下，避免引起梳棉缠锡林、粗纱断头和细纱小橡皮纱等不良反应。

与涤纶混纺的棉纤维可以是长绒棉，也可以是细绒棉。在纺特细特纱及品质要求很高的产品时，宜采用长绒棉。长绒棉的特点是长度长、线密度小、相对强力高，但断裂伸长率低(8% ~9%，细绒棉的断裂伸长率为 9% ~10%)，因此，配用长绒棉与涤纶混纺，有强力高、毛茸少、条干匀、光泽好等优点，但断裂功略低于细绒棉混纺的纱，而且在纺纱过程中，长绒棉易缠绕胶辊和罗拉而造成纱疵增多。一般为了降低成本，在纺中细特纱时，宜采用细绒棉。对细绒棉的要求是，等级以 1 级为主，部分混用 2 级，长度以 31mm 为主，部分混用 29mm，纤维线密度以 $1.67^{+0.15}_{-0.129}$dtex(6000 公支 ±500 公支)为宜，成熟系数在 1.5 以上，短纤维率在 10% 以下。

在混纺纱中，涤纶所起的作用是增加强度和抗皱性，耐磨耐晒，耐化学品腐蚀，易洗快干和尺寸稳定；棉纤维所起的作用为增加吸湿性、透气性和可染性，降低静电产生、火星熔化和起毛起球。因此提高涤纶成分的比重，织物的折皱回复性、耐磨性及静电效应都相应随着提高，但混纺纱的强力会出现波谷现象，使成纱强力降低，因此涤纶的比例应避开它的临界混纺比。

涤棉混纺纱对涤纶和棉纤维的选配要求见表 10－13。

表 10－13　涤纶和棉纤维的选配要求

<table>
<tr><th>项　目</th><th colspan="5">内　　容</th></tr>
<tr><td rowspan="5">涤纶</td><td colspan="5">1. 类型
(1)普通型断裂伸长大，撕破强力高，织物耐磨、服用性能好
(2)高强低伸型断裂强度高，成纱强力好，细纱、布机速度高，断头率低</td></tr>
<tr><td colspan="5">2. 规格
(1)特细 1.1～1.3dtex(1～1.2 旦，38～42mm)；
细 1.6～1.7dtex(1.4～1.5 旦，38mm)；
中细 1.7～2.2dtex(1.5～2.0 旦，32～35mm)
(2) $\frac{长度(mm)}{线密度(tex)}>23$ 纤维易受损伤；$\frac{长度}{线密度}<23$ 可纺性较差
(3)一般混纺纱截面纤维根数为 50～80 根
(4)涤棉 65/35 混纺纱截面纤维根数 $\alpha=\frac{10\times 成纱线密度(tex)}{纤维线密度(dtex)}$
(5)混纺纱中较长、较细的纤维趋向纱条轴心</td></tr>
<tr><td colspan="5">3. 油量
(1)夏季 0.10%～0.15%。若油量太多，则手感发粘、梳棉易绕锡林
(2)春秋冬季 0.15%～0.20%。若油量太少，则粗糙发涩、棉网静电现象严重、粘卷、不易成条</td></tr>
<tr><td colspan="5">4. 疵点
(1)倍长纤维，特细特、细特为 3mg/100g；中细特为 6mm/100g 以下，倍长纤维过多产生绕角钉、绕刺辊、绕锡林、出硬头纱、抽筋纱、橡皮筋纱等
(2)疵点包括异状纤维、硬并丝。特细、细为 3mg/100g；中细为 8mg/100g 以下。疵点过多时，细纱、布机断头率高，纱疵率、织疵率高</td></tr>
<tr><td colspan="5">5. 热收缩率
纤维干热或沸水收缩的差异过大，在蒸纱定捻、印染加工的受热处理时产生不同收缩会造成布幅宽窄不一的不规则条形皱痕，在多种型号多唛混纺时要求更严</td></tr>
<tr><td rowspan="6">棉纤维</td><td>项　目</td><td>原棉类别</td><td>品级/级</td><td>长度/mm</td><td>线密度/dtex(公支)</td></tr>
<tr><td>特细特或精梳</td><td>长绒棉或细绒棉</td><td>1.2～1.5</td><td>29 以上</td><td>1.67(6000 以上)</td></tr>
<tr><td>中细特</td><td>细绒棉</td><td>1.5～2.0</td><td>27～31</td><td>1.82～1.54(5500～6500)</td></tr>
<tr><td>项　目</td><td>单纤维强度/mN</td><td>短纤维率/%</td><td>成熟系数</td><td>含杂率/%</td></tr>
<tr><td>特细特或粗梳</td><td>41.2</td><td>10 以上</td><td>1.6 以上</td><td>1.8 以下</td></tr>
<tr><td>中细特</td><td>39.3</td><td>12 以下</td><td>1.5 以上</td><td>2.0 以下</td></tr>
</table>

常见涤/棉品种的混纺比见表10－14。

表10－14　常见涤/棉品种的混纺比

混纺比	一般用途
涤棉65/35	综合服用性能好,可发挥纤维各自特点,大宗产品有中平、细平、府绸、麻纱、线卡、线绢、纱罗等
涤棉75/25	涤纶比例增大,牢度大,耐磨性好,挺括,抗皱性较高,一般用作外衣产品,如卡其类织物、雨衣等
涤棉50/50、40/60、30/70	涤纶比例降低,改善吸湿透气性,染色性好,减轻静电作用,一般用作针织内衣产品,也包括起绒织物、床单等

三、配棉经验

(一)搞好检验"三结合"

搞好手感目测、仪器检验、单唛(混合棉)试纺三结合的原棉检验,是搞好配棉的基础,是合理使用原棉的先决条件。这三种检验方法各具特点,手感目测的优点是量大时间短,检验项目全面,具有综合概念;仪器检验结果比较准确,而且以数据说明问题;单唛试纺是初步实践,从而掌握纺纱综合性能。因此三者结合就能较好地掌握各批原棉的特点。

多年来,单唛试纺的经验得到了进一步的发展,根据需要,既有单唛试纺,又有混合棉试纺;既有取得几十个管纱或几落纱的"穿梭纺",又有固定一天、几天的"一条龙纺";既有"短途纺"(如测原棉疵点的梳棉单机短途纺,测化纤可纺性能的清梳并短途纺,测清棉多种工艺的清棉短途纺),又有"远程纺"(如测原棉竹节个数纺到筒子过清纱器,以及有的化纤产品试织、试染、看印染最后成品的色差等)。为了提高数据的可比性,试纺时应尽量做到固定机台、固定品种。

(二)搞好三项配棉

三项配棉是指"产品"配棉、"设备"配棉、"气候"配棉。

在掌握原棉性能特点的基础上,还要进一步掌握产品的特点,各项质量指标都要求高或都要求低的产品总是少数,大量的产品质量指标既有要求高的一面,也有要求一般的一面。原棉一般每批也有其优缺点,因此应取长补短进行选配。为了合理配棉,除按产品配棉为主外,还要兼顾到按设备进行配棉(如将棉结较多的原棉安排在具有优良针布的梳棉机上生产,含杂高的原棉安排在刀数多的清棉机上生产,气流纺前部除杂设备好的厂可配用品级略低一些的原棉。按气候进行配棉(如三季度高温高湿,一般成纱强力高,但疵点多,因此可配线密度大一些、品级高一些的原棉)。

(三)配棉要与工艺配置结合

(1)配棉时一定要突出一个主体。一般情况下,以线密度为主,以便于考虑工艺。

(2)运用数理统计、价值工程等手段选配原棉,以有利于工艺配置。

(3)在工艺上运用棉条混棉以解决"难纺"原棉。

只要配棉与工艺结合得好,就能生产出一些质量要求高、难度大的产品,取得较好的经济效益。

(四)要建立健全必要的原棉管理制度

建立健全原棉仓库管理制度、混配棉会议制度、回花下脚管理制度等,以保证混配棉工作的顺利进行,还应加强原棉质量把关工作,包括库存棉数量、质量关,棉检取样关,车间群众把关,逐包检验关等。储棉室推行按抓包机棉包排列的装箱制度和一棉一卡制(仓库每批棉有数量、质量卡),当天收付核对。提高仓库利用率(同质合批,小批量先用等),制订棉包排列规定(同等级分散,单包放中间,轧工不同要交叉,多杂、色深棉放中段)和棉检人员车间巡回制等,对正确混配棉都可起到一定的作用。

(五)结合产品质量及用途对原料的要求配好棉

(1)高档品牌服装用纱单唛配棉,确保上色一致。

(2)织布用纱棉纤维比针织用纱长度宜长。

(3)针织用纱棉纤维白度要好,品质宜高。

(4)高速织机用纱强力要高,棉花长度宜长。

(5)漂白用坯宜用美棉、澳棉,机械采摘棉花(无异纤)。

(6)毛巾用纱可用成熟度差的棉花。

(7)经纱用棉纤维长度较长,纬纱品级宜高。

(8)染色坯用纱可用异纤稍多的棉花。

第三节　节约用料

纺纱厂的成本中原料占了60% ~70%,而且由于中国纺织规模的不断扩大,加上欧美一些国家对中国纺织品的出口限制,以及人民币的升值等种种因素,使很多纺织企业利润大大减少,所以很多企业都在原料这一块下工夫,如何使用好原料,在满足产品质量的前提下节约用棉,通过设备整改、优化工艺、强化管理等措施来用相对便宜的原料纺出质量相对较好的产品。

要使企业取得最佳经济效益，首先要充分讲究原料的经济使用，最大限度发挥原料的可纺性能，制成尽可能高档的产品。其次，要在保证成品质量要求的前提下，尽可能合理地降低原料消耗。为此，企业应制订合理的原料消耗标准，也就是消耗定额，这应当成为成本管理工作的重点。

这里需要强调的是，节约用棉一定要以满足客户对产品质量的需求为前提，不能为了节约而节约，为了降低原棉消耗而去牺牲质量，这样会得不偿失。要通过对原料的各种性能的充分了解、合理选配，充分发挥和合理利用不同原棉的特性，达到保证质量、降低成本、稳定生产的目的。

用料量有混用料量和净用料量之分。混用料量是指除原料之外，还包括回花和再用棉在内的用料量。回花包括回卷、回条、棉网、胶辊花和粗纱头等，一般同特的回花用量不超过5%左右，以免增加短纤维和棉结；中特和细特的回花用量约2.5%～4%；回卷可回用于同特纱。再用棉包括抄斩花、精梳落棉、统破籽、车肚落棉等，一般降级配入粗特纱的混料中或经处理后打包出厂。净用料量是指不包括回花和再用棉的用料量。

一、节约原料的途径

节约原料主要可从两方面着手，一是降低原料的消耗量，二是降低原料的价格。下面主要介绍降低原料消耗量的途径。

(1)不同原料、不同成品采用不同的工艺处理，合理选择工艺流程和工艺配置，合理分配各工序排杂负担；制订合理的分工序制成率指标，加强管理。

(2)正确收付盘存，加强回料、下脚管理，防止运转散失和随意挪用。

(3)准确掌握纱线单位重量偏差，准确控制摇纱纱框周长。

(4)认真执行操作规程，保持良好的机械状态，降低断头率，减少回料、废料，减少纱疵。

(5)减少本工序废次品，提高正品率。

(6)控制落棉，减少落白，提高制成率。

(7)合理搭配原料，在保证产品质量的前提下，降低配棉单价。

(8)合理使用回花、再用棉，对废料、下脚要分类分清，合理回收利用。

二、有关回用料

棉纺厂回花、再用棉、下脚的种类和性质，见表10－15；棉纺厂再用棉的处理和使用，见表10－16。

表 10-15 回花、再用棉、下脚的种类和性质

名称		产生车间	来源	含纤维/%	短纤维/%	杂质疵点/%	一般处理方法
回花	回卷	清棉、梳棉	棉卷头、尾坏棉卷、轻重卷	同混用原棉	比混用原棉微增	略有杂质	扯碎后回用
	回条	梳棉、条粗	接头棉条、坏棉网、坏棉条	同混用原棉	比混用原棉略增	少量疵点	扯断后回用
	粗纱头	粗纱、细纱	接头粗纱、坏粗纱	接近混用原棉	比混用原棉略增	少量疵点	粗纱头机处理
	胶辊花	细纱	断头吸花、罗拉胶辊花	接近混用原棉	比混用原棉略增	微量回丝	胶辊花机处理
再用棉	统破籽	清棉	各种打手尘棒下的落杂	20~40	15~35	60~80	破籽机处理
	斩刀棉	梳棉	锡林盖板抄针时剩下的棉纤维	65~80	25~35	8~15	纤维杂质分离机处理
	抄针棉	梳棉	锡林道夫抄针时剩下的棉纤维	70~85	20~30	6~12	纤维杂质分离机处理
	粗梳落棉	精梳	精梳梳理后排除的短纤维	75~90	55~75	微量疵点	直接回用
下脚	破籽棉	清棉	统破籽处理后的落杂，按质量分档	—	少量	杂质为主	破籽机处理
	地弄花	清棉	尘笼中排除的短绒	—	短绒为主	尘屑较多	作为再生纤维等原料
	车肚花	梳棉	刺辊、锡林、道夫下落杂	少量	30~50	35~55	破籽机或纤维杂质分离机处理
	绒辊花	梳棉	给棉罗拉上积附的短绒	—	短绒为主	尘屑较多	作为再生纤维等原料
	绒板花	条粗	绒板上积附的短线	少量	短绒为主	尘屑较多	破籽机或纤维杂质分离机处理
	特绒棉	粗纱、细纱	绒辊上积附的短绒	少量	短绒为主	尘屑较多	破籽机或纤维杂质分离机处理
	油花	各工段	飞花、落地花，按质量分档	—	—	尘屑较多	剔拣后的油花经破籽机或胶辊花机处理
	回丝	细纱、络筒、摇纱	接头纱、坏纱，按质量分档	—	—	少量疵点	破籽机或纤维杂质分离机多次处理

注 1. 回花、斩刀棉、抄针棉、粗梳落棉按配棉类别或生产特数分档。

2. 金属针布的抄针棉极少，其斩刀棉数量略低于采用弹性针布的，质量均比表中所列数据差。

表 10-16 再用棉的处理与使用

再用棉	纤维质量	处理方法	合理使用
精梳落棉	含短纤维率高，长度短，细小棉结杂质多	可不经处理，打包使用	1. 粗特纱内搭用5%~10%，副粗特纱可多用，中特纱少量使用(2%左右) 2. 细特纱不宜使用 3. 用作药棉原料

续表

再用棉	纤维质量	处理方法	合理使用
抄斩棉	长度比原棉稍短，整齐度很差。短纤维率较高，带纤维棉结杂质多，一般斩刀棉比抄针棉质量略差	经过处理，最好经梳棉机处理成生条，在清棉机成卷前加条子使用	1. 精梳纱及染色要求高的不使用 2. 细特纱少用 3. 中特纱少量使用 4. 粗特纱适当多用 5. 二级纱多用，副粗特纱集中使用
梳棉车肚花	短绒率高，带纤维籽屑多，性状与统破籽类似，但成纱强力低	可与统破籽混合处理替代头号破籽使用	1. 用作副特纱原料 2. 质量要求高的粗特纱不宜使用
头号破籽	长度较长，整齐度差，含杂率很高，和用头号破籽成纱的强力比精梳落棉高，但结杂大而多	须经处理，可与抄斩棉混合成卷，经梳棉机处理后打包使用	1. 在粗特纱内代精梳落棉使用3%左右 2. 副粗特纱内多用 3. 中特及以上纱不宜使用

注　副粗特纱是指利用次等原料纺成的纱，一般线密度较大，对纱线强度和外观要求都较低。

三、原料消耗定额

纯棉纱、化纤纱原料消耗定额见表10－17，至细纱止的净用棉量参考定额见表10－18。

表10－17　纯棉纱、化纤纱原料消耗定额

产品名称	主要原料	消耗定额	每吨原料出成品数
纯棉普梳纱	棉纤维	1.08t/t	0.926t
纯棉精梳纱	棉纤维	1.3t/t	0.77t
纯化纤纱	化纤	1.024t/t	0.98t
涤/棉纱	棉纤维35%	0.45t/t	—
	涤纶65%	0.67t/t	—

注　“t/t”表示“吨棉纤维（化纤或涤纶）/吨纱”。

表10－18　至细纱止的净用棉量参考定额

配棉类别		回花、再用棉回用规定	净用棉量参考定额
			kg/t
特细特（甲～丙）（长绒棉精梳）	5.5tex以下	回花不回用	1423～1569
	5.5～7.5tex	回花不回用或回用	1368～1395
	7.5tex以上	回花不回用或回用	1301～1382
特细特（丁）（细绒棉精梳）		回花不回用或回用	1301～1368
细特（特）		回花回用，混抄斩花0～0.7%	1094～1106
细特（甲）		回花回用，混抄斩花0～1.5%	1080～1106

续表

<table>
<tr><th colspan="2" rowspan="2">配棉类别</th><th rowspan="2">回花、再用棉回用规定</th><th>净用棉量参考定额</th></tr>
<tr><th>kg/t</th></tr>
<tr><td colspan="2">细特(乙)</td><td>回花回用,混抄斩花0.7%～1.5%</td><td>1080～1094</td></tr>
<tr><td colspan="2">中特(甲)</td><td>回花回用,混抄斩花0.7%～1.5%</td><td>1080～1086</td></tr>
<tr><td colspan="2">中特(乙)</td><td>回花回用,混抄斩花1.5%</td><td>1075～1080</td></tr>
<tr><td colspan="2">中特(丙)</td><td>回花回用,混抄斩花、精梳落棉4%～7%</td><td>1038～1070</td></tr>
<tr><td colspan="2">粗特(甲)</td><td>回花回用,混抄斩花、精梳落棉4%～5%</td><td>1047～1076</td></tr>
<tr><td colspan="2">粗特(乙)</td><td>回花回用,混抄斩花、精梳落棉5%～7%</td><td>1030～1069</td></tr>
<tr><td colspan="2">粗特(丙)</td><td>回花回用,混抄斩花、精梳落棉、头号破籽5%～7%</td><td>960～1069</td></tr>
<tr><td rowspan="2">低特(专)</td><td>中特</td><td>回花回用,混抄斩花、精梳落棉1.5%～7%</td><td>1038～1090</td></tr>
<tr><td>粗特</td><td>回花回用,混抄斩花、精梳落棉、头号破籽5.5%～16%</td><td>960～1040</td></tr>
<tr><td colspan="2" rowspan="2">副粗特纯化纤</td><td>回花回用,混抄斩花、精梳落棉、头号破籽60%～65%</td><td>350～447</td></tr>
<tr><td>回花回用</td><td>1009～1014</td></tr>
<tr><td colspan="2">化纤与棉混纺</td><td colspan="2">按混纺纱件数,以原料混纺比折算纯化纤纱、纯棉纱件数,按以上分类用棉定额计算</td></tr>
</table>

四、降低原料成本的其他措施

原棉进仓与投料使用是用棉管理的第一关,极大地影响着用棉定额完成及产成本核算的真实性,由于使用的原料数量之大,地区品种、配棉队伍之多,唛头复杂,改变配棉成分、转支降级使用情况经常发生,在实际结算用棉量过程中统扯用棉量还算正常,但分支间大盈大亏现象难免发生,因此管理上一定要不断完善其管理办法,重点做好以下几方面的工作。

(1)现行的原棉进厂再次复秤制度意义不大,建议在原料进厂时加大对外接收管理力度,由仓储负责接收,物流中心参与,按码单数量、到厂批号、清点并逐包称重,并一一标码,安保部监察。按原料到厂纤检单位检测的回潮率、含杂数据,升至准重公定回潮率后与原码单数量进行对比并按规定控制盈亏。

(2)由于原棉市场资源等诸多原因,企业存棉品种、批次、质量以及数量很难保证生产要求。时常会有原料与本批码单不能同步到厂,车间生产又急需接批使用的问题,月结时仓储方只有预估单重计量投给车间而后若调整不及时,难免造成月与月间投入使用量上的不相符,影响着用棉消耗及制成率的波动,鉴于此,仓储每日投入车间的原棉，由清花进棉工结合每日要棉单，按配棉品种、厂批，逐包抄重（到厂检测数量），并按到厂回潮率、含杂（同上）升至公定重量，作为本期投入量计算（按要求逐日填写日台账），此项工作的开展从源头上监控了原棉的准确性，也为正确用棉消耗和产成本核算奠定了扎实的基础。

（3）结合车间生产实际，建立轮班生产交接班管理制度。例如，清花车间当班分配棉品种的上盘数、分品种棉卷生产量、储备量等由各轮班专人记录，正确性要求很高，同时也是考核轮班混棉正确性的指标之一，此项工作的开展能够从根本上规范用棉消耗，杜绝分品种间大盈大亏现象。

第四节　原棉检验选配规定

一、原棉的检验

（1）原棉（包含其他棉纺纤维，以下同）在使用前，必须执行先检验后投产的规定，为达到正确检验、合理配棉，必须贯彻手感目测、仪器检验、单唛试纺三结合的检验原则。

（2）交接后的原棉，棉检室应按“棉检规程”规定进行抽样，检验品级和各项技术指标，如遇证书不符时，应联系原棉库及时办理复验手续。

（3）原棉在检验品级、长度的同时，必须对成熟度、强力、细度、短绒率、含杂、疵点、轧工质量等进行检验，并依据原棉的各项品质，估验该批原棉的成纱质量情况，并将估计书面报告生产部门和总工室。

（4）估验目光必须与试纺核对。

（5）除对原棉做好常规项目检验外，还要对化纤加做长度、纤度、超长纤维及倍长纤维、卷曲、含油、表面比电阻等项目的检测。

（6）棉检室对每批原棉都要进行单唛试纺，对纱样成纱质量、各工序生活情况、细纱断头等进行认真分析。

二、配棉工作及审批程序

（1）配棉技术员应根据检验资料，摸清每份原棉的性能，并根据不同线密度纱的不同质量要求和配棉品级规定，结合库存进行全面分类、平衡，本着瞻前顾后、细水长流、降低成本、稳定生产的原则合理配棉。

（2）每期配棉成分在原棉正常供应情况下，不应小于30天。成分变动大或质量差异悬殊，应提前进行混合成分试纺，配棉期中，原棉接批应尽量做到差异小，特别是某项质量指标很差时，更应注意接替原棉的质量和比例，以纺织过程中发生降等和色差。

(3)棉检室每月根据公司产品要求制订配棉要求，各成分品级差异不超过±0.5级，长度差异不超过0.4mm，达不到配棉要求差异范围时，应及时联系采购原料。

(4)棉检室应根据生产需要，运用科学管理方法和各种新技术，经常不断地进行配棉优选，确定最佳配棉方案。

(5)配棉时应特别注意零包花的搭用。每天的搭用比例，每排花不得超过5%(要求较低的品种和专纺品种除外)，棉检室根据检验数据，应尽量搭用与原成分接近的零包花。

(6)棉检室负责编制配棉成分表。对长期稳定的品种，每月1日前，必须报出本月各品种配棉成分表，表列资料必须齐全。应有各项检验数据，单唛试纺、混合试纺数据，并按加权平均计算出混合配棉指标。对短期订单，应参考生产计划，及时排出配棉表。

(7)每期各品种混棉成分表在棉检室经审核签字后，送总工室审批执行。棉检室应按批准后的配棉表，及时附上配棉成分调整通知单送往各有关部室。

(8)化纤成分在使用多唛混用时，对外观色泽和其他物理性能差异不大的，调整比例应控制在10%以内，对差异大的，调整比例应控制在5%以内，严格防止因调整比例不当而造成色差。

(9)化纤接批应掌握少调的原则，每批调批的间隙时间不少于10天。成分比例尽量少调。

(10)当配棉成分有变动时，质检员要及时联系商贸部通知客户，做到先做先用。当原料变动大时，要及时通知生产部了机换批。同时，通知和监督车间做好存条、存花、存纱的清理工作。

三、优化配棉结构

在生产中应以尽量科学的配棉结构，生产出质量好、客户满意的产品来。纺织企业用棉水平的高低，是考核企业的重要经济指标之一，也是衡量企业管理水平的主要指标之一，加强用棉消耗管理，是一项长期的、群众性的基础管理工作，不仅仅是一个单纯提高产品质量的问题，它对稳定并提高产品制成率意义重大。

(1)认真摸清各种原棉的品质性能，合理选配，取长补短，根据原棉的实际条件和各种纱特对原棉质量的不同要求以及纺纱工艺特点，充分利用各批原棉的性能。

(2)掌握各种产品的用途和质量要求，依据原棉品质情况，优选各工序落棉工艺参数，技术部门不断对各工序落棉试验数据进行研究分析，力求落量科学合理，杜绝无效消耗。

(3)在保证产品质量的前提下,合理考虑回花、再用棉的可利用程度,在确定回用比例的同时,应依据产品质量要求变化而变化和产品产量的高低增加或减少,不可千篇一律、一味降支回用;否则会造成回用率的不均和浪费。

(4)各车间工序将本工序落物按品种类别严格分清,及时送往检花间称重存放指定位置待用;清花严格按工艺规定均衡上盘,原则上本班生产的下班用完。

(5)及时掌握工艺、机械设备、操作及温湿度等各方面客观因素的变化对工序制成率的影响。

例如,去年某公司环锭纺主要品种制成率同比有所下降,结合生产实际我们多方面分析,除上述原因以外还存在下列因素。

(1)由于细纱号数重量偏差影响本期产量减少 17.414 吨,影响其制成率下降 0.46 个百分点。

(2)本期配棉品质的变化及使用的原棉短绒含量同比偏高致使各类落棉率上升。

第十一章　异性纤维

异性纤维俗称“三丝”，简称异纤，它是指混入棉花中的对棉花及其制品质量有严重影响的非棉纤维和非本色棉纤维，如化学纤维、毛发、丝、麻、塑料膜、塑料绳、染色线（绳、布块）等。

由于异性纤维不能很好地上色，在面布上易形成白色或彩色疵点，布面修织困难，从而会造成坯布降等，尤其是在漂白和染色时影响最大，甚至产生大面积的产品索赔纠纷。因此异性纤维的防范与剔除就成了纺织业必须解决的一个难题。

一、原棉中异性纤维的来源

（一）棉花在采摘、摊晒、储存、交售过程中混入

目前我国棉花的采摘、生产还是以人工为主，采摘工人没有进行采摘前的质量意识教育，质量意识淡薄，所以棉花在采摘和交售的过程中，一些头发丝等异性纤维很容易混入棉花中；摊晒过程中也很容易造成动物毛发等异性纤维和其他杂物混入棉花；同时编织袋等化纤制品和麻袋在生产和生活中的广泛使用，导致棉花中不可避免地夹带了这些化纤丝和麻丝。

（二）棉花收购加工过程中的混入

棉花收购、加工单位把关不严，在收购、上垛、加工喂花三个环节未对异性纤维进行严格挑拣，导致异性纤维混入加工后的成包皮棉。

国际纺织制造联盟（ITMF）在全球范围内对原棉污染进行了调查，原棉中异纤的类型和来源见表 11－1。

表 11－1　异纤类型和来源

污染类型	名　　称	来　　源
天然和人为造成的污染物	塑料布片、黄麻	包装材料
	塑料碎片	棉田中被吹入的异物
	绳子	捆扎棉包
	羽毛	自然污染
	草、皮革、金属板或金属丝、橡胶、柏油纸	在收割时造成的污染
	人和动物的毛发	棉田中的污染与人和动物接触

二、纺纱厂中异性纤维的大小及外观

下图显示一根异性纤维的整个加工过程（直至成为针织面料），最后如何成为针织物上的有害疵点。梳棉前的异性纤维清除系统一般清除较大的污染物，如塑料片、布片、羽毛等。在纺纱过程中，未被清除的异性纤维将出现在纱线上，必须被络筒机和气流纺上的光电清纱器清除。

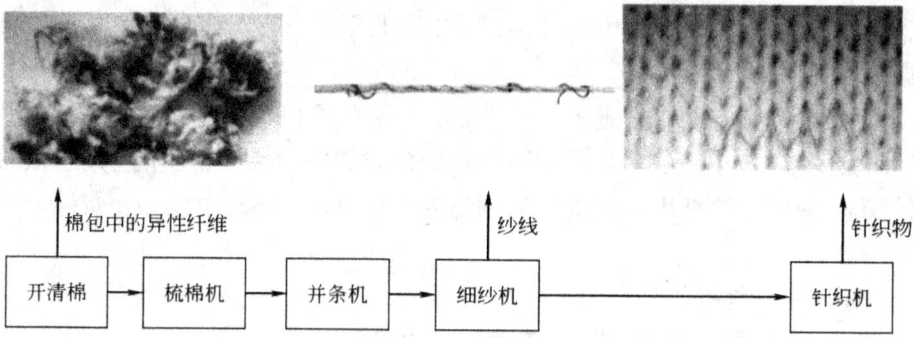

异性纤维在纺纱过程中的各个阶段

三、原棉中异性纤维的含量标准

目前世界各产棉国生产的棉花中都不同程度存在各种异性纤维，但是不同国家和地区的棉花中异性纤维的种类和数量会有很大的不同，因此世界上还没有一个全球公认的异性纤维含量的统一标准。据世界棉花贸易组织报道，世界主要产棉国生产的棉花中异性纤维含量见表 11－2。

表 11－2　原棉中的外来杂质（2006～2007 年平均水平）

组　别	产　地	全部杂质含量/g·t^{-1}	异性纤维含量/g·t^{-1}	异性纤维占全部杂质/%
Ⅰ组 杂质 含量低	澳大利亚 巴西 中国 墨西哥 美国	1～3	0.6～2.25	60～70
Ⅱ组 杂质 含量中	莫桑比克 巴拉圭 乌兹别克斯坦 西非 赞比亚	4～12	3～10.2	75～85
Ⅲ组 杂质 含量高	印度 巴基斯坦 叙利亚 坦桑尼亚 乌干达 津巴布韦	20～100	16～90	80～90

数据来源　世界棉花贸易组织。由印度尼西亚 PT Apac Lnti Corpora 公司检测。

在 GB 1103—2007 棉花　细绒棉中规定成包皮棉异性纤维含量是指从样品中挑拣出的异性纤维的重量与被挑拣样品重量之比,用克/吨(g/t)表示。成包皮棉异性纤维含量分档及代号见表 11 - 3。分档范围所采用的数据,是根据部分纺织企业提供的数据和征求有关部门的意见后综合确定的。将异性纤维含量分成“无、低、中、高”四档,分别用代号“N、L、M、H”表示。

表 11 - 3　异性纤维含量分档及代号表

含量范围/$g \cdot t^{-1}$	<0.10	0.10 ~ 0.39	0.40 ~ 0.80	>0.80
程度	无	低	中	高
代号	N	L	M	H

四、异性纤维的检测方法

在 GB 1103—2007 棉花　细绒棉中规定:“棉花加工单位在加工过程中,对同一籽棉大垛、同一天、同一条生产线加工的棉包,从皮棉滑道上每 10 包随机一次抽取约 2kg 样品,全部样品合并作为相应棉包异性纤维含量的检验批样。”

标准规定异性纤维含量检验采用人工挑拣法。检验异性纤维含量时,首先要对异性纤维检验样品进行称量,得到 G_0(保留 3 位有效数字),再从中人工挑拣异性纤维,将挑拣的异性纤维称量,得到 G(保留 3 位有效数字)。根据 G_0 和 G 就可以计算异性纤维含量。得到的异性纤维含量就代表“异性纤维检验样品”所对应的各包棉花的异性纤维含量。

例:轧花厂生产某一批棉花 235 包,从皮棉滑道上抽取 24 次,抽取了 24 个约 2kg 的样品,称量得 $G_0 = 48kg$,若从中挑拣异性纤维,称量得 $G = 12.6mg$,则异性纤维含量 F 为:

$$F = \frac{G}{G_0} = \frac{12.6(mg)}{48(kg)} = \frac{\frac{12.6}{1000}(g)}{\frac{48}{1000}(t)} = 0.26(g/t)$$

于是这 235 包棉花的异性纤维含量为 0.26g/t,异性纤维含量程度为低,异性纤维含量代号为 L。因为异性纤维含量分档中,采用两位有效数字,因此 G 和 G_0 都采用两位有效数字就可以了。称量 G_0 时可以使用具有 1kg 刻度的磅秤,称量 G 时可以使用具有 0.1mg 刻度的天平。

五、异性纤维的防治、清除与控制

目前可以在三个工序进行异性纤维清除:一是用人工或者自动检测装置在清花

工序中清除异性纤维；二是在并条机的喂入区监控异性纤维群；三是在络筒机上利用电子清纱器清除单个异性纤维或杂质颗粒。

异性纤维的控制重在防治，同时要采用较灵敏的自动清除异性纤维装置。通常纺织企业采用以下手段进行异纤的控制。

（一）严把原棉进厂关

对进厂的棉花，必须像棉花定级一样，认真按标准对异性纤维进行检验，在进行结算时按异性纤维含量分别给予降价或加价处理。

不同的单位和产地棉花异性纤维的含量是不同的，例如，新疆建设兵团某师锦宏牌棉花，因其在棉花生产过程中，对异纤管理制度较严，异性纤维的含量较低；而一般棉花的采集收购中，没有异性纤维管理措施，异性纤维含量较高。

在检验过程中，不但要查清异性纤维数量，还要摸清异性纤维种类。

对异性纤维的检查结果，要和对待棉花的基本性能一样，做好记录，在配棉时作为重要依据；同时对异性纤维检查人员定期抽样比对检查，确保检查结果真实准确。

（二）按产品质量用途配棉

在考虑其他性能满足质量要求后还应考虑如下几点。

（1）漂白坯布用纱，配棉时需用异性纤维含量为无的原棉。

（2）浅色坯布用纱，配棉时可用异性纤维含量为低的原棉。

（3）印花坯布用纱，可考虑用异性纤维含量为中的原棉。

（4）高级品牌布用纱，用机器化生产的原棉。

（5）毛巾用纱可用异纤含量高的原棉。

（三）原棉异性纤维的挑择

原棉以往棉纺厂进厂第一个车间是清花车间，而现在演变成第一车间为棉花“三丝”挑择，棉花在进入储备间后，再进入异性纤维挑择车间。纺纱厂用人力开松棉包，挑择出“三丝”后再重新打包。棉花挑择异性纤维车间，要求工作台要宽畅，有专用挑择三丝台，工作台上照明达到400lx以上，同时配有紫外线灯，便于挑出白色异性纤维。

每班8h一般只能挑择200～300kg原棉，过多会影响挑择过程的质量。为了人工分拣异性纤维的效果最大化，可以安排四个工种。

（1）直接拣异纤工：每人每天分拣半包原棉。

（2）复验工：复验全部经拣异纤工分拣的原棉。

（3）抽验工：对每个复验工都要进行抽验。

（4）运输及打包工。

专职质量抽查员定时抽检挑择三丝的质量，把质量抽查制度列为工资考核制度，员工设立代号和标签，建立质量跟踪制度，提高员工的责任心。

纺纱厂雇用人工的数量根据最终用途不同而不同，以中国的纺纱厂估算，根据质量要求，每人 1～3 包，因此一个平均规模在 30000 锭的纺纱厂用工数量从 60～180 人不等。不过这种方法只适用于大的异性纤维，人或动物的毛发等小的异性纤维无法使用这种方法清除。

经过严格的人工分拣异纤和异纤分离机的异纤清除，最后获得的半成品或者成品都能符合顾客对异纤的要求。但是过分依赖人工并不是长久之计，因为人工分拣异纤效率低，管理难，长期以人工为分拣异纤的主用途径会对企业的发展形成阻碍，建议国内企业可以循序渐进地将人工替换成富有成效的异纤分离装置，如 Uster 检测装置、日本 Keisoki 异性纤维检测仪等。

（四）加强运转工作，建立捉挑异性纤维制度

一般纺织厂都要建立正常的防疵捉疵制度，根据异性纤维的防疵工作需要，把异性纤维捉挑纳入捉疵制度，对清花后看车工，梳棉挡车工，并条挡车工，粗纱值车工，细纱值车工，络筒挡车工都要按实际情况制订捉挑除异性纤维的数量标准，由当班质量员验收、汇总，纳入工资考核。

（五）采用高新设备技术减少异性纤维

1. 异性纤维分拣机

异性纤维分拣机用的是光学检测，即采用高分辨率高速扫描彩色线阵 CCD 数码摄像机，对棉纤维进行扫描，扫描信号送到计算机 DSP 高速图像信息处理系统处理，发现异常时计算机发出命令，驱动执行机构快速响应气阀的动作来消除。

在清花流程中，增加异性纤维分拣机，当棉花开松成棉流时，利用 CCD 技术，探测棉流中白色、彩色异纤，及时用气流吸出含有异性纤维的棉流，一般可除掉 30%～50% 的异性纤维。

2. 光电清纱器

采用光电清纱器（传感器）检测，当光源照射在原料上，因不同性质的材料所反射的亮度不同，传感器就能判断哪些是异性纤维而发出指令停车排除，这种形式因其局限性，多采用在棉条或纱线的通道上检测。

在自动络筒机上装有光电清纱器设备，当探测到纱线有白色、彩色异纤时会及时切断纱线，去掉异纤，一般能去除纱线中的异纤 20%～40%。

（六）走访客户验收异性纤维控制效果，修改异性纤维防治方案

异纤的防治成效要看实际效果。纺纱厂要定期到织布车间（厂），分析坯布每米异纤点的变化是否在客户要求标准之内，或是有增加还是减少的趋势，以及异纤的种类,并及时修改制订的异纤防治措施,达到减少异纤、满足客户的要求。

六、络筒机上的异性纤维清除

到目前为止异纤光电清纱器对于解决异纤问题是最为有效的。随着检测率的提高,这种方法越来越普及,现在在世界的其他地区(不包括中国),超过75%的已售出光电清纱器带有消除异纤功能。

由于光电清纱器集成在自动络筒机上,它们能检测和监控每毫米的纱线。不仅如此,如今的光电清纱器还能够检测肉眼无法看到的更小疵点,包括白色和透明的PP(丙纶)疵点。光电清纱器可以清除有害疵点并以接头替代,从而使最终用户获得的筒纱上的有害疵点几乎都被清除。

在使用梳棉前自动异纤清除系统时,还需考虑被喷出的异纤中会混有大量的棉纤维,这些有用的纤维必须从真正的异纤中手工分离出来,使清花落棉降低到一个合理的水平。

案例计算分析:某工厂规模为25000锭;日产能为13000kg;产品线密度为19.4tex(30英支),全厂每24h计算结果:清除的真正异纤为960(梳棉前的清除),异纤切割数量为302400(光电清纱器清除,表11-4)。

表11-4 异纤检测的计算

项目	计算方法	结果
梳棉前/清花上的喷出物	1200次/24h(清除效率80%)	960异物颗粒
络筒机上异纤切割次数	每十万米	25次/十万米
络筒速度:1400m/min	每十万米的卷绕时间	71.43min
每个锭位每天异纤切割率	(25×1440)/71.43	504
每600个锭位每天异纤切割次数	600×504	302400

这一计算结果清除地说明光电清纱器清除异纤的数量比梳棉前异纤清除量多100倍。这还说明小的异纤数量远远高于梳棉前清除的大的异纤数量这一事实,同样,如果关闭梳棉前的异纤清除系统,对光电清纱器的切割次数没有影响。

纺织行业的纺纱专家经常会有这样的争议:如果梳棉前大的异物没有被清除,梳棉机会将这些异物梳理成成千上万单个异纤,因此光电清纱器将承担更多的异纤切割次数。然而,事实上,纱线中频发的异纤将引发络筒机报警,结果重污染的纱管将被剔除。所以这些切割次数将不会被光电清纱器统计在内。

七、机织物、针织物中的布面修复

在机织物上清除有害异纤的修补工作是一种惯例，特别是在综合性工厂，这仅仅适用于疵点发生频率较低的情况，而这还会增加纺纱厂成本和引发客户投诉。估算显示，对于低成本国家每 100m 面料的修补成本是 4 美元。

对于针织面料不推荐修布，因为它会对面料产生损伤。疵点较多或需要修复的面料常常被卖给低端客户，如印染用的装饰面料。

参 考 文 献

[1] 国家技术监督局. GB/T 398—2008 棉本色纱线[S]. 北京:中国标准出版社,2008.

[2] 国家技术监督局. GB/T 406—2008 棉本色纱线[S]. 北京:中国标准出版社,2008.

[3] 国家技术监督局. FZ/T 01050—1997 纱线疵点的分级与检验方法 电容式[S]. 北京:中国标准出版社,1997.

[4] 陆再生. 棉纺工艺原理[M]. 北京:中国纺织出版社,2003.

[5] 上海市棉纺织业公司《棉纺手册》编写组. 棉纺手册[M]. 3 版. 北京:中国纺织出版社,2004.

[6] 姚穆. 纺织材料学[M]. 3 版. 北京:中国纺织出版社,2009.

[7] 王鸿博. BT—2 型智能在线毛羽检测仪对前织工序的检测与分析[J]. 纺织标准与质量,2000,(1):30 – 31.

[8] 国家技术监督局. 国家标准和行业标准代号简介. 纺织标准与质量,2000,(3):17.

[9] 汪丽明. WRC—965 型表面不处理胶辊的使用[J]. 纺织器材,1999. (5):41 – 42.

[10] 倪士敏. 迷宫形内外花纹胶圈牵伸机理浅析[J]. 纺织器材,1999,(5):22 – 23,27.

[11] 陈宋禹. A512 型细纱机中罗拉振动现象的分析[J]. 棉纺织技术,1983,(2):42 – 43.

[12] 许泉生. 细纱机牵伸分配的研究[J]. 棉纺织技术,1983,(12):33 – 35.

[13] 侯金海. 煤灰纱的防治[J]. 棉纺织技术,1984,(3):44 – 46.

[14] 瞿建增. 短纤维含量与成纱质量的关系[J]. 棉纺织技术,1986,(12):22 – 26.

[15] 沈惠达. 改善涤棉纱混合均匀的分析[J]. 棉纺织技术,1987,(8):35 – 37.

[16] 宋如勤. 降低涤棉纱条干 *CV* 值的几点做法[J]. 棉纺织技术,1988,(6):19 – 21.

[17] 曾向槐. 布面突发性纱疵的数量判断[J]. 棉纺织技术,1988,(8):26 – 30.

[18] 俞祖伟. 降低竹节纱疵的做法和体会[J]. 棉纺织技术,1990,(1).

[19] 张世源. 喂入棉条合理搭配改善棉条长片段均匀度的实践[J]. 棉纺织技术,1990,(4):36 – 37.

[20] 陆德生. 纱线毛羽的形成及其控制方法[J]. 棉纺织技术,1991,(3):38 – 40.

[21] 王继建. 纱疵形成机理与减少纱疵的措施[J]. 棉纺织技术,1992,(4):32 – 34.

[22] 张维娜. 配棉及落棉对常发性纱疵的影响[J]. 棉纺织技术,1992,(9):44 – 46.

[23] 贾球生. 用国产配件在 1294 型细纱机上改 INA—V 型牵伸装置的实践[J]. 棉纺织技术,1992,(5):20 – 23.

[24] 虞汉荣. "布开花"纱疵浅析[J]. 棉纺织技术,1993,(8):44 – 45.

[25] 中国纺织工程学会棉纺织专业委员会传统纺学组. 当代细纱机各种牵伸装置的特点和老机牵伸改造效果以及对几个问题的看法[J]. 棉纺织技术,1993,(6):4 – 8.

[26] 王琪荣. 降低成纱千米粗节的实践[J]. 棉纺织技术,1993,(5):26 – 27.

[27] 唐文辉. 现代棉纺细纱牵伸装置的历史演变、现状和发展[J]. 棉纺织技术,1993,(6):9 – 17.

[28] 李芬丽. 细纱重量不匀率降等因素浅析[J]. 棉纺织技,1993,(7):32 – 33.

[29] 绍定蜀. 降低纱线毛羽的研讨[J]. 棉纺织技术,1993,(11):34 – 36.

[30] 陈国芬. 论混纺纱的强度与纤维混纺比的关系[J]. 棉纺织技术,1994,(9):22 – 25.

[31] 薛汉波. 减少成纱千米棉结的实践[J]. 棉纺织技术,1994,(9):49 – 50.

[32] 高云根. 棉条条干和常发性纱疵探讨[J]. 棉纺织技术,1995,(1);22 – 25.

[33] 许先海. 用好新棉,降低成纱棉结[J]. 棉纺织技术,1995,(2):32-34.
[34] 徐士行. 偶发性纱疵形成机理与控制[J]. 棉纺织技术,1995,(2):34-36.
[35] 贾贤强. 罗拉扭振纱疵规律探析[J]. 棉纺织技术,1996,(4):34-38.
[36] 王素英. 影响纱线毛羽的主要因素与控制措施[J]. 棉纺织技术,1996,(5):42-44.
[37] 瞿建增. 粗纱质量与细纱质量的关系[J]. 棉纺织技术,1997,(3);14-16.
[38] 李芬丽. 从 93 棉本色纱线标准的实施谈提高质量的途径[J]. 棉纺织技术,1997,(4):40-42。
[39] 吴敏. 实施 93 棉本色纱线标准的体会[J]. 棉纺织技术,1997,(4):43-45.
[40] 袁斌钰. 环锭纺纱毛羽成因分析[J]. 棉纺织技术,1997,(9):21-26.
[41] 沈珍艳. 等长纤维机械波的波谱分析[J]. 棉纺织技术,1998,(1):43-44.
[42] 王鸿博. 浆纱毛羽的评价与改善途径[J]. 棉纺织技术,1998,(5):14-16
[43] 提高棉纱、线质量关键专题讨论[J]. 棉纺织技术,1998,(6):5-10.
[44] 吴风琴. 减少精梳纱毛羽的实践[J]. 棉纺织技术,1998,(7):44-46.
[45] 王犹. 细特纤维几何特性与棉结形成的探讨[J]. 棉纺织技术,1998,(8):24-26.
[46] 戚玉光. 排包小议[J]. 棉纺织技术,1999,(1):33-34.
[47] 薛少林. 减少纱线毛羽的探讨[J]. 棉纺织技术,1999,(3):19-21.
[48] 叶文祥. 减少纱线毛羽的试验[J]. 棉纺织技术,1999,(5):26-29.
[49] 瞿建增. 细纱与络筒工序毛羽成因探析[J]. 棉纺织技术,1999,(11):18-20.
[50] 张成福. 降低细纱重量不匀的主要措施[J]. 棉纺织技术,1999,(11):39-40.
[51] 范尧明. 涤棉混纺纱混合问题的评析与探讨[J]. 棉纺织技术,1999,(12),21-24.
[52] 陈根稳. 棉纱细节的产生与控制[J]. 棉纺织技术,1999,(12):36-38.
[53] 赵显洪. 低级棉纺纱色差成因及预防措施[J]. 棉纺织技术,2000,(1):47-48.
[54] 江章萨. 清梳重量不匀率的系统控制[J]. 棉纺织技术,2000,(2):22-25.
[55] 薛少林. 布面疵点与纱线条干质量间关系的研究[J]. 棉纺织技术,2000,(4):27-30.
[56] 李长智. 降低国产清梳联短绒棉结的工艺研究[J]. 棉纺织技术,2000,(8):19-23.
[57] 孙守彬. FA201 型梳棉机后部除杂工艺实践[J]. 棉纺织技术,2000,(8):35-37.
[58] 王犹. 梳理工艺、针布规格与细特纤维棉结的关系[J]. 棉纺织技术,2000,(10):20-22.
[59] 张治,棉纤维成熟度的测试与分析[J]. 棉纺织技术,2000,(10):33-35.
[60] 张一鸣. FLT—200 型微电脑清棉变频自调均匀仪的特点及应用[J]. 棉纺织技术,2001,(1):42-45
[61] 刘荣清. 提高纺纱纤维混合均匀度的探讨[J]. 纺织学报,1983,(6):60-64.
[62] 章生懋. 怎样提高涤棉纱条干均匀度[J]. 纺织学报,1984,(9):36-39.
[63] 沙建勋. 减少涤棉纱毛羽的探讨[J]. 纺织学报,1984,(11):46-48、64.
[64] 吕柏祥. 细纱周期性不匀对细纱性能及织物外观的影响[J]. 纺织学报,1985,(4):21-24.
[65] 唐文辉. 棉纺粗纱捻回运用的理论与实践[J]. 纺织学报,1985,(7):15-19.
[66] 贾正岳. 降低精梳针织棉纱条干 *CV* 值的实践[J]. 纺织学报,1986,(8):30-33.
[67] 仇国平. 减少精梳条棉结的探讨[J]. 纺织学报,1986,(9):15-18.
[68] 刘学锋. 清钢联生条的重量不匀特性与梳棉机自调匀整器的作用[J]. 纺织学报,1987,(3):25-26,48.
[69] 王睿谦. 纱线毛羽研究. 纺织学报[J]. 1987,(8):5-9.
[70] 倪健威. 布面白星预控及染料遮盖的研究[J]. 纺织学报,1988,(1):11-16.

[71] 王柏润. 涤/棉纱线密度与主要质量指标的关系[J]. 纺织学报,1989,(7):19-20、37.
[72] 聂毓洪. 提高混纺纱强力的合理混纺比[J]. 纺织学报,1996,(4):61-62.
[73] 万元秋. 牵伸工艺、半制品结构与提高成纱质量的试验研究[C]. 中国纺织工程学会提高棉纱、混纺纱条干均匀度《工艺及设备学习讨论会选辑》,1986,(11).
[74] 吴道桢. "849"胶辊的应用与分析[C]. 中国纺织工程学会提高棉纱、混纺纱条干均匀度《工艺及设备学习讨论会选辑》,1986(11).
[75] 吴淑华. 异性纤维的控制与预防[J]. 中国纤检,2007(1).
[76] 王磊,徐国华. 主要进口陆地棉的品质特点、检验情况及注意事项[J]. 中国纤检,2011(3).
[77] 江慧,朱宁. 乌斯特-Ⅲ型纱线毛羽测试的应用研究[J]. 东华大学学报(自然科学版),1997(5).
[78] 李新娥. 纺织工艺管理[M]. 北京:中国纺织出版社. 2008.
[79] 郁崇文. 纺纱工艺设计与质量控制[M]. 北京:中国纺织出版社. 2010.
[80] 李一. 正确看待紧密纺[C]. 第25届全国毛纺年会论文集. 2005,15-20.
[81]《纺织企业管理手册》编审委员会. 纺织企业管理手册[M]. 2版. 北京:中国纺织出版社,1997.
[82] 李付堂,康玉国. 棉花中"异性纤维"含量指标及计算方法研究[J]. 中国棉花加工,2009,(5):4-9.
[83] 中国纤维检验局棉花质量监督处.《棉花 细绒棉》新标准系列问答——异性纤维8问[J]. 高端·视点,2007,(10):15-16.
[84] 陆再生. 棉纺工艺原理[M]. 北京:中国纺织出版社,2003.

推荐图书书目：纺织图书——技术类

书名	作者	定价(元)
【纺织新技术书库】		
纺织新材料及其识别(第2版)	刑声远	38.00
针织生产基础知识	虞振宏	88.00
纺织空调除尘节能技术	周义德	45.00
牵伸加压摇架的结构分析与使用	唐文辉	35.00
集聚纺纱原理	竺韵德	30.00
针织生产计算	朱文俊	28.00
毛巾类家用纺织品的设计与生产	刘付仁　张康虎	29.00
针刺法非织造布工艺技术与质量控制	冯学本	30.00
HXFA299型精梳机的生产与工艺	周金冠	20.00
纺织品循环加工及其再利用	[美]王佑江	35.00
运动用纺织品	(瑞典)斯素	45.00
纺织纤维鉴别手册(第三版)	李青山	26.00
现代准备与织造工艺	郭兴峰	32.00
绒毛织物设计与生产	盛明善　陈雪珍	38.00
紧密纺技术	李济群　瞿彩莲	26.00
【纺织产品开发丛书】		
高性能防护纺织品	霍瑞亭	29.00
花式纱线开发与应用(第二版)	周惠煜	36.00
新型服用纺织纤维及其产品开发	王建坤	30.00
产业用纺织品	杨彩云	28.00
仿真与仿生纺织品	顾振亚　田俊莹	25.00
纬编针织新产品开发	黄学水	36.00
针织大圆机新产品开发	李志民	28.00
健康纺织品开发与应用	王进美　田伟	30.00
非织造布技术产品开发	郭秉臣	26.00
【纺织机械设备】		
机械设计基础	高晓丁	30.00
针织横机的安装调试与维修	孟海涛　刘立华	29.00
纺织设备安装基础知识	师鑫	29.80
工业用缝纫机的安装调试与维修	袁新林　徐艳华	26.00

书　　名	作　　者	定价(元)
喷水织机原理与使用	裘愉发	35.00
细纱维修	吴予群	36.00
并粗维修	吴予群	32.00
喷气织机原理与使用(第二版)	严鹤群	38.00
无梭织机运转操作工作法	中国纺织总会经贸部	14.00
剑杆织机原理与使用(第二版)	陈元浦　洪海沧	30.00
针织大圆机的使用与维护	李志民	20.00
1511 型织机故障与修理	郑州国棉一厂	18.00
1511 型自动织机保全图册(第三版)	胡景林	28.00
【现代纺织企业管理丛书】		
纺织生产管理	朱正峰	35.00
纺织工艺管理	李新娥	34.00
纺织企业车间管理	卞葆　澄子	25.00
纺织企业班组管理	陆君伟	20.00
纺织设备管理	金永安	30.00
后配额时代的国际纺织品贸易	赵京霞	45.00
纺织企业现场管理:纺织企业 6S 推行实务	陆君伟	22.00
纺织服装企业绿色竞争力	吴晓玲	28.00
【纺织服装跟单手册】		
针织面料跟单	左中鹅　李志民	29.80
针织服装跟单	李顺利　左中鹅　何宇华	29.00
家用纺织品理单跟单	吴相	29.00
织造跟单	吴俊　刘庆	28.00
织造面料跟单	郭瑞良	29.00

注　若本书目中的价格与成书价格不同,则以成书价格为准。中国纺织出版社图书营销中心门市、函购电话:(010)64168110 或登陆我们的网站查询最新书目。中国纺织出版社网址:www. c-textilep. com